DAXING JIAOTONG JIANZHU
TESHU XIAOFANG
SHEJI YU PINGGU

大型交通建筑特殊消防设计与评估

孙旋　主编
中国建筑科学研究院有限公司　编著

中国计划出版社
北　京

图书在版编目（CIP）数据

大型交通建筑特殊消防设计与评估 / 孙旋主编 ; 中国建筑科学研究院有限公司编著. -- 北京 : 中国计划出版社, 2022.7
ISBN 978-7-5182-1466-2

Ⅰ. ①大… Ⅱ. ①孙… ②中… Ⅲ. ①交通运输建筑－消防设备－建筑设计 Ⅳ. ①TU248

中国版本图书馆CIP数据核字(2022)第104989号

责任编辑：刘　涛　　封面设计：纺印图文
责任校对：王　巍　　责任印制：李　晨

中国计划出版社出版发行
网址：www.jhpress.com
地址：北京市西城区木樨地北里甲 11 号国宏大厦 C 座 3 层
邮政编码：100038　电话：（010）63906433（发行部）
北京虎彩文化传播有限公司印刷

787mm×1092mm　1/16　16 印张　393 千字
2022 年 7 月第 1 版　2022 年 7 月第 1 次印刷

定价：60.00 元

前　言

大型交通建筑基于TOD模式快速发展，承载了国家和城市建设的战略目标，本书旨在解决大型交通建筑特殊消防设计、消防安全评估、风险控制关键技术研究中出现的疑问和难点，通过防火工程技术人员的协作，为人们提供安全、可靠的交通环境，实现大型交通建筑应有的社会效益和经济效益。

本书结合编著单位中国建筑科学研究院有限公司历年科研及工程实践，在中国建筑科学研究院有限公司“大型交通建筑消防安全评估技术研究与工程应用”课题研究成果基础上编著而成，孙旋主编。本书共分为四章，第一章由王金平、权赫、张玮执笔；第二章由端木祥玲、刘诗瑶、韩如适、石超、谢大勇、宋云龙、杜鹏执笔；第三章由袁沙沙、周欣鑫、詹子娜、晏风、李磊、王志伟、王楠、杨龙龙、王雨执笔；第四章由相坤、朱春玲、陈健、张耕源执笔。

由于编者水平有限，书中疏漏及不妥之处难免，恳请广大读者批评指正，不胜感激。

本书编委会

2022年2月

目　录

第一章　大型交通建筑概述 …… 1

第一节　大型交通建筑的发展及分类 …… 1
一、大型交通建筑的定义 …… 1
二、大型交通建筑的特点 …… 2
三、大型交通建筑的发展趋势 …… 2
四、大型交通建筑的分类 …… 3
第二节　航站楼火灾危险性 …… 4
一、航站楼的定义 …… 4
二、航站楼的建筑特征 …… 4
三、航站楼的流程设计 …… 6
四、航站楼的火灾危险 …… 8
第三节　铁路站房火灾危险性 …… 9
一、铁路站房的定义 …… 9
二、铁路站房的建筑特征 …… 10
三、铁路站房的流程设计 …… 11
四、铁路站房的火灾危险 …… 13
第四节　地铁车站火灾危险性 …… 14
一、地铁车站的定义 …… 14
二、地铁车站的建筑特征 …… 15
三、地铁车站的流程设计 …… 16
四、地铁车站的火灾危险 …… 16

第二章　大型交通建筑特殊消防设计 …… 19

第一节　特殊消防设计定义及主要内容 …… 19
一、特殊消防设计定义 …… 19
二、特殊消防设计基本流程 …… 19
三、特殊消防设计主要内容 …… 20
第二节　航站楼特殊消防设计 …… 30
一、规范要求 …… 30
二、特殊消防设计难点分析 …… 35
三、工程应用案例 …… 42
第三节　铁路站房特殊消防设计 …… 51
一、规范要求 …… 51

二、特殊消防设计难点分析 …… 54
三、工程应用案例 …… 55
第四节 地铁车站特殊消防设计 …… 68
一、规范要求 …… 68
二、特殊消防设计难点分析 …… 82
三、工程应用案例 …… 86

第三章 大型交通建筑消防安全评估 …… 92

第一节 消防安全评估定义及主要内容 …… 92
一、消防安全评估政策法规 …… 92
二、消防安全评估定义及宗旨原则 …… 93
三、消防安全评估基本内容 …… 94
四、消防安全评估基本流程 …… 95
五、消防安全评估方法 …… 102
第二节 航站楼消防安全评估 …… 109
一、消防安全评估要点 …… 109
二、消防安全评估问题难点分析 …… 111
三、工程应用案例 …… 116
第三节 铁路站房消防安全评估 …… 122
一、消防安全评估要点 …… 122
二、消防安全评估问题难点分析 …… 123
三、工程应用案例 …… 123
第四节 地铁车站消防安全评估 …… 140
一、消防安全评估要点 …… 140
二、消防安全评估问题难点分析 …… 143
三、工程应用案例 …… 147

第四章 大型交通建筑风险控制关键技术研究 …… 158

第一节 火灾危险源及燃烧性能研究 …… 158
一、火灾危险源 …… 158
二、新型广告材料的燃烧性能研究 …… 163
三、小结 …… 178
第二节 消防设施给水系统可靠性评价 …… 179
一、国内外研究现状 …… 179
二、消防设施可靠性影响因素分析 …… 181
三、消防水质的可靠性评价 …… 183
四、消防水泵可靠性评价 …… 188
五、自动跟踪定位射流灭火装置可靠性评价 …… 191
第三节 地铁站台防排烟系统性能测试 …… 194

一、地铁站台火灾特点与防排烟系统重要性 …… 194
二、防排烟系统烟气控制效果 …… 195
三、地铁站台流场特性 …… 199
四、地铁防排烟系统性能测试 …… 205
五、断面风速测试技术优化与验证 …… 210
六、小结 …… 212
第四节　地铁车辆基地上盖开发消防设计要点与结构抗火设计评估技术 …… 213
一、地铁车辆基地上盖开发概述 …… 213
二、地铁车辆基地上盖开发消防设计要点 …… 219
三、地铁车辆基地上盖开发结构抗火设计评估技术研究 …… 223
四、小结 …… 242

参考文献 …… 244

第一章　大型交通建筑概述

第一节　大型交通建筑的发展及分类

城市是人类文明发展进程的产物，建筑技术的成果推进城市建设，维护社会和谐稳定，建设人类生态文明。

为引导城市空间的有序增长，从城市规划和城市交通一体化的角度来看，TOD（Transit-oriented Development）模式正在我国迅速发展，这一概念最初提出时，被定义为"处在以公交站和核心商业区为中心，半径平均2 000英尺（约600m）范围内的混合型社区发展模式"。TOD将住宅、商业、办公、开放空间和公共设施等有机结合在一个适宜步行的环境内，让居民和上班族方便地选择各种出行方式。TOD模式根据公共交通工具的不同，分别以飞机、铁路、地铁、公交、轻轨等为中心，将城市交通融入建筑，通过合理的规划，进行城市空间的合理布局。

为促进国家经济文化的共同繁荣，我国从城市发展层面对这一概念进行提升，将城市综合价值最大化。主要方式为通过城市土地利用与交通规划、建筑设计相结合，将公共交通枢纽设置为重要的城市空间节点；以城市发展的可持续性和宜居性为重要目标，将大型交通建筑作为依托，各类交通工具在该节点紧密联系，进而提升城市整体品质，建造高效、节能与自然平衡共处的TOD城市综合发展模式，满足人们生活与工作的出行需求，提升居民生活满足感。

大型交通建筑集商业、办公、服务等于一体，与公共交通设施进行有效整合，由特大核心城市起笔，抒写国家的精彩篇章。

一、　大型交通建筑的定义

大型交通建筑依托于大型交通枢纽的出现，成为城市及不同城区相互联系的重要环节，如北京大兴国际机场、首都国际机场3号航站楼、北京南站、杭州东站、上海虹桥站、上海地铁世纪大道站等，是社会经济发展的代表产物，在提升城市交通效率、方便生活、促进社会经济发展等方面发挥着重要作用。

目前，大型交通建筑在我国没有明确的定义，也没有关于交通建筑的国家标准对其进行界定，通过对《全国城镇体系规划（2006—2020年）》《交通建筑电气设计规范》JGJ 243—2011、《交通客运站建筑设计规范》JGJ/T 60—2012等文件及标准的解读，本书将"大型交通建筑"定义为：为公众提供交通客运服务的大型公共建筑总称，建筑面积在2万 m^2 以上。它可以为旅客办理航空、铁路、地铁、水路、公路等客运业务，由相关功能建筑和设施共同组成。

大型交通建筑是在我国提出建立全国综合交通枢纽体系的基础上，从之前的单一建筑发展起来的，配套的功能性建筑面积最高达到几十万平方米，促进了多种交通方式之间的有机衔接。

上述建筑都具有空间大、跨度大、投资高、占地广、影响大、人流大等特点，大多数具有一站换乘、无缝衔接的功能，期望能为城市带来较高的经济效益、社会效益和环境效益。

尤其是航站楼、高铁站往往文化定位很高，象征着城市形象，展示了所在城市的经济实力、现代化程度和精神文明状态，更是不同运输方式的交通网络运输线路的交汇处。作为若干种运输方式所连接的大型交通建筑，共同承担着枢纽所在区域的直通作业、中转作业、枢纽作业以及城市对外交通的相关功能，是国家和区域交通运输系统的重要组成部分。

二、 大型交通建筑的特点

大型交通建筑的特点是将交通枢纽与城市建筑物一体化，将不同功能进行充分融合，不同空间互相结合，实现城市有限空间资源的充分利用；同时将各种设施的功能综合协调，创造更便捷的交通换乘方式，营造良好的城市公共生活空间，提高土地利用效率，改善交通出行环境。

（一） 建筑设计理念突出

大型交通建筑一般秉承简单有力的逻辑指导，具有独特的建筑空间、浓烈缤纷的外观设计，以技术影响建筑的结构和韵律，给人直观上的视觉冲击，从而在旅客心中留下深刻的印象。

（二） 功能性强

大型交通建筑通过服务设施的合理布局，实现交通运输的关键目标，建筑空间与旅客流程的设计结合，形成的结构清晰、导向性强，会针对不同的年旅客吞吐量进行精细规划，实现服务设施的弹性发展，提高设施的运行效率，最大程度方便运营管理，将车站与城市功能进行有效结合。

（三） 运行效率高

为最大限度地提高大型交通建筑的运行效率，会通过该建筑连接市内的道路、轨道，将航空、港口、火车站和公路等对外交通设施与市内交通紧密相连，配合物流中心，重新调配旅客、货物的流程，提高运行效率。

基于上述特点，大型交通建筑形成良好的规模效应，提供相关的服务，无论是乘客还是市民都可进入建筑内部，共享其中的公共空间、商业设施。

三、 大型交通建筑的发展趋势

城市基础设施建设日益完善，作为城市窗口的大型交通建筑日新月异的发展，不仅在功能上更加复杂，航空、公路、铁路、轨道交通互相汇合，建筑风格还体现出当地文化特色。随着我国城市化进程的加快，交通基础设施建设全力推进，越来越多的大型交通建筑相继建成，建筑师和工程师展开思路，基于所服务城市的可持续发展进行深层次思考，不仅满足于相关法规、标准的执行，努力建设出富有标志性的城市门户。目前大型交通建筑的发展趋势主要呈现在以下几个方面：

（一） 高效转运、以人为本

大型交通建筑功能性很强，在其建筑设计上愈发强调提高换乘效率。多种交通方式的综合联运，需要对建筑的外部交通和内部交通协调布置，充分利用现有城市交通资源，搭建起建筑、运输工具为人们高效服务的模式。通过便捷、快速、安全的换乘方式，舒适、宽敞的空间环境，建筑呈现立体化和整体化发展趋势，以大型交通建筑服务理念的人性化，最终实现城市高效建设的目标。

大型交通建筑中各种交通方式的衔接是其中一个重要因素，从人性发展角度来看，具体应实现下列目标：换乘距离最短、引导标识清晰、智能化换乘、旅客安全及舒适。

（二）创新驱动、技术引领

钢结构屋盖、高大空间效果对大型交通建筑整体设计提出挑战，随着科技生产力的进步，大型交通建筑一般会吸纳高新技术成果，采用新的设计理念，运用更先进的设备、设施，配合新结构、新材料，对内部空间进行综合布局，体现工程技术的发展动向。

例如大型交通建筑材料的选择和使用，会聚焦于大型交通建筑的实用性、耐久性等整体质量，同时发挥建筑材料的基本功能和特点。

（三）交通整合、建筑节能

通过对部分大型交通建筑的研究分析发现，作为城市交通运转的核心，大型交通建筑充分利用城市的各项资源，通过有机整合，减少资源浪费，成为城市建设的基础。

现代大型交通建筑建立在公共交通的主导位置上，在构架立体化交通体系，满足城市经济发展需求的同时，创造社会和经济效益，因此越来越多的大型交通建筑立足于当地的自然环境和社会地域特点，建筑内设立商业、办公及居住等多项功能，最大程度上节约城市综合体规划和建设成本，避免二次规划和开发产生不必要的耗能，因地制宜，科学、高效、合理地加以优化整合，通过系统化、人性化、地域化的管理布局，实现智慧城市建设的经济性、高效性。

（四）投资协商、共同运作

大型交通建筑的发展动力来源于对便捷的公共交通枢纽的强烈需求，我国通过对住房和城乡建设部、交通运输部等相关部门的大力支持，政府委托相关企事业单位，从宏观角度进行统一建设规划，文物保护、环境及水土保持、建筑开发、维护管理等各行业共同参与，不仅要兼顾民生，还需要创造商业价值，实现建筑双赢模式；从投资方式上，也呈现与外部开发商的协商机制，通过土地交换等途径获取足够的资金，为公共交通建设提供强大的资金支持，争取对现有资源的优化和重组，在战略协作的基础上，将政府力量作为核心，促进外部投资运作也会有一定的发展，不同的资金力量互相促进，推动城市的社会、经济健康发展，充分挖掘城市发展潜力。

四、大型交通建筑的分类

近些年我国交通建筑筹建、建设速度明显加快，由之前各自单一功能的航站楼、铁路站房、地铁车站、长途汽车站、港口客运站、高速公路服务区、公交站等，发展为集合了多种交通功能的大型交通枢纽，成为大型交通建筑。

大型交通建筑根据服务对象的不同，为满足客运需求，有研究人员根据运输模式将其分为城际交通和城内交通。

（一）城际交通

城际交通的核心是航站楼、铁路站房等大型交通建筑，客流规模大，属于国家战略体系的建设内容，是城市之间相互联系的重要中心环节，能够充分展现所在城市的层次和活力。

（二）城内交通

城内交通建筑规模远远小于城际交通建筑，通过各类公交车站、地铁车站实现城市内部人员的流动，根据其内部各种运输方式的空间处理形式，分为平面客运枢纽和立体客运枢纽。

1. 平面客运枢纽站

平面形式较适合客流量较小、换乘简单的公路客运枢纽，可以在同一平面上处理乘客在几种交通方式间的集散、换乘和交通工具的进出。

2. 立体客运枢纽站

立体形式在空间上处理公路与铁路、航空、水运等交通方式，以及与城市轨道交通、常规公交、出租车及社会车辆等交通方式的衔接，分地下、地面、地上多层结构。立体客运枢纽可以有效实现零距离换乘，减少客流与客流之间、客流与交通工具之间以及交通工具与交通工具之间的冲突、交织，提高中转换乘效率，使运输服务更安全、更舒适、更高效。

随着我国城市交通体系的变革，大型交通建筑依托交通枢纽，航站楼、铁路站房、地铁站房快速建设发展，组成复合多种交通方式的综合客运，解决大部分城市的交通拥堵和环境污染问题，充分展示建筑、城市的一体化空间。大型交通建筑作为城市未来发展的新起点，给旅客提供了轻松的出行环境及良好的体验。

第二节　航站楼火灾危险性

一、航站楼的定义

经济的全球化需要城市之间的密切配合，航空飞行在全球范围实现了商品中转、人员流动，拉近了国家之间、城市之间的距离。航空需要相关设施、服务完成飞行，航站楼作为交通建筑中极为重要的一类，设置于供通用航空起降的机场（运输和通用机场）、航空产业园（含通航项目）、航空小镇、空中游览项目等处，航站楼一般是航空机场的核心资产。

中国民用航空局运输司2018年3月发布了《我国通用航空产业发展情况》，截至2017年12月31日，我国已取证的通用机场有81个，未取证的通用机场有220个，在建的通用机场有60个，规划建设的通用机场有377个；根据2016年国务院办公厅印发的《关于促进通用航空业发展的指导意见》中的发展目标，2020年建成500个以上通用机场，因此我国的航空在蓬勃发展，采用航空出行的人数增加较快，航站楼也由一般民众较为陌生的建筑类型逐步为大家所熟知。

《民用机场航站楼设计防火规范》GB 51236—2017中对“民用机场航站楼”做出定义：民用机场内供旅客办理进出港手续并提供相应服务的建筑，包括车道边、登机桥和指廊。

二、航站楼的建筑特征

随着航空业的迅猛发展，航站楼的功能也发生巨大变化，不仅包括出票、候机、登机，大部分都发展为多功能、大跨度、大面积的高大建筑综合体。从建筑设计的角度来看，安全、方便旅客是首要目标；从贸易航空港的重要性来看，其规模、设备设施数量、投资、地位等首屈一指；从旅客的吞吐量来看，其旅客吞吐量大，人员组成国际化，航站楼是其所在城市的重要窗口。

（一）主要分区

众多现代化的航站楼主要分区包括公共区、行李处理用房、指廊、登机桥、车道边和综合管廊六部分。

1. 公共区

公共区指航站楼内供旅客使用的区域，包括出发区、候机区、到达区。

（1）出发区为航站楼内供旅客办理登机牌、安全检查等出港手续并提供相应服务的区域。一般设有问询台、各航空公司售票处、银行、邮政、电信等设施，一般一进大厅就能看到值机区，以方便旅客办理乘机手续和行李托运。

安全检查对出发旅客登机前进行，安检一般设在值机区和出发候机厅之间，安检口可根据流程类型、旅客人数、安检设备和安检工作人员数量等灵活布置。常用的安检设备有磁感应门、X 光机、手持式电子操纵棒等。

国际旅客还必须经过政府联检区，内设海关、边防检查、卫生检疫和动植物检疫。

（2）候机区为航站楼内供旅客经过安检后等候登机并提供相应服务的区域，如商店、银行、保险、会议厅、健身厅、娱乐厅、影院、书店、餐饮场所等。通常分散地设在航站楼登机门附近，还应设有验票柜台。

（3）到达区为航站楼内供旅客办理进港手续并提供相应服务的区域，包括到港通道、行李提取区、迎客区。

行李提取区为旅客提取随机托运行李的区域。

迎客区为迎接旅客人员的等候区域。

航站楼的公共区主要实现以下功能：旅客办票、交运行李、旅客及迎送者等候、提供各种公共服务设施等。

2. 行李处理用房

为航站楼内用于检查、分拣和传输旅客托运行李上下飞机的房间。

3. 指廊

为延伸出航站楼主楼并用于旅客候机和到达使用的空间。

4. 登机桥

为延伸出航站楼建筑主体结构、供旅客上下飞机的专用廊桥，一端与航站楼的候机区和到达区连接，另一端能与飞机的舱门活动连接。采用登机桥可使上下飞机的旅客免受天气、飞机噪声、发动机喷气等因素的影响，也便于机场工作人员对出发、到达旅客流进行组织和疏导。

5. 车道边

车道边在航站楼陆侧边缘进出口附近设置，属于步行交通方式与道路交通方式转换的一种交通接驳平台设施，实现各种汽车交通类型换乘需求，车辆一般即停即走或短时停车、定时发车等，其作用是使接送旅客的车辆在航站楼门前能够作短暂停靠，并驶离车道，便于上下旅客、搬运行李。车道边的长度、层次，应根据航站楼构型、客流量及车型组合等因素来确定。

6. 综合管廊

为敷设在同一空间内并为航站楼服务的电力、通信、暖通、给水和排水等动力和公用管道、线缆的封闭走廊。

（二）主要设施

在这些不同的区域中，航站楼的主要设施可以分为旅客服务设施、生活保证设施、行李传送设备和功能设施四个类别。

旅客服务设施包括航站楼内常常装设的机械化代步设施和服务信息系统。常见的机械化代步设施有电梯、自动扶梯、自动人行步道等；旅客服务信息系统，主要指旅客问讯查询系统、航班信息显示系统、广播系统、时钟等。

生活保证设施包括座椅、无障碍设施、食品及饮料自动出售设施等。

行李传送设备包括行李分拣装置、传送皮带、行李推车等。

功能设施包括航站楼所用的各类消防设施设备、空调设备机房等。

（三）建筑特点

航站楼通过综合考虑人流量、航线数量及航班的密度，对其建筑核心功能空间进行综合布局，各有特点。例如，立面设计有一层、一层半、二层和二层半等形式，将相对封闭、单调的空间变成通透开敞并有当地特色的功能空间；各地航站楼按照城市需求设计规模、结构、形式，集民航功能、建筑艺术和工程技术为一体。

航站楼按登机口和机位的布置方式来划分，可分为前列式、卫星式、廊道式和综合式，前列式沿着航站楼的前沿来设置登机口和对应的机位；卫星式在航站楼主楼之外建一些登机厅，通过廊道与主楼相接贯通，其中在登机厅的周围设置一些机位，并设相应的登机口；廊道式的航站楼主楼朝向停机坪伸出一条或者多条廊道，沿着廊道的两侧来设置机位，并对每一个机位设登机口；综合式通过采用上述三种或其中两种形式来建造的航站楼。

通过以上形式组合，航站楼实现其基本功能，保证出发、到达、中转的旅客完成旅行计划，同时为相关人员提供服务场所，以满足旅客对航站楼设施的期望、需求。

三、 航站楼的流程设计

流程设计是航站楼设计中最基本、最重要的问题，合理、快捷、高效、简短是旅客流程设计的基本要求。航站楼内旅客流程较为复杂，基本的流程可分为国内出港、国际出港、国内到达、国际到达及其间的中转流程，行李流程，中转旅客、迎接者及参观者流程，贵宾流程，货物及垃圾流程，后勤服务、工作人员流程等。与出港流程对应的功能区有出发大厅、安检厅、候机厅等，与到港流程对应的功能区有到达指廊、行李提取厅、到达大厅等。

（一）旅客流程

1. 出港（普通旅客）

国内及国际出港流程需经过出发大厅。

出发大厅是航站楼旅客流程的重要组成部分，是旅客流程的起点，也是各类流线相互穿插重叠最多、旅客流线最复杂的地方。

出发旅客从车道边下车进入出发大厅，办理登机手续、托运行李（含托运行李安全检查），然后进入安检厅，经过人身及手提行李安检，到达候机厅。检查登机牌后从登机桥上飞机，或者从候机厅乘扶梯下到远机位候机厅乘摆渡车登机。

国际出港旅客经离港车道边或交通中心下车进入出发大厅，经值机柜台来到安检口，通过国际联检现场（卫检、海关、边检和安检）进入国际候机区后，找到登机口，从登机桥登机。

2. 出港（贵宾）

出发大厅中的旅客类型，除了普通旅客外，还有高端旅客、残疾人旅客、携带大件行李旅客等特殊类型的旅客。这些旅客与普通旅客在出发大厅中的流程略有不同。航站楼一般设有专门的贵宾厅，同时设有专用车道及停车场。贵宾从贵宾厅通过安检后，乘电梯进入二层候机厅或到站坪直接登机。

3. 到港（普通旅客）

到达旅客下飞机后，通过廊桥进入航站楼，或者从远机位到达口乘摆渡车进入行李提取大厅提取行李，继而到达车道边，离开航站楼。

国际到港旅客经到达走廊，进入联检现场（卫检、边检），通过国际行李提取厅，进入国际到达第二联检现场（海关），来到迎客大厅，通过搭乘各类交通工具，离开机场。

4. 到港（贵宾）

贵宾下飞机后，从到港夹层下到贵宾厅，或从站坪乘专车到达贵宾厅。

5. 中转

旅客下飞机后，乘扶梯到达中转厅。办完中转手续前往空侧候机厅或等候下一航班的广播通知。

国内航班转国际航班的旅客完成国内到达流程后，可乘班车，按照指示办理国际出港流程。

（二）行李流程

1. 国内出港

托运行李从办票柜台通过安检系统进行安全检查，然后由传送带送入行李分拣厅，再用行李车运送到飞机，大件行李通过专用通道送到行李分拣厅。

2. 国内到港

到港行李由行李车送入分拣厅通过转盘到达提取厅，大件行李通过专用通道送到行李提取厅。

3. 中转行李

航空公司将中转行李卸下飞机，在机坪进行人工分拣，然后送至中转航班飞机。

（三）其他流程

1. 货物、垃圾流程

在主楼一侧设有货物及垃圾电梯。部分货物在无航班时由工作人员通道进入航站楼。

2. 机组及工作人员流程

航站楼内设有针对不同工作性质的工作人员通道。

四、 航站楼的火灾危险

（一）火灾案例

2012 年 2 月，沈阳桃仙国际机场 2 号航站楼发生火灾，造成机场关闭；2013 年 8 月，肯尼亚肯雅塔国际机场入境登记处起火；2013 年 10 月，广州白云国际机场航站楼的出发大厅 B 区一号门通道口附近，因工作人员操作电焊引发大火，造成一家服装店大面积烧毁，十多人轻伤，4 000 多名旅客出行延误；2015 年 5 月，意大利的罗马菲乌米奇诺机场国际航班航站楼内发生火灾，造成一人受伤，大量航班延误；2016 年 4 月，上海虹桥国际机场 1 号航站楼改造工程的施工现场发生火灾，造成 2 人死亡、2 人重伤、3 人轻伤。

以下两起火灾有较为详细的资料：

1996 年 4 月，德国杜塞尔多夫机场航站楼发生火灾，造成 17 人死亡，62 人受伤，机场关闭 3 天半。一层旅客到达大厅的东端，电焊工人在过道上进行焊接作业时，点燃首层吊顶上空聚苯乙烯保温板，火灾发生区域未设置自动喷水灭火系统，火灾发生 20min 后，在首层迅速蔓延，扩大至航站楼一层大部分区域，通过未保护的楼梯和电梯开口扩展到二层和三层的 2/3 区域，烟气还通过未保护的电梯扩散到四层区域。火灾持续 3 个多小时后得到控制。死亡的 17 人中有 7 人死于停在一层的电梯，8 人死于三层 VIP 休息厅，三层为一个夹层，可看到二层和出发层，另外 2 人死于卫生间。

1996 年 10 月，印度德里机场旅客航站楼发生火灾。该航站楼为钢结构建筑，火势在钢结构顶棚蔓延，钢结构的连接点受热失去承载力，一个主架结构倒塌，其他连接点也明显受热，由于航站楼尚未启用，无人员伤亡。

由航站楼火灾的案例可以发现，防火安全是机场安全管理的重点。航站楼发生火灾，建筑结构和设施设备被损毁，正常交通枢纽作业受到影响，火灾形成的烟气导致拥挤、踩踏，威胁人员的生命安全，带来巨大的经济损失和恶劣的社会影响。

（二）航站楼火灾发生的主要类型

1. 电气设施设备起火

航站楼内设施设备大多以电力为支撑，且长时间高负荷工作，电路管线错综复杂，容易因电气设备温度过高、电路老化、电线短路而起火，一般发生在电气设施设备附近或电路管线密布的区域，如办公区、值机大厅、安检区、候机厅、行李提取厅、电气设备控制房等，可能会引起电气设施设备本身及其周围的可燃物品着火。

2. 商业活动引发的起火

航站楼内商业活动繁荣，尤其是服装店、书店、餐厅可燃物较多，容易发生火灾，可从起火商店迅速蔓延至相邻的商店或可燃物品。

3. 旅客行李起火

旅客正常携带的行李中电子产品和电池是易燃物品，具有较高的起火风险，如果旅客违规携带其他易燃易爆物品，行李起火的风险将更高，值机大厅、安检区、候机厅、贵宾室、行李提取厅、行李房等区域都可能发生，并会从着火行李蔓延至附近的可燃物品，如桌椅、相邻的行李等。

4. 吸烟引发着火

航站楼内为禁烟区域，但有部分旅客违规吸烟，将烟头扔进垃圾桶，可能导致垃圾桶及其附近可燃物品着火，所以有垃圾桶的区域都可能发生此类火灾，其中卫生间垃圾桶着火概率较高，该行为增加了航站楼火灾的可能性。

5. 故意纵火

航站楼安检严格，但依然存在不法分子混进航站楼故意纵火的可能性。这类火灾发生的区域存在不可控性，如候机大厅内的商店、座椅区、餐饮场所等，都有可能成为纵火点，造成人员恐慌和经济损失。

（三）火灾特点

航站楼一般多是单体多层、高大空间的公共建筑。航站楼内部功能区划分明显，人员密集，旅客对疏散路径、疏散通道、消防设施设备等不熟悉，一旦发生火灾，大量有毒气体和辐射热严重影响航站楼内的人员生命和财产安全，能见度降低，人员疏散存在难度。

1. 火灾风险急剧增加

随着航空经济的不断发展，很多大型机场的非航业收入已经超过了航空性业务，航空管理部门通过在航站楼内布置大量的餐饮场所、超市、摊位或书报亭等，促进人们消费，提高机场的创收能力。这些商业区域中往往含有大量易燃品，如化妆品、木材、纸张、织物、塑料、食用油等，并且还设计在人员流量大的地方，增大了机场的火灾风险。

2. 电气火灾风险加剧

为了给旅客提供更为舒适、完善的服务，航站楼内安装了大量的电器设备，如各种类型的电梯、电视幕墙、通信设施等。目前的火灾案例显示，电气火灾发生区域还需要更有效地与自动灭火系统相配套，以降低航站楼电气火灾的风险。

3. 火灾救援难度大

不可分隔的巨大空间，以及各种电气及空调管线的大量分布，一旦发生火灾，空间内的各种竖井、楼梯间和电梯井及大量开口都可能成为火灾蔓延的途径，易造成火灾和烟气的迅速蔓延，导致大面积的燃烧。航站楼建筑体形大、周边长，增加了火灾救援难度。

4. 人员疏散困难

航站楼建筑体量大，通道复杂，人员疏散路线较长，疏散宽度相对较小；人员密集，流动量大，且不固定人群对现场的环境不熟悉，一旦发生应急情况，疏散困难。

第三节　铁路站房火灾危险性

一、铁路站房的定义

随着城市基础设施建设的发展，我国铁路建设也发生了巨大变化，公路、铁路、轨道交通都在此汇合，铁路站房的功能和形式也在随着铁路客运的空间组织、服务方式和交通连接等问题不断变化，并通过高速铁路建设及铁路客运站周边区域的开发，带动区域经济的发展。

《铁路旅客车站建筑设计规范》GB 50226—2007（2011 年版）的术语中定义了“铁路旅客车站”，是指为旅客办理客运业务，设有旅客乘降设施，并由车站广场、站房、站场客运建筑三部分组成整体的车站。

该标准还指出，“线下式站房”是指旅客车站站场线路的高程高于车站广场地面高程，站房首层地面低于站台面，且高差较大的站房。对“站场客运建筑”定义为：在站场范围内，为客运服务的站台、雨篷、地道、天桥等建筑物，以及检票口、站台售货亭、站名牌等设施的统称。该标准中对于站房没有做出明确的定义。

《城市公共交通工程术语标准》CJJ/T 119—2008 中“站房”是指位于客运索道或缆车线路两端，供乘客候车和乘降的建筑物及相关设施的总称；《交通客运站建筑设计规范》JGJ/T 60—2012 中对“站房”的定义为“交通客运站内候乘、售票、行包、驻站和办公等主要建筑用房”的总称。

参考上述标准，以及相关科研、工程理念，本书将“铁路站房”定义为：位于铁路上，供旅客办理铁路客运进出站手续以及相应铁路运输服务的建筑物、构筑物及其附属设备的总称。

铁路站房包括进出站大厅、售票厅、候车厅、交通换乘区、站台区、行包房、问讯处、站长室、客运室、行车室、寄存处、广播室、商店及公安、海关、邮电服务等多种功能厅室。

二、铁路站房的建筑特征

根据国家发展战略对铁路线网、设站城市的部署，随着城市的发展，铁路站房的建设受到高度重视。铁路站房是为旅客提供服务的主要场所，作为城市的窗口，能够反映出城市的特色与水平。铁路部门在选址、设计等方面，要求铁路站房不仅应满足铁路运输的技术要求，城市空间规划时也要将铁路站房的运输、交通换乘和服务等综合功能进行整合，带动城市的经济发展。

（一）主要分区

铁路站房按功能可分为候车厅、工作区、站台区等场所；按照铁路站房内场所的区域位置，可分为地下区、地面区、站台区和高架区等。

1. 地下区

部分大、中城市，铁路站房内设置地铁换乘厅及配套商业区，一般设置在最下一层。

2. 地面区

一般在一层，按照铁路站房的规模不同，可能会设有进出站大厅、售票厅、交通换乘区等，旅客可以在此零距离换乘其他交通工具或直接出站，也有部分铁路站房的交通换乘区位于地下。

3. 站台区

也称为承轨层，列车在此层穿过铁路站房，包括铁路站台、轨道区间。对某些铁路站房，如交通换乘区和进出站大厅位于地面，则此层要高于地面。

4. 高架区

为旅客集散的主要区域，一般包括高架候车厅、落客区等，通过高架车道，旅客可直达此层。另外，杭州西站上盖开发在高架层上另设局部高架夹层，进行雨篷上盖综合开发，形成“站城一体、综合配套”的新发展模式。

（二）主要设施

铁路站房的主要设施包括候车厅、工作区、各类电力通信机房和配电间、设备间（热交换房、风机房、空调间等）等用到的各类基础设施，实现车站安全基础工作，以及旅客在候车过程中体验到空调、照明、广播、餐饮、卫生间等的便捷与舒适，满足旅客上网、手机充电以及商务需求。根据铁路站房的结构特点，一般都设有下列消防系统及设施：

1. 消火栓系统

这类设施布置在候车厅、工作区和车站站台，依照《消防给水及消火栓系统设计规范》GB 50974—2014，根据当地的气候及现场的保温条件，部分区域需要设置干式消火栓。

2. 自动喷水灭火系统

这类设施主要设置在候车厅（一般为高度小于 12m 的空间）和站房办公区，具体设置要求参考《自动喷水灭火系统设计规范》GB 50084—2017。

3. 消防炮灭火系统

这类设施的布置参考《固定消防炮灭火系统设计规范》GB 50338—2003，通常净空大于 12m 的候车厅（站房一般只有候车厅会有大于 12m 的净空），都要设置水炮。

4. 气体灭火系统

根据《铁路工程设计防火规范》TB 10063—2016 和《气体灭火系统设计规范》GB 50370—2005，气体灭火系统主要设置在工作区的电力通信机房和配电间内。

5. 火灾自动报警系统

参考《火灾自动报警系统设计规范》GB 50116—2013，该类设施主要设置在候车厅和工作区，同时需要对其他系统进行联动，并监视其状态。

6. 其他消防设施

其他消防设施如灭火器、消防水泵、消防水池、通风及防排烟设施、灭火钢瓶间、应急照明与疏散指示标志等根据国家相关规范要求进行设置。

（三）建筑特点

铁路站房是典型的大空间公共建筑，具有客流量大、人员复杂等特点，建筑设计的主要理念为简化建筑空间，追求效率，简洁建筑形式。

1. 钢结构设计复杂

铁路站房的钢结构具有体积庞大、造型新颖、屋盖结构复杂、节点众多、技术含量高、施工难度大以及施工环境复杂等特点。

2. 为旅客提供便捷服务

铁路站房在进行空间设计时，一般把最大的空间、最便捷的通道、最好的环境留给旅客。与此对应，对大跨度的要求不仅局限在屋面上，候车厅等建筑空间也向高、宽、大的方向发展。

3. 外观形象突出当地特征

目前铁路站房的外观往往传承着当地的历史文明和社会发展历程，各有特色，为镶嵌在铁路网上的颗颗明珠。如石家庄站站房充分挖掘赵州桥的文化内涵；北京南站站房是“天坛祈年殿”的演化与延伸；日本熊本站以象征熊本历史风格的建筑语言，彰显当地的文化特色。

三、 铁路站房的流程设计

铁路站房的规模可以用“最高聚集人数”或者“高峰小时客流”作为一个重要指标，

用来设计各功能空间，如进出站大厅、铁路站台、交通通道、楼扶梯、检票闸机、安检设施等部位。

（一）按流动方向划分旅客类别

有研究人员将客运站内旅客按流动方向分为进站旅客、出站旅客、中转旅客三大类。

1. 进站旅客

按铁路服务流程的不同需求，进站旅客可分为普通旅客、特殊旅客。

（1）普通旅客。是指常规采用铁路运输服务的普通人，希望旅行能够准时、安全、舒适。对于他们铁路站房内方便的停车位、准确实时的列车动态信息、舒心的餐饮服务、舒适的候车环境、清晰的导向标志以及方便的购物、娱乐、通信、网络等服务都必不可少。

（2）特殊旅客。是指由于身份、身体状况特殊，在站房内能够享受到特殊服务和照顾，主要指政务贵宾（VIP）、商务贵宾（CIP）、重点旅客和团体旅客。

1）政务贵宾（VIP）。铁路系统对政务贵宾的接待，按照相关规定，对安全保障有特殊要求，需要用专门安全通道、专用候车厅、专车迎送等。

2）商务贵宾（CIP）。商务贵宾没有特殊的安全保障，其他服务要求类似政务贵宾。不同的是，CIP 还对候车室、列车上商务办公条件有特殊要求，如电话、网络、传真甚至视频会议等。同时，这部分旅客的时间性和目的性特别强，一旦遇到列车延误或取消，应及时提供列车新的运行信息。

3）重点旅客。指老、幼、病、残、孕旅客，这部分旅客在旅行中自理能力相对较差，需要在客运站服务中提供无障碍的购票和候车环境，需要代办手续、帮助提取行李，上下车引导等。残疾人旅客（含病重旅客）还需要提供担架或轮椅甚至救护车等，体现铁路人性化的服务理念。

4）团体旅客。指以团队形式集体出行的旅客，保持着团结性、组织性、整体性等方面的特殊需要。客运站重视团体旅客的特殊需求，为其提供专门的购票、候车检票等服务。

2. 出站旅客

旅客出站集中，办理手续少，占用站房时间短，需要方便的下车方式、便捷的出站通道、快速提取行李、方便的中转换乘交通工具等。

3. 中转旅客

中转旅客的需求和一般出站旅客基本相同，还需要提供列车运行信息、方便的办理中转乘车手续等。

（二）客运流程设计

1. 进站流程设计

（1）普通旅客进站流程。普通旅客从进站口进入站房大厅的时候，一般需要进行安检，在检票口闸机进行身份验证，在安检仪上放行李，人通过安检门和安检人员检查后进入候车大厅。

在客运站购票、候车和乘降时，大部分年轻旅客通过电话订票、线上购票，需要自动售票机取票，部分旅客采用客运站窗口服务，售票窗口售票、自动售票机购票。目前高铁旅客可以不用取票，用身份证、刷脸，即可进站上车，减少了站房内人员的停留和等候时间。

（2）特殊旅客进站流程。特殊旅客需求一般通过提供订单式服务来满足，其服务流程具有标准的服务框架。

贵宾服务部门负责贵宾旅客，旅客到达客运站贵宾服务区后，直接进入贵宾厅休息，旅客的乘车手续（包括预订与购买车票、托运行李等）由贵宾服务人员代为办理。旅客在贵宾厅休息的同时，可以根据需要，选择车站提供的订单式服务，如网络会议等。

2. 出站旅客流程

旅客出站主要强调迅速和便捷，客运站内提供方便的引导标志、通畅的服务通道、便捷的出站通道，出站旅客可以直接下车、出站。

3. 中转旅客流程

中转旅客达到中转站后，不再经过安全检查，只需到中转签证室办理中转手续，时间紧迫可直接进入出发站台，时间宽裕则换取下一车次的乘车凭证，便可进入候车室。

旅客在铁路站房内，还可享受车站提供的延伸服务，如旅行咨询、联系旅行社、预订旅行酒店、票务代办、本地或异地租车等，提供的相应场所需与旅客通道既有分离又有衔接，并附有显著的引导标志。

四、 铁路站房的火灾危险

（一）火灾案例

2010 年 11 月，土耳其伊斯坦布尔的海达尔帕夏火车站发生火灾，由施工工人在屋顶进行电焊作业产生的火花或电路短路引起，车站天花板被全部烧毁，没有人员伤亡，对已有百余年历史的铁路站房造成了严重损毁；2011 年 7 月，武汉市武昌火车站二楼（右侧）储物间发生火灾，消防队员在火灾初期赶赴现场将其扑灭；2019 年 2 月，埃及开罗拉美西斯火车站一辆火车撞上站台并引发大火，造成 28 人死亡、50 多人受伤。

下列两起火灾有稍微详细的资料：

1999 年 11 月，南京火车站候车厅发生火灾，火势从候车厅休闲茶座包厢开始，大厅天花板开始燃烧，并有零星火球伴随构件坠落，迅速沿二楼由东向西蔓延，5min 后成为一片火海，玻璃的爆炸声及喊叫声响成一片，15min 后，长 200m、宽 50m 的候车厅一、二楼房顶轰然倒塌。因扑救及时，母婴候车室、售票大厅及软席候车室未受大火波及。事故造成一名车站工作人员死亡。

2009 年 10 月，厦门正在建设福厦铁路厦门新站的西客站候车厅发生火灾，在厦门新站南侧高架平台，站房施工人员在对屋面进行焊接时，不慎将焊渣掉落在高架候车厅楼板的采光口，引燃楼板下的支撑木制模板，起火的模板隐蔽在支撑脚手架内，候车厅中用于固定及承重网状钢架将消防人员阻挡在外面，只能进行远距离喷射灭火，火灾发生 4h 后，明火确认被扑灭。

（二）铁路站房火灾发生的主要类型

1. 电气故障引发火灾

通过对上述部分铁路站房火灾事件的分析，在各火灾原因中，电机起火、电线短路等电气故障是造成火灾的主要原因。铁路站房的不同功能区内设有大量用电设备，如照明及装饰灯具、广播系统、空调系统、餐饮区的食品热加工设备以及部分办公设备等，用电设备功率很大、安装隐蔽，线路错综复杂，部分设备常年不间断使用，很容易引发火灾事故。我国铁路客运大站发生的首例重大火灾事故——南京火车站大火，就是由于电气短路造成的。

2. 人为因素引发火灾

铁路站房人群高度聚集，人员属性复杂，人员密度大，流动性大，部分旅客乱扔烟头，甚至随身携带一些易燃易爆物品，因此会出现人为因素引发的火灾。这类火灾可以分为无意、蓄意两种。在公共场所禁止吸烟等措施颁布后，国民素质不断提高，不文明的无意之失有了很大改善。恐怖袭击是蓄意破坏的重点防范问题，铁路站房由恐怖爆炸袭击引起的火灾往往造成较大的人员伤亡和经济损失。

3. 施工引发火灾

随着我国铁路事业的高速发展，人们对铁路交通需求高涨，对既有旧车站进行改造、建设新车站的项目越来越多。施工中引发的火灾也应注意避免，尤其部分车站改造时，车站运营与施工同时进行，不影响铁路运输，但是增加了火灾风险。

（三）火灾特点

1. 火灾蔓延快

为了使旅客出行方便，要求各个公共区域之间相互贯通，铁路站房内为实现功能便利，隔墙开凿挖洞敷设各类管线，在封堵不良的情况下，影响建筑防火分隔。采用吊顶、饰面、吸音等可燃材料进行建筑内部装修，站内装饰材料处于连通状态，易造成火灾和烟气的大面积蔓延。

2. 人员疏散困难

铁路站房人员密集且流动性强，多为过路旅客和换乘人员，不熟悉建筑；建筑空间高大，指示标志复杂多样，通道复杂，人员疏散距离较大，而疏散宽度有限。

发生火灾等突发事故时，每名旅客的位置和状态都不同，特别是位于高层候车室的旅客，复杂的空间通道容易给旅客带来迷失感，不利于他们快速寻找疏散路线逃生。

3. 影响面大，损失严重

铁路站房一旦发生火灾，会引起交通运行中断，波及车站乃至城市交通网的列车运营，干扰市民的正常出行，影响面巨大，易造成重大经济损失。因此，对铁路站房火灾安全要求防患于未然，以免对城市形象产生不良影响。

第四节　地铁车站火灾危险性

一、地铁车站的定义

随着城市化的高速发展，城市节奏加快，大城市的人口与规模在不断增长，为了缓解地上交通拥堵，越来越多的城市开发利用地下空间，提高土地利用率，缓解城市交通运营压力。地铁给城市居民创造了经济、便捷、高效的出行方式，缓解城市中心区的人流压力。《地铁设计规范》GB 50157—2013 中，对“地铁”给出了定义：地铁是指在城市中修建的快速、大运量、用电力牵引的轨道交通。列车在全封闭的线路上运行，位于中心城区的线路基本设在地下隧道内，中心城区以外的线路一般设在高架桥或地面上。

《城市轨道交通工程基本术语标准》GB/T 50833—2012 中给出了“车站”的定义：在城市轨道交通线路上供列车停靠、乘客候车和乘降的设有相应设施的场所。

本书对“地铁车站”定义为：在地铁轨道上，设置供列车停靠和乘客候车、乘降等设施，并提供相关服务的建筑。

我国地铁建设目前处于快速发展阶段，以北京市地铁为例，截至 2020 年底，地铁公司运营线路 16 条，运营里程 525km，运营车站 318 座，换乘车站 62 座，大大提高了城市地下空间的社会与商业价值。

二、 地铁车站的建筑特征

（一）主要分区

地铁车站由三个主要部分组成，包括车站主体（站厅、站台、隧道等）、出入口及通道、风道及地面通风亭。建筑设计时一般将地铁车站的地下一层设计为站厅层，主要用途为乘客购票和检票，站厅通过出入口与地面相连；地下二层为站台层，主要用于乘客上下车和候车，在站台层的顶部设有水平开口，开口处设置楼梯和自动扶梯，实现站台层和站厅层的连通，部分中庭式地铁车站，站台与站厅通过大尺寸洞口上下连通；隧道轨行区与站台层相连，站台区和隧道轨行区之间往往设有安全门，设备层一般在站台层及站厅层两端；另外还有一些换乘车站会设置人员转换层。

（二）主要设施

地铁车站内的站台、站厅、通道、楼梯、自动扶梯、出入口等公共区满足乘客基本需求，站内还包括管理用房、设备用房、通风道及管道间等，内设强弱电设备、给排水设备等，《城市轨道交通设备设施分类与代码》GB/T 37486—2019 中指出，地铁车站内部设备设施构成类型共有 22 类，包括土建设施、线路、车辆、通风、空调与供暖、给水与排水、供电、通信系统、信号系统、自动售检票系统、火灾自动报警系统、综合监控系统、环境与设备监控系统、乘客信息系统、门禁系统、运营控制中心、站内客运设备、站台门、车辆基地设备、信息系统、通用测量设备、能源系统、主变电系统。

（三）建筑特点和分类

地铁车站大部分在地下，空间特点与其他交通建筑有明显的区别，通过分析认为，地铁建筑必须以满足乘客转换的需求为前提，建筑设计、建设时应考虑地质的影响，在设计、建设时要从多方面、全方位的考虑和分析，制定动态应对方案。

另外，大型城市交通的拥堵加剧了人潮的汇集，容易发生安全等方面的问题，因此地铁车站会根据人流密集程度进行相关建筑设计，为人们的安全出行提供保障。

地铁车站在完成城市内部的交通运输时，其用地功能应与交通服务范围及服务水平相匹配，住房和城乡建设部于 2015 年发布的《城市轨道沿线地区规划设计导则》中将轨道站点分为以下 6 类：

1. 枢纽站（A 类）

依托高铁站等大型对外交通设施设置的轨道站点，是城市内外交通转换的重要节点，也是城镇群范围内以公共交通支撑和引导城市发展的重要节点，鼓励结合区域级及市级商业商务服务中心进行规划。

2. 中心站（B 类）

承担城市级中心或副中心功能的轨道站点，原则上为多条轨道交通线路的交汇站。

3. 组团站（C 类）

承担组团级公共服务中心功能的轨道站点，为多条轨道交通线路交汇站或轨道交通与城市公交枢纽的重要换乘节点。

4. 特殊控制站（D 类）

指位于历史街区、风景名胜区、生态敏感区等特殊区域，应采取特殊控制要求的站点。

5. 端头站（E 类）

指轨道交通线路的起终点站，应根据实际需要结合车辆段、公交枢纽等功能设置，并可作为城市郊区型社区的公共服务中心和公共交通换乘中心。

6. 一般站（F 类）

指上述站点以外的轨道站点。

三、 地铁车站的流程设计

由于不受地面拥堵的限制，作为交通工具的地铁，突出的优点是：速度快、运载量大。地铁列车一般由 5~6 节列车厢组成，因此地铁早晚高峰客流拥挤，地铁车站的流程设计必须有序地组织人流进站和出站，快速组织和疏导乘客，方便地铁换乘。地铁车站的流程设计可以按照客流乘坐目的分为进站流线、出站流线和换乘流线。

进站客流路线为：地面出入口→自动售票机→进站检票机→站厅层付费区→楼梯、扶梯→站台→上车；

出站客流路线：下车→站台→楼梯、扶梯→站厅层付费区→出站检票区→地面；

换乘流线：下车→站台→上车（或楼梯、扶梯→站台→上车）。

（一） 进站流线

为了保障地铁运营的安全，在一些城市乘坐地铁时，乘客需要经过安检才能进站。进站旅客如果没有交通卡或者安装相关手机小程序，进站后需要先购票再通过安检，检票上车。其他旅客可以直接进行安检和检票，然后通过楼梯或自动扶梯到达站台层乘车。

（二） 出站流线

到达车站后，乘客下车进入站台，经过楼梯或自动扶梯到达站厅层，通过自动检票机检票出站。出站客流随着列车的到站而产生，随着出站乘客在出站通道或出站楼梯和扶梯处的汇集，会形成局部密集人群。

（三） 换乘流线

乘客在地铁车站的换乘方式，包括同站台换乘、通道换乘和出站换乘三种。当采取双向通道换乘时，人流集中，每个方向的通道使用宽度变窄，乘客通行速度降低。

四、 地铁车站的火灾危险

（一） 火灾案例

1979 年 9 月，美国费城发生地铁火灾，原因是变压器着火，造成 178 人受伤；1996 年 11 月，北京地铁万寿路站，发生特大火灾，造成 3 人死亡，300 人中毒；2017 年 2 月，香港地铁行驶途中，由于人为因素在车厢内发生火灾，造成 11 人受伤，并使该地铁站关闭。

下列三起火灾有较为详细的资料：

1987 年 11 月，伦敦金十字地铁站的乘客发现 4 号自动扶梯下起火，随即在该扶梯的顶部按下紧急停止按钮。起火 10min 后，车站停止售票，疏散售票厅内的乘客。期间仍有列车进站，并允许乘客上下车。消防人员赶到现场，第一辆消防车尚未出水，4 号自动扶梯上端和售票厅内发生轰燃。此次事故造成 32 人死亡，100 多人受伤。

1995 年 10 月，阿塞拜疆一列地铁发生火灾，司机把列车停在隧道内。大火烧毁两节车厢，该两节车厢乘客大多数成功脱险，但是火灾产生的烟气引起前面三节车厢的乘客恐慌，最终事故造成 558 人死亡，269 人受伤。

2003 年 2 月，韩国大邱市 1079 号地铁列车在行驶过程中，车上一男子突然点燃随身携带的易燃燃料，列车座椅上的可燃材料随即燃烧，火灾快速蔓延到其他车厢。1079 号列车起火后，1080 号列车驶入车站。当 1080 号列车司机准备驶出车站时，电流中断，车辆无法行驶，由于列车司机的错误操作，该列车内乘客无法打开车门，此次事故造成 192 人死亡，140 多人受伤，受害者多为 1080 号列车乘客。

（二）地铁车站火灾发生的主要类型

地铁火灾的主要类型为电气火灾和人为火灾。

1. 电气火灾

地铁运行环境湿度大、气温略高，需要电气设备设施的动力支持，长时间运转容易引发高温、电气故障、短路负荷过大等造成火灾危害。检修过程中的焊接作业、地铁车站内的违规使用电器或操作不当等也会引发电路故障，导致地铁火灾发生。

2. 人为火灾

地铁工作人员违规操作、日常工作生活中用电不慎、乘客违规吸烟、携带易燃易爆物品进入车站、人为纵火等也会导致火灾事故的发生。

（三）火灾特点

地铁车站出入口少，一旦发生火灾，极易发生群死群伤的特大事故。其火灾具有以下几个特点：

1. 人员疏散困难

地铁车站一般距地面超过 10m，并且地铁车站中一般不设置紧急避难场所，疏散通道狭窄，一旦发生火灾，烟气蔓延的方向和人员疏散方向一致，人员复杂拥挤，面临此类突发事件，人们更容易产生恐慌心理，无法有效疏散。若火灾引起电路故障，地铁照明设施无法正常显示，加上火灾烟气导致能见度下降，疏散导向标志也很难辨别，这种状况下，人们由于无法正确选择逃生路径而表现慌乱，极易发生踩踏事故，影响疏散。

2. 排烟困难

地铁车站与外界联通的出口少，位于地下的封闭空间中，层高低，含氧量低，火灾发生时往往不完全燃烧，同时产生的大量高温气体无法与室外快速交换，烟气沉降至视线高度，伴随极易发生的轰燃现象，造成重大灾害。

3. 救援困难

一旦发生火灾，需要救援人员迅速到达现场，浓烟导致车站能见度比较低，救援人员无法准确地判断火源位置、火灾详情，难以实施有效的灭火救援。地铁车站内没有自然照明，火灾中的疏散应急照明一旦出现问题，仅有的风井、疏散通道、出入口隧道等通道，在火灾时往往是烟气的出口，增加了救援难度，很难展开有效的救援和灭火工作。

第二章　大型交通建筑特殊消防设计

第一节　特殊消防设计定义及主要内容

一、 特殊消防设计定义

（一）特殊消防设计

特殊消防设计是一种以建（构）筑物防火性能为基础的防火系统设计方法。它运用了消防安全工程学的基本原理和方法，首先研究建筑对象的具体情况，进而确定整个建筑对象的消防安全目标，通过采用先进适用的计算分析工具和方法，对建筑的火灾危险和可能导致的后果进行定性、定量的预测与评估，从而判断建筑抵御火灾的性能指标能否满足预设的消防安全目标，以进一步优化消防设计方案，并最终为建设工程的消防设计提供设计参数和技术方案。

特殊消防设计是基于消防安全目标的设计。在传统的建筑防火设计中，设计人员只需按照规范条文的要求按部就班地进行设计，对于设计所要达到的最终消防安全水平或目标并不十分关注，消防安全目标对设计人员是隐含的。在特殊消防设计中，消防安全目标是设计人员首要关注的内容之一，是防火设计应该达到的最终目标或消防安全水平，除非规范中有明确的规定，一般应该同建筑消防设计审查验收主管部门、建筑业主、建筑使用方共同协商确定。消防安全目标确定后，设计人员应根据建筑物的各种不同空间结构、功能要求及其他相关条件，自由选择为达到消防安全目标所应采取的防火措施并将其有机地结合起来，从而形成建筑物的总体防火设计方案。

（二）特殊消防设计与消防安全评估的区别

特殊消防设计与消防安全评估都可以用于建筑防火系统的性能评价。作为建筑防火评估的手段，二者的区别主要表现在以下两个方面：

（1）特殊消防设计主要是在建筑设计阶段，对建筑防火设计方案的消防安全性进行评价；消防安全评估主要是在建筑投入使用阶段，对建筑防火设计的现状进行评估。

（2）特殊消防设计主要是针对性地提出防火设计方案，解决设计阶段遇到的消防难点问题，以满足建筑的使用功能，确保消防设计方案的整体消防安全水平；消防安全评估主要是基于设计阶段的防火设计标准，针对目前的消防安全现状，综合评价建筑的消防安全水平，并针对评估结果，依据消防法律法规、技术规范提出降低火灾风险的解决措施。

二、 特殊消防设计基本流程

特殊消防设计可以分为若干个过程，各步骤之间相互联系，并最终形成一个整体。简单地讲，特殊消防设计一般包括以下几个步骤：

（一）收集工程相关资料

详细的设计图纸以及任何与消防系统有关的补充材料，包括建筑物本身的特性、运行特点、使用者的特征及气候环境等。针对大型交通建筑，我们需要着重考虑是否设置商业等方便乘客使用的区域、是否设置燃气餐饮等危险区域、乘客对环境的熟悉程度以及节假日大客流的疏散人数等。

（二）确定消防安全目标

对建筑物本身安全性的要求、对保护人员生命安全的要求、对保护财产的要求、对保护使用功能的要求。例如，保证人员不受火灾时烟气的危害、保护残疾人有安全的避难所、保护建筑的结构不受破坏等。

（三）确定消防安全性能指标

达到消防安全目标应满足的条件或指标。例如，为了保证人员的安全疏散，在所有人员疏散到安全区域之前，所处环境中的能见度、热辐射强度、烟气温度和毒性气体浓度等指标均应在安全范围之内。

（四）进行火灾场景设计

针对不同的评估目标，根据建筑物的具体情况和相关统计资料，分析火灾发生的位置、火灾性质、火灾规模、消防设施的状态等，确定最不利的火灾场景。

（五）进行疏散场景设计

疏散场景是对人员特性、建筑环境与建筑系统以及火灾动力学特性的定性描述，用于识别影响疏散行为和疏散时间的关键因素。

（六）评估设计方案

建立火灾发展蔓延、烟气温度流动、人员疏散的分析模型，分析该方案是否达到设计目标，以及需要对设计进行哪方面的修改。例如，增加感烟探测器或自动喷淋装置、对防排烟系统参数的修改、改变建筑材料、内装修和建筑内部摆设等。

（七）编制评估报告

说明评估方法和所采用工具的来源、限制条件和可靠性，给出评估结果和建议。

特殊消防设计的基本流程见图 2-1。

三、 特殊消防设计主要内容

（一）消防安全目标

消防安全目标是一个比较广泛的概念。狭义上来说，通常是指保护人员生命和财产安全的需求；广义上来说，消防安全目标根据建筑使用功能以及业主的需求不同，工程的消防安全目标也是不尽相同的。具体地讲，主要包括以下内容：

1. 保障人员的生命安全

当建筑物内发生火灾时，整个建筑系统（包括消防系统）能够为建筑内的所有人员提供足够的时间疏散到安全地点，疏散过程中不应受到火灾及烟气的危害。

2. 保护财产安全

通过合理安排可燃物间距、合理策划防排烟系统方案等，控制火灾的蔓延，尽量减少财产损失。

3. 保证结构的安全

建筑的结构不会因火灾作用而受到严重破坏或发生垮塌，或虽有局部垮塌，但不会发生连续垮塌而影响建筑结构的整体稳定性。

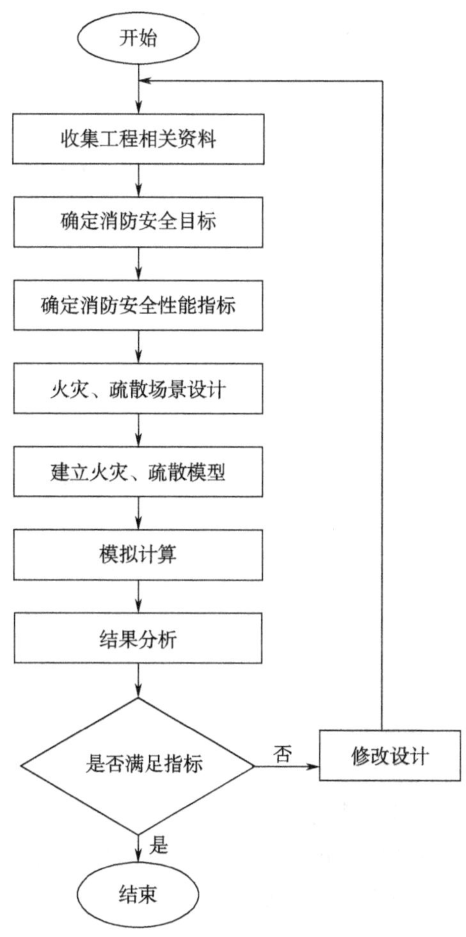

图 2-1 特殊消防设计基本流程图

4. 保证相邻建筑的安全

设置合理的防火间距及阻止火灾蔓延的手段，保证建筑发生火灾后，不会引燃其相邻建筑。

5. 保证关键设备的使用功能或连续运行

重点保护那些一旦失去功能，将对其他地方造成连锁反应的关键设施，主要通过限制可燃物的种类及数量、重点部位实施重点保护等达到上述目的。

对于大型交通建筑来说，还需要保证运营的连续性。对于航站楼、铁路以及地铁工程来说，一旦由于火灾影响了运营的连续性，将会引发后续多米诺骨牌式的连锁反应，通过降低火灾蔓延的影响以及对人员疏散的影响，尽量降低对运营的干扰。

（二）消防安全性能指标

当一个建筑制定了消防安全目标后，我们不仅需要对这些目标进行量化，还应设置消防安全性能指标对量化后得到的结果进行判定。判定的标准应能够体现由火灾造成的人员伤亡、建筑及其内部财产的损害、生产或经营被中断、风险等级等的最大可接受限度。

一般情况下，考虑影响人员安全疏散的因素包括热辐射强度、温度、能见度以及烟气毒性等。当火灾时的热辐射强度、温度、能见度及烟气毒性等指标达到人体耐受极限时，对人体构成危险的时间来临，判定来临时间的控制指标如表 2-1 所示。

表 2-1 通常情况下危险来临时间的控制指标

参数	人体可耐受的极限
热辐射强度	对使用者是 2.5kW/m²，对消防队员是 4.5kW/m²
温度	当热烟层降到清晰高度以下时，烟气温度低于 60℃
能见度	当热烟层降到清晰高度以下时，能见度不小于 10m
烟气毒性	当热烟层降到清晰高度以下时，CO 浓度不大于 0.25%（2 500ppm）

疏散区域所需的能见度对于大空间取 10m，而对于小房间可取 5m。表中的清晰高度，应根据不同建筑高度计算得到：

（1）空间净空高度大于 6m 的大空间场所，其清晰高度按公式（2-1）计算：

$$Z = 1.6 + 0.1H \tag{2-1}$$

式中：Z——清晰高度（m）；

H——排烟空间的建筑高度（m）。

（2）空间净空高度小于或等于 6m 的场所，其清晰高度不应小于 2m。

对于大型交通建筑来说，通常还需要考虑减少大空间内火灾连续蔓延的危险。火灾的蔓延是热量传播所导致的，热量传播的方式有三种：热传导、热对流、热辐射。影响火焰水平蔓延的最主要因素是辐射热的强度，为防止火灾向另外的防火区域水平蔓延，最主要是防止另外防火区域的可燃物质被辐射热点燃。当前，通常使用能够点燃材料的辐射强度作为该材料的点燃极限标准。将点燃可能性降到最小的方法是确保区域内出现的点火源的辐射强度不能达到引燃材料的临界辐射强度。《中国消防手册》对材料的临界辐射强度进行了分类，见表 2-2。

表 2-2 点燃能力及对应的临界辐射强度

点燃能力	临界辐射强度/（kW/m²）
容易（如报纸）	10
普通（如带软垫的家具）	20
很难（如 5cm 或更厚的木板）	40

（三）火灾场景设计

火灾场景是对一次火灾整个发展过程的定性描述，这一描述确定了反映该次火灾特征并区别于其他可能火灾的关键事件。火灾场景通常要定义引燃、火灾增长阶段、完全发展阶段和衰退阶段，以及影响火灾发展过程的各种消防措施和环境条件。因此，火灾场景的选择要充分考虑建筑物的使用功能、建筑的空间特性、可燃物的种类及分布、使用人员的特征及建筑内采用的消防设施等因素。通常，应根据最不利原则选择火灾风险较大的火灾场景作为设定火灾场景。

1. 火灾危险源辨识

设计火灾场景时，首先应进行火灾危险源的辨识，研究建筑物里可能面临的火灾风险主要来自哪些方面，分析火灾荷载密度、可燃物种类、可燃物燃烧特征等。火灾危险源辨识是开展火灾场景设计的基础环节，只有充分、全面地把握建筑物所面临的火灾风险的来源，才能完整、准确地对各类火灾风险进行分析、评判，通过采取有针对性的消防设计措施，确保将火灾风险控制在可接受的范围之内。

对于大型交通建筑来说，需要根据其使用功能的特殊性来辨识火灾危险源。对于航站楼，需要考虑行李托运区、处理区等火灾荷载较大的区域以及候机厅等人员较密集区域的火灾危险性；对于铁路站房、地铁车站，需要考虑轨行区列车火灾等高火灾荷载区域对于人员疏散安全的影响因素。

2. 火灾增长速率

设计火灾一般分为热释放速率随时间增长的火灾和热释放速率恒定的火灾。

（1）热释放速率随时间增长的火灾。火灾的发展规律一般分为火灾的增长阶段、火灾的稳定燃烧阶段和火灾的衰减阶段，火灾发展过程见图 2-2。

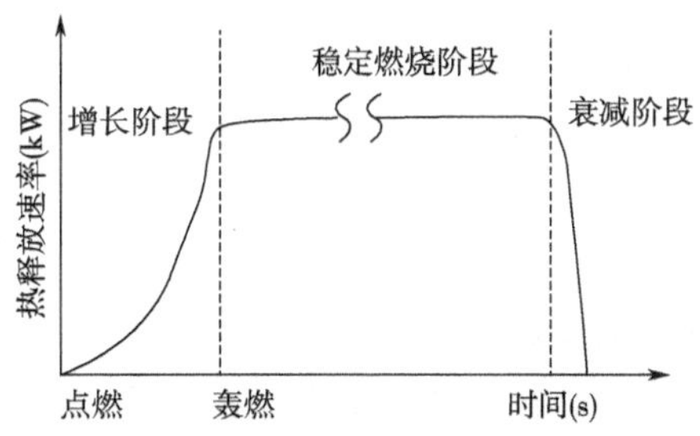

图 2-2 火灾发展规律简图

在实际火灾的初期和增长期，热释放速率随时间的推移不断增长，大多数常见可燃物着火时，热释放速率增长遵循时间的平方规律，所以又称为时间平方火，即：

$$Q = at^2 \tag{2-2}$$

式中：Q ——热释放速率（kW）；

a ——火灾发展系数（kW/s^2）；

t ——时间（s）。

不同的可燃物火灾发展系数不同，按热释放速率增长的快慢通常将时间平方火分为四类，即超快、快速、中速和慢速火。通常汽油等易燃液体的火灾表现为超快火，一般酒店客房等软垫家具较多的场所发生的火灾为快速火，办公室火灾可用中速火或快速火表征。这四类时间平方火的典型火灾发展系数如表 2-3 所示，火灾发展规律曲线如图 2-3所示。

表 2-3 时间平方火的典型火灾发展系数

类型	超快	快速	中速	慢速
火灾发展系数 a	0.187 6	0.046 9	0.011 7	0.002 9

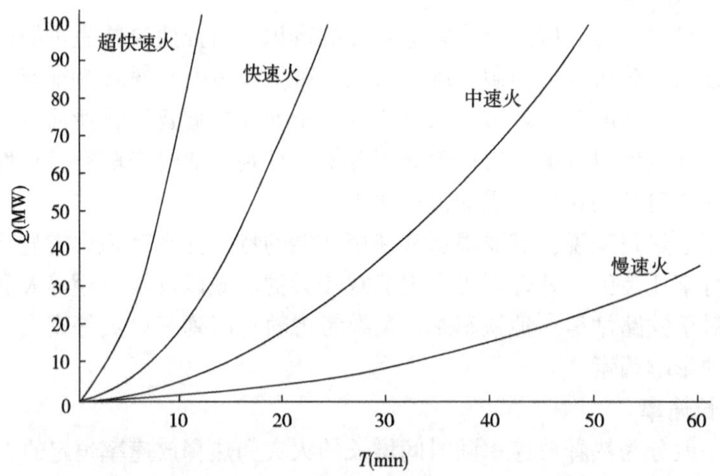

图 2-3 火灾发展规律简图

（2）热释放速率恒定的火灾。在进行特殊消防设计时还常采用热释放速率恒定的火，即假定从起火开始时起热释放速率即保持为某一数值。这一数值常取为可燃物燃烧时的峰值热释放速率或水喷淋系统启动时火源的热释放速率。由于热释放速率恒定的火忽略了火灾的增长阶段，因而常在需进行比较保守的设计时采用。

3. 火灾规模

火灾发生的规模应综合考虑建筑消防设施的安全水平、火灾荷载的布置及种类、建筑的空间大小以及比较成熟的统计资料、试验结果等，一般包括以下两种情况：

（1）喷淋控制的火灾。考虑喷淋系统启动后将火灾最大热释放速率控制在某一恒定值，不增长也不衰减，再增加一定的不确定性余量来确认火灾规模，是国际上普遍接受的火灾设计方法。

（2）根据权威统计资料确定火灾规模。根据权威部门的统计资料，或者相关研究部门的试验数据确定火灾规模。如 NFPA 手册中提出了可堆叠的椅子的热释放速率。一般来说，椅子会有金属腿和金属框架以及在结构材料上的少量可燃填料。尽管这些椅子单个放起来不会造成多大风险，但是堆叠起来可能会引起较大危险。12 把堆叠椅子的热释放速率峰值可达 2 250kW，相当于燃烧大约 17min 的中型火灾。

国家标准《建筑防烟排烟系统技术标准》GB 51251—2017 第 4. 6. 7 条给出了各类场所火灾达到稳态时的热释放速率，见表 2-4。

表 2-4 火灾达到稳态时的热释放速率

建筑类别	喷淋设置情况	热释放速率 Q（MW）
办公室、教室、客房、走道	无喷淋	6. 0
	有喷淋	1. 5
商店、展览厅	无喷淋	10. 0
	有喷淋	3. 0

续表

建筑类别	喷淋设置情况	热释放速率 Q（MW）
其他公共场所	无喷淋	8.0
	有喷淋	2.5
汽车库	无喷淋	3.0
	有喷淋	1.5
厂房	无喷淋	8.0
	有喷淋	2.5
仓库	无喷淋	20.0
	有喷淋	4.0

（四）疏散场景设计

疏散场景设计需要考虑影响人员安全疏散的诸多因素，特别是疏散走道的情况、人员状态（如人员密度、对建筑的熟悉程度等）、火灾烟气和人员的心理因素。疏散场景的设计总体原则为找出火灾发生后，最不利于人员安全疏散的情况。通常考虑火灾发生在某一疏散出口附近，使该出口堵塞不能用于人员疏散，根据设定的火灾场景设置相应的疏散场景。

1. 人员疏散时间

当发生火灾时，人员从起火开始后到疏散至安全区域的时间为疏散时间。疏散时间（*RSET*）包括疏散开始时间（t_{start}）和疏散行动时间（t_{action}）两部分。疏散时间预测一般采用以下方法：

$$RSET = t_{start} + t_{action} \tag{2-3}$$

（1）疏散开始时间（t_{start}）：即从起火到开始疏散的时间。一般地，疏散开始时间与火灾探测系统、报警系统、起火场所、人员相对位置、疏散人员状态及状况、建筑物形状及管理状况等因素有关。

疏散开始时间（t_{start}）可分为探测时间（t_d）和人员的疏散预动时间（t_{pre}）。

$$t_{start} = t_d + t_{pre} \tag{2-4}$$

式中： 探测时间（t_d）——火灾发生、发展将触发火灾探测与报警装置而发出报警信号，使人们意识到有异常情况发生，或者人员通过本身的味觉、嗅觉及视觉系统察觉到火灾征兆的时间。

人员的疏散预动时间（t_{pre}）——人员从接到火灾警报之后到疏散行动开始之前的这段时间间隔，包括识别时间（t_{rec}）和反应时间（t_{res}）。

$$t_{pre} = t_{rec} + t_{res} \tag{2-5}$$

式中：t_{rec}——识别时间。从火灾报警或信号发出后到人员还未开始反应的这一时间段。当人员接收到火灾信息并开始做出反应时，识别阶段即结束。

t_{res}——反应时间。从人员识别报警或信号并开始做出反应至开始直接朝出口方向疏散之间的时间。与识别阶段类似，反应阶段的时间长短也与建筑空间的环境状况有密切关系，从数秒钟到数分钟不等。

（2）疏散行动时间（t_{action}）：即从疏散开始至疏散到安全地点的时间。一般有现场模拟试验测量法、经验公式法和计算机模拟法三种方法进行确定。

①现场模拟试验测量的方法主要用于科学研究，很少直接用于工程设计，对于特殊消防设计，由于项目处于未完成阶段，一般也不采取该种方法。

②经验公式法是通过大量的实验数据总结出的，由一系列经验公式组成，一般可以通过手工计算进行疏散预测的方法，使用方便应用广泛，以日本为代表的一些国家主要采用这类方法，但它不能反映在人员众多时可能发生拥挤的现象。

③计算机模拟法是通过计算机软件模拟人员疏散的动态过程来预测人员疏散时间的一种方法，该方法是近年来随着计算机技术的进步而发展起来的，一些学者和研究机构已经开发了一些相应的计算软件，如 Pathfinder、STEPS 等疏散模拟软件。

2. 疏散相关参数

（1）火灾探测时间。设计方案中所采用的火灾探测器类型和探测方式不同，探测到火灾的时间（t_d）也不相同。通常，感烟探测器要快于感温探测器，感温探测器要快于自动喷水灭火系统喷头的动作时间；线型感烟探测器的探测时间与探测器安装高度及探测间距有关，图像火焰探测器则与火焰长度有关。因此，在计算火灾探测时间时可以通过计算火灾中烟气的减光度、温度或火焰长度等特性参数来预测火灾探测时间。

一般情况下，对于安装火灾感温探测器的区域，火灾探测时间可采用 DETACT 分析软件进行预测。对于安装火灾感烟探测器的区域，火灾可以通过计算各火灾场景内感烟探测器动作时间来确定。为了安全起见，也可将喷头动作的时间作为火灾探测时间。

（2）识别时间。识别时间（t_{rec}）是指从火灾报警或信号发出后到人员还未开始反应的时间段。当人员接收到火灾信息并开始做出反应时，识别阶段即结束。《火灾安全工程原理应用指南》BSDD 240 中提供了预测火灾确认时间的经验数据，可供分析时参考，见表 2-5。

表 2-5 不同用途建筑物采用不同报警系统时的人员识别时间

建筑物用途及特性	人员响应时间（min）		
	报警系统类型		
	W1	W2	W3
办公楼、商场或厂房、学校（居民处于清醒状态，对建筑物、报警系统和疏散措施熟悉）	<1	3	>4
商店、展览馆、博物馆、交通建筑等（居民处于清醒状态，对建筑物、报警系统和疏散措施不熟悉）	<2	3	>6
旅馆或寄宿学校（居民可能处于睡眠状态，但对建筑物、报警系统和疏散措施熟悉）	<2	4	>5
旅馆、公寓（居民可能处于睡眠状态，对建筑物、报警系统和疏散措施不熟悉）	<2	4	>6
医院、疗养院及其他社会公共机构（有相当数量的人员需要帮助）	<3	5	>8

注：W1——采用声音实况广播系统；

W2——预录（非直播）声音系统、和/或视觉信息警告播放系统；

W3——采用警铃、警笛或其他类似报警装置的报警系统。

（3）反应时间。反应时间（t_{res}），从人员识别报警信号并开始做出反应至开始朝出口方向疏散之间的时间。与识别阶段类似，人员反应阶段时间长短也与建筑空间的环境状况有密切关系，从数秒钟到数分钟不等。

（4）疏散行走速度。人员行进速度与人员密度、年龄和灵活性有关。当人员密度小于0.5人/m²时，人群在水平地面上的行进速度可达70m/min并且不会发生拥挤，下楼梯的速度可达51~63m/min。相反，当人员密度大于3.5人/m²时，人群将非常拥挤，基本上无法移动。

若需要精确计算可由公式（2-6）给出：

$$V=1.4\ (1-0.266\,D) \tag{2-6}$$

式中：V——人员行进速度（m/min）；

D——人员密度（不小于0.5）（人/m²）。

人员在楼梯行走速度的计算参见公式（2-7）：

$$V=K\,(1-0.266\,D) \tag{2-7}$$

式中：V——人员行进速度（m/min）；

K——系数，水平通道取$K=84.0$，楼梯台阶取$K=51.8\ (G/R)^{1/2}$，G、R分别表示踏步的宽度和高度；

D——人员密度（不小于0.5）（人/m²）。

对于大型交通建筑，还要综合考虑建筑特点。例如地铁车站可利用自动扶梯疏散，美国消防协会《固定导轨运输和有轨客运系统标准》NFPA 130给出了各种地面结构形式下的人员步行速度，见表2-6。

表2-6 NFPA 130关于步行速度值的规定

疏散设施	步行速度（m/min）
站台、走廊、<4%的坡道	61.1
上行楼梯、停止的自动扶梯、>4%的坡道	15.24（速度的垂直分量）
下行楼梯、停止的自动扶梯、>4%的坡道	18.3（速度的垂直分量）

（5）行人流量。行人交通流中流量、密度、速度相互关系按公式（2-8）进行计算：

$$q=u\cdot k \tag{2-8}$$

式中：q——行人流量［人/（m·s）］；

u——行人速度（m/s）；

k——人员密度（人/m²）。

行人流量、密度、速度关系遵循着一定的变化规律，即当行人密度较低时，行人具有较高的步行速度，流量较低；当行人密度增大到一定值时，速度进一步降低，流量达到最大值；当密度进一步增大时，速度会接近于0，此时流量也接近于0。各国关于行人流量的要求见表2-7。

有效宽度是出口或楼梯间的净宽度减去边界层宽度。根据消防工程学关于人员疏散分析的原理，认为在大量人流进行疏散过程中，靠近障碍物的人员通常倾向与障碍物之间留有一条空隙，称为边界层。美国消防协会《SFPE消防工程手册》中关于边界层宽度的参考建议数值见表2-8。

表 2-7 行人流量数据表［人/（min · m）］

<table>
<tr><td rowspan="2">疏散设施</td><td colspan="2">《SFPE 消防工程手册》</td><td>《固定导轨运输和有轨客运系统标准》NFPA 130</td><td>《避难安全验证法的解说及计算实例的说明》</td><td colspan="2">《地铁设计规范》GB 50157—2013</td></tr>
<tr><td colspan="6">行人流量</td></tr>
<tr><td rowspan="4">楼梯</td><td>最小</td><td>16.4</td><td rowspan="2">上行楼梯、停止的自动扶梯、>4% 的坡道：62.6</td><td rowspan="4">60（楼梯有足够容量时，其他情况应通过计算获得）</td><td rowspan="2">楼梯</td><td rowspan="2">下行：70；上行：61.67；双向混行：53.33</td></tr>
<tr><td>中等</td><td>45.9</td></tr>
<tr><td>最优</td><td>59.1</td><td rowspan="2">下行楼梯、停止的自动扶梯、>4% 的坡道：71.65</td><td rowspan="2">扶梯</td><td rowspan="2">输送速度 0.5m/s：135；输送速度 0.65m/s：不大于 160</td></tr>
<tr><td>大</td><td>39.4</td></tr>
<tr><td rowspan="4">走廊</td><td>最小</td><td>39.4</td><td rowspan="4">89.37</td><td rowspan="4">80（走廊有足够容量时，其他情况应通过计算获得）</td><td rowspan="4">通道</td><td rowspan="4">单向：83.33；双向混行：66.67</td></tr>
<tr><td>中等</td><td>68.6</td></tr>
<tr><td>最优</td><td>78.7</td></tr>
<tr><td>大</td><td>59.1</td></tr>
<tr><td>对外出口</td><td>—</td><td>—</td><td>89.37</td><td>90</td><td colspan="2">—</td></tr>
</table>

注：此处取得的宽度为有效宽度。

表 2-8 不同出入通道的边界层宽度建议值

出入通道	边界层宽度（cm）
楼梯墙壁间	15
扶手中线间	9
音乐厅座椅，体育馆长凳	0
走廊，坡道	20
障碍物	10
广阔走廊，行人通道	46
大门，拱门	15

（6）人员数量。在进行特殊消防设计时，由于项目处于设计阶段，因此无法准确得出建筑内的人员数量。因此，特殊消防设计在进行人员数量计算时，通常由区域的面积与该区域内人员密度的乘积来确定。在有固定座椅的区域，则可以按照座椅数来确定人数。在业主方和设计方能够确定未来建筑内的最大容量时，也可按照该值确定疏散人数。

人员密度一般需要根据国内外相关标准或同类建筑的已有的数据，由各相关方协商确定。表 2-9~表 2-11 中分别给出了不同国家关于人员密度的相关数据。

表 2-9 《建筑设计防火规范》GB 50016—2014（2018 年版）中商店营业厅内的人员密度

楼层位置	地下第二层	地下第一层	地上第一、二层	地上第三层	地上第四层及以上各层
人员密度（人/m²）	0.56	0.60	0.43~0.60	0.39~0.54	0.30~0.42

表 2-10 美国消防协会《生命安全规范》NFPA 101 提供的人员密度数据

场　　合	人员密度（人/m²）
商务区/办公室区（层）	0.11
游泳池（水面区域）	0.22
游泳池（池岸区域）	0.36
食堂/餐厅	0.8
有设备的健身房	0.22
室内溜冰场	0.22

表 2-11 日本“避难安全检证法”提供的人员密度数据

场　　合	人员密度（人/m²）
办公室、会议室	0.125
餐饮场所	0.7
自由活动、通行区域	0.5

对于大型交通建筑来说，公共候车区内人员流动较快，人员数量是时刻变化的，因此通常以大型交通建筑的高峰时刻客流量为基数，设定每个主要客流区域的人员平均停留时间，并由此转换成瞬时流量，从而得出该区域瞬时的人员数量。结合高峰小时客流量数据中的波动变化，在计算瞬时出现的最大人数时选取一个高峰波动系数（1.1~1.4），则瞬间的楼内人员数量可计算为：人员数量=高峰小时客流×高峰波动系数×停留时间（min）/60。

（五）评估设计方案

1. 人员疏散安全性判定方法

保证人员安全疏散是建筑防火设计中的一个重要的安全目标。人员安全疏散要求建筑物内发生火灾时整个建筑系统（包括消防系统）能够为建筑中的所有人员提供足够的时间疏散到安全地点，整个疏散过程中不应受到火灾的危害。

如果人员疏散到安全地点所需要的时间（*RSET*）小于通过判断火场人员疏散耐受条件得出的危险来临时间（*ASET*），并且考虑到一定的安全余量，则可认为人员疏散是安全的，疏散设计合理；反之则认为不安全，需要改进设计。保证人员安全疏散的判定准则为：

$$RSET + T_s < ASET \quad (2\text{-}9)$$

式中：*RSET*——疏散时间，由疏散模拟分析计算得出；

T_s ——安全裕度，即防火设计为疏散人员所提供的安全余量，一般建议不小于疏散时间的0.5倍；

$ASET$ ——开始出现人体不可忍受情况的时间，也称可用疏散时间或危险来临时间，由烟气模拟分析得出。

2. 提出评估设计方案

评估过程是一个不断反复的过程。在此过程中，当评估结果不能达到预设的消防安全目标时，需要对设计方案进行改进，一般可以通过以下几个方法来解决：

①增加疏散出口，缩短疏散距离，提高疏散能力；

②优化烟气控制方案，提高危险来临时间；

③改善火灾探测、报警系统设计，提高早期报警的速度；

④强化灭火系统，减少火灾蔓延的范围；

⑤完善疏散指示系统、应急广播系统，提高疏散的效率。

第二节　航站楼特殊消防设计

一、规范要求

我国航站楼建设始于20世纪20年代，新中国成立初期，主要对武汉南湖机场、天津张贵庄机场等进行了改建或扩建。1958年，结合首都机场的建设，建成了新中国第一座大型的航站楼，该航站楼的建筑规模和设施水平当时在远东地区都堪称一流，其建筑造型设计、功能布局和空间组合等防火设计汲取了苏联航站楼设计经验。

航站楼大规模建设始于20世纪80年代初，随后在“八五”期间机场进入建设高潮。“八五”和“九五”期间，我国主要的民用机场都新建和扩建了航站楼。而时至21世纪前后，随着首都机场2号航站楼及成都双流机场航站楼等一系列大型项目的先后投入使用，预示着我国航站楼设计理论和实践已经相对成熟。此阶段我国的建筑防火设计标准体系日趋完善，航站楼的防火设计主要参照《建筑设计防火规范》GB 50016、《高层民用建筑设计防火规范》GB 50045等规范，防火设计内容包括耐火等级、层数及建筑面积、防火间距、安全疏散、消防车道、建筑构造、消防给水和灭火设施、防烟与排烟、采暖通风和空气调节、电气等内容。

总体来说，《建筑设计防火规范》GB 50016、《高层民用建筑设计防火规范》GB 50045等规范对于规模较小、功能较为单一的航站楼具有一定的借鉴和参考作用。但近几年，随着航空业的发展，乘客数量大幅度增加，作为一类特殊的公共交通建筑，航站楼已经从过去的单一功能逐步发展成为功能多、面积大的综合性建筑，具有内部空间高大、多种交通方式连通、人数多、投资大等特征。如北京首都机场三号航站楼、上海浦东机场二号航站楼、上海虹桥机场二号航站楼、天津滨海机场二号航站楼、深圳宝安机场三号航站楼等大型机场航站楼的开发建设，此时航站楼均呈现了空间大型化、旅客流线复杂多样化等特点，也愈加强调空间的流通性和灵活性，航站楼功能需求与《建筑设计防火规范》GB 50016要求之间的矛盾成为航站楼消防设计的难点。航站楼面临着防火分区划分、安全疏散设计、大空间排烟、钢结构防火等诸多难题，在航站楼的国家相关标准不完善的情况下，大部分都采取了特殊消防设计的方式来保证工程建设的顺利开展和适当的消防安全水平，并因此积累了较丰富的经验。

为更好地满足民用机场航站楼的建设需要，保障建筑和人员的消防安全，亟须发布航站楼的专用防火规范。由于我国航站楼的防火设计经验日趋丰富完善，在总结有关经验教训和参考国外相关技术标准的基础上，2017 年制定颁布了国家标准《民用机场航站楼设计防火规范》GB 51236—2017，并于 2018 年 1 月 1 日实施。该标准填补了民用机场航站楼领域防火设计标准的空白，使得航站楼的消防设计有规可循，有力地保障了民用机场航站楼的消防安全。

《民用机场航站楼设计防火规范》GB 51236—2017 主要从总平面布局、平面布置与防火分区、安全疏散、消防给水与灭火、通风排烟、消防电器等方面提出了防火设计要求。现将相关内容摘录如下：

（六）总平面布局

机场油库和机场外的可燃气体、可燃液体储罐或仓库等是机场内的主要火灾危险源，一旦发生火灾，其火势猛烈、烟气大，影响范围广。航站楼总平面布局的基本原则是尽可能避免或减小油库火灾对航站楼的影响，要尽量将航站楼布置在油库常年主导风向的上风向。航站楼的选址还与机场整体规划、当地气象和地形条件等相关，在总平面布局时，要结合跑道、飞机维修库等附属设施、消防水源以及消防扑救等需要一并考虑。

1. 防火间距

（1）防火间距的作用主要在于满足消防扑救需要，供消防车辆停靠、通行和灭火作业使用及防止火灾在相邻建筑物之间蔓延。航站楼与其他建筑的防火间距比其他民用建筑之间的防火间距要求要高，基本依据国家现行有关标准的规定，参照重要公共建筑的要求确定了航站楼与其他建筑的防火间距。

（2）机场范围内的汽车加油加气站，其设置的埋地储罐与航站楼的防火间距应按国家标准《汽车加油加气加氢站技术标准》GB 50156—2021 的规定确定。

（3）航站楼与液化石油气储罐的防火间距不应小于 500m；与甲、乙类液体储罐和可燃、助燃气体储罐、林地的防火间距不应小于 300m；与丙类液体储罐的防火间距不应小于 150m。

（4）航站楼的玻璃外窗与潜在漏油点的最近水平距离不应小于 30.0m；当小于 30.0m 时，玻璃窗应采用耐火完整性不低于 1.00h 的防火窗，且其下缘距离楼地面不应小于 2.0m，这是由于机场停机坪上停放有飞机、加油车等，泄漏的燃油一旦发生火灾会对航站楼的消防安全构成影响。

2. 消防救援

（1）航站楼周围应设置环形消防车道；边长大于 300.0m 的航站楼，应在其适当位置增设穿过航站楼的消防车道。消防车道可利用高架桥和机场的公共道路。尽头式消防车道应设置回车道或回车场，回车场不宜小于 18.0m×18.0m。

（2）机场消防车同时肩负机场内建筑灭火救援和飞机抢险救援的任务，车辆尺寸普遍较大，航站楼消防车道的净宽度和净空高度均不宜小于 4.5m，消防车道的转弯半径不宜小于 9.0m。对于起伏较大的坡地，为保证消防灭火作业需要，规定了消防车道的坡度要求，供消防车停留的空地，其坡度不宜大于 3%。

（九）平面布置与防火分区

（1）航站楼不应与地铁车站、轻轨车站和公共汽车站等城市公共交通设施贴邻或上、下组合建造；当航站楼确需与城市公共交通设施连通时，应在连通部位设置间隔不小于10.0m的分隔空间，并宜采用露天开敞的空间。当为非露天开敞的空间时，除人员通行的连通口可采用耐火极限不低于3.00h的防火卷帘或甲级防火门外，其他连通处均应采用耐火极限不低于2.00h的防火隔墙或防火玻璃墙进行分隔。

（2）航站楼不应与其他使用功能的场所上、下组合建造；当贴邻建造时，应采用防火墙分隔，建筑间的连通开口处应设置甲级防火门。

（3）航站楼内的不同功能区宜相对独立、集中布置。

（4）航站楼主楼与指廊的连接处宜设置防火墙、甲级防火门或耐火极限不低于3.00h的防火卷帘。当航站楼设置自动灭火系统和火灾自动报警系统并采用不燃或难燃装修材料，且公共区内的商业服务设施、办公室和设备间等功能房间采取了防火分隔措施时，出发区、到达区、候机区等公共区可按功能划分防火分区。非公共区应独立划分防火分区。

（5）行李提取区与迎客区宜独立划分防火分区，行李处理用房应独立划分防火分区。当采用人工分拣方式托运行李时，行李处理用房应按现行国家标准《建筑设计防火规范》GB 50016有关单层或多层丙类厂房的要求划分防火分区；当采用机械分拣方式托运行李且符合下列条件时，行李处理用房的防火分区大小可按工艺要求确定：

1）行李处理用房设置自动灭火系统和火灾自动报警系统；

2）行李处理用房采用不燃装修材料；

3）行李处理用房内的办公室、休息室、储藏间等采用耐火极限不低于2.00h的防火隔墙、乙级防火门进行分隔。

当行李处理用房采用多套独立的行李分拣设施时，应按每套行李分拣设施的服务区域分别划分防火分区。

（6）航站楼的地下或半地下室应采取防火分隔措施与地上空间分隔。地下公共走道、无任何商业服务设施且仅供人员通行或短暂停留和自助值机的地下空间，可与地上公共区按同一个区域划分防火分区。

（7）航站楼公共区内上、下层连通的开口部位，当无法采取防火分隔措施时，该开口周围5.0m范围内不应布置任何商业服务设施；其他部位布置的商业服务设施不应影响人员疏散，距离值机柜台、安检区均不应小于5.0m。公共区中的商业服务设施宜靠近航站楼的外墙布置。

（8）除白酒、香水类化妆品等类似火灾危险性的商品外，航站楼内不应布置存放其他甲、乙类物品的房间。存放白酒、香水类化妆品等类似商品的房间应避开人员经常停留的区域，并应靠近航站楼的外墙布置。

（9）航站楼内不应设置使用液化石油气的场所，使用天然气的场所应靠近航站楼的外墙布置，使用相对密度（与空气密度的比值）大于或等于0.75的燃气的场所不应设置在地下或半地下。燃气管道的布置应符合现行国家标准《城镇燃气设计规范》GB 50028的规定。

（十）安全疏散

1. 安全出口

（1）航站楼内每个防火分区应至少设置1个直通室外或避难走道的安全出口，或设置

1部直通室外的疏散楼梯。

（2）航站楼内的防火分区可利用通向相邻防火分区的甲级防火门或通向高架桥的门作为安全出口。当出发区内的人员利用高架桥等可直接疏散至室外时，该区域的疏散净宽度可按现行国家标准《建筑设计防火规范》GB 50016有关单层公共建筑的疏散要求确定。

（3）公共区可利用通向登机桥的门作为安全出口，该登机桥的出口处应设置不需要任何工具即能从公共区一侧易于开启门的装置，在该出口处附近的明显位置应设置相应的使用标识。登机桥一端应与航站楼固定连接，并应设置符合下列要求的楼梯：

1）楼梯的倾斜角度不应大于45°，栏杆扶手的高度不应小于1.1m；

2）梯段和休息平台均应采用不燃材料制作；

3）通向楼梯的门和梯段的净宽度均不应小于0.9m；

4）楼梯应直通地面。

2. 疏散距离

（1）公共区内任一点均应至少有2条不同方向的疏散路径。当公共区的室内平均净高小于6.0m时，公共区内任一点至最近安全出口的直线距离不应大于40.0m；当公共区的室内平均净高大于20.0m时，可为90.0m；其他情形，不应大于60.0m。

（2）行李处理用房内任一点至最近安全出口的直线距离不应大于60.0m。除行李处理用房外，非公共区内其他区域的安全疏散距离应符合现行国家标准《建筑设计防火规范》GB 50016有关公共建筑的规定。

3. 疏散人数

航站楼设计疏散人数按照不同功能区进行确定。出发区和到达区采用“高峰小时法”，候机区的人数计算按全部机位上座率80%考虑，远机位人数按候机区的固定座位数考虑。

4. 疏散楼梯

公共区的疏散楼梯可采用敞开楼梯（间），其他功能区的疏散楼梯应采用封闭楼梯间（包括在首层扩大的封闭楼梯间）或室外疏散楼梯。层数大于或等于3层或埋深大于10.0m的地下或半地下场所，其疏散楼梯应采用防烟楼梯间。公共区的疏散楼梯净宽度不应小于1.4m；其他区域，不应小于1.1m。

5. 疏散照明

（1）航站楼的下列区域或部位应设置疏散照明：

1）公共区、工作区、疏散走道；

2）登机桥、疏散楼梯间及其前室或合用前室、消防电梯前室或合用前室；

3）建筑面积大于100m^2的地下或半地下房间；

4）避难走道、与城市公共交通设施相连通的部位。

（2）疏散照明的地面最低水平照度满足下列要求：

1）避难走道、疏散楼梯间及其前室或合用前室、消防电梯前室或合用前室，不应低于10.0 lx；

2）公共区，不应低于5.0 lx；

3）其他区域或部位，不应低于3.0 lx。

（3）二层式、二层半式和多层式航站楼的疏散照明系统应采用集中控制型。

（十一）消防给水与灭火

1. 消防给水

（1）航站楼应设置室内外消火栓系统，室外消火栓的设计流量应符合现行国家标准《消防给水及消火栓系统技术规范》GB 50974 的规定。室内消火栓的设计流量应根据水枪充实水柱长度和同时使用水枪数量经计算确定。

（2）室内消火栓的布置间距不应大于 30.0m，并应保证有 2 股水柱能同时到达其保护范围内有可燃物的部位。水枪的充实水柱不应小于 13.0m。消火栓箱内应设置消防软管卷盘。

（3）建筑面积小于 3 000m^2的航站楼，其室内外消火栓系统的火灾延续时间不应小于 2.0h；其他航站楼，不应小于 3.0h。

2. 自动灭火设施

（1）航站楼下列场所或部位应设置自动喷水灭火系统：

1）行李处理用房、行李提取区、行李输送廊道内；

2）有顶棚的值机柜台区；

3）柴油发电机房；

4）其他室内净高不超过自动喷水灭火系统最大允许安装高度的部位。

（2）行李处理用房内设置的自动喷水灭火系统，其设计参数应按现行国家标准《自动喷水灭火系统设计规范》GB 50084 有关中危险Ⅱ级火灾危险场所的要求确定。

（3）公共区内室内净高大于自动喷水灭火系统最大允许安装高度且有可燃物的部位，宜设置自动跟踪定位射流灭火系统或固定消防炮灭火系统。

（4）综合管廊内的消防设施设置可按现行国家标准《城市综合管廊工程技术规范》GB 50838 的规定确定。

（5）高低压配电间、变配电室、通信机房、电子计算机机房、UPS 间和重要档案资料库房内应设置自动灭火系统，并宜采用气体灭火系统或细水雾灭火系统。

（6）烹饪操作间的排油烟罩内及烹饪部位应设置自动灭火装置，并应在厨房内的燃气或燃油管道上设置与该自动灭火装置联动的自动切断装置。

（十二）通风排烟设计

1. 通风设计

（1）通风和空气调节系统位于停机坪侧的进风口和出风口均宜高出停机坪地面不小于 3.0m，与可燃蒸气释放点的最小水平距离不应小于 15.0m。

（2）使用燃煤、燃气、燃油的设备房和使用明火装置的房间，其朝向停机坪侧的通风或排气开口应位于停机坪地面上方，与潜在漏油点及其他可燃蒸气释放点的最小水平距离不应小于 15.0m；当小于 15.0m 时，应采取防火措施。

（3）锅炉、加热炉等的烟囱口应高出航站楼屋面，与航空器、潜在漏油点及其他可燃蒸气释放点的最小水平距离不应小于 30.0m，当小于 30.0m 时，应采取防火措施；使用固体燃料时，烟囱应设置双网筛过滤网。

（4）厨房等热加工部位内的排油烟管道应独立设置，并应直通航站楼外。排油烟管道不应靠近可燃物体，非金属管道与可燃物体的距离不应小于 0.25m，金属管道与可燃物体的距离不应小于 0.50m。

2. 排烟设计

（1）航站楼内的下列区域或部位应设置排烟设施，并宜采用自然排烟方式：

1）出发区、候机区、到达区、行李处理用房；

2）长度大于 20.0m 且相对封闭的走道；

3）建筑面积大于 $50m^2$ 且经常有人停留或可燃物较多的房间。

（2）航站楼与地铁车站、轻轨车站及公共汽车站等城市公共交通设施之间的连通空间应设置排烟或防烟设施。当采用机械排烟或防烟方式时，该连通空间的防排烟设施应独立设置；当采用自然排烟方式时，自然排烟口的总有效面积不应小于该区域地面面积的 10%。

（十三）消防电气

1. 火灾自动报警系统

（1）航站楼内应设置火灾自动报警系统，其中有可燃物的区域或部位应设置火灾探测器。

（2）航站楼设置区域分消防控制室时，分消防控制室内的信号应直接传至主消防控制室。消防控制室应能在接收到火灾报警信号后 10s 内将火警信息传送至机场消防站，机场消防站应设置能接收航站楼火警信息的装置。

2. 消防用电

（1）二层式、二层半式和多层式航站楼的消防用电应按一级负荷供电，其他航站楼的消防用电可按二级负荷供电。消防用电设备的负荷分级应符合现行国家标准《供配电系统设计规范》GB 50052 的规定。

（2）二层式、二层半式和多层式航站楼的疏散照明备用电源的连续供电时间不应小于 1.0h；其他航站楼，不应小于 0.5h。

二、 特殊消防设计难点分析

航站楼建设发展至今，早已不再局限于简单的航空出行，而是逐渐多元化，创造了集航空、商务、休闲、娱乐、交通为一体的综合性航站楼建筑。基于航站楼本身建筑的特点及建筑设计理念的持续更新，在建筑消防设计方面存在诸多难点需探讨分析。

（一）平面布局难点

《民用机场航站楼设计防火规范》GB 51236—2017 第 3.3.1 条明确提出，航站楼不应与地铁车站、轻轨车站和公共汽车站等城市公共交通设施贴邻或上、下组合建造；当航站楼确需与城市公共交通设施连通时，应在连通部位设置间隔不小于 10.0m 的分隔空间，并宜采用露天开敞的空间。当为非露天开敞的空间时，除人员通行的连通口可采用耐火极限不低于 3.00h 的防火卷帘或甲级防火门外，其他连通处均应采用耐火极限不低于 2.00h 的防火隔墙或防火玻璃墙进行分隔。

目前新建机场均会建设配套的交通中心，是集航站楼、高铁、城铁、地铁于一体的综合性交通枢纽。虽然国家标准对航站楼与轨道交通之间在平面布局上进行了明确规定，但新的设计理念的提出仍会出现难以满足国家标准要求的设计难点。

（二）防火分区与防火分隔难点

现行国家标准《建筑设计防火规范》GB 50016—2014（2018 年版）对一般建筑的防

火分区划分提出了相关要求。《民用机场航站楼设计防火规范》GB 51236—2017 对航站楼的防火分区划分提出了具体要求：针对航站楼主楼与指廊的防火分隔，提出在连接处宜设置防火墙、甲级防火门或耐火极限不低于 3.00h 的防火卷帘；针对航站楼内部防火分区划分提出：当航站楼设置自动灭火系统和火灾自动报警系统并采用不燃或难燃装修材料，且公共区内的商业服务设施、办公室和设备间等功能房间采取了防火分隔措施时，出发区、到达区、候机区等公共区可按功能划分防火分区；非公共区应独立划分防火分区；行李提取区与迎客区宜独立划分防火分区，行李处理用房应独立划分防火分区，当采用人工分拣方式托运行李时，行李处理用房应按现行国家标准《建筑设计防火规范》GB 50016—2014（2018 年版）有关单层或多层丙类厂房的要求划分防火分区。国家标准对防火分区面积的要求如表 2-12。

表 2-12　一、二级耐火等级民用建筑防火分区最大允许面积

规　　范	单多层建筑防火分区最大允许面积（m^2）	高层建筑防火分区最大允许面积（m^2）
《建筑设计防火规范》GB 50016—2014（2018 年版）	5 000	3 000
《民用机场航站楼设计防火规范》GB 51236—2017	（1）出发区、到达区、候机区等公共区可按照功能划分防火分区。 （2）办公、设备间等非公共区独立划分防火分区。 （3）行李提取区与迎客区宜独立划分防火分区，行李处理用房应独立划分防火分区，当采用人工分拣方式托运行李时，行李处理用房应按现行国家标准《建筑设计防火规范》GB 50016 有关单层或多层丙类厂房的要求划分防火分区（一级耐火等级单层，面积不限，其他最大为 8 000m^2）	

航站楼工程重要的特点是建筑体量大、不同功能区相互连通、空间高大，难以按照规范进行防火分区划分和防火分隔。航站楼公共区，如值机大厅、行李提取大厅和候机大厅、到达大厅，若采用传统的防火分隔方法，将会影响旅客自由流动或行李处理操作，因功能使用需求，公共区基本上连通为一体空间作为一个防火分区，建筑面积均达到几万至几十万平方米，该防火分区建筑面积占航站楼总建筑面积的 50% 以上，防火分区面积超大。典型航站楼工程的建筑规模、最大防火分区面积统计如表 2-13。

表 2-13　典型航站楼工程扩大的防火分区统计

工 程 名 称	建筑面积（$\times10^4m^2$）	最大防火分区面积（$\times10^4m^2$）
北京大兴机场航站楼	78	57
武汉天河机场 T3 航站楼	49. 5	35
沈阳桃仙机场航站楼	24. 1	10. 3
海口美兰机场航站楼	15	3. 2
天津滨海国际机场航站楼	12	3. 23

续表

工程名称	建筑面积（$\times10^4m^2$）	最大防火分区面积（$\times10^4m^2$）
郑州新郑国际机场 T2 航站楼改扩建	48.5	20.7
重庆江北机场 T3A 航站楼	53	5.4
湖北十堰武当山机场航站楼	1.64	0.93
内蒙古乌兰浩特机场 T3A 航站楼	5.44	0.84

（三）商业服务设施设计难点

目前国内民用机场航站楼的商业服务设施通常采用“防火舱”和“燃料岛”的设计理念进行设计。

“防火舱”的设计要求为每间商店的建筑面积不应大于 200m²；每间休闲、餐饮等服务设施的建筑面积不应大于 500m²；当商店或休闲、餐饮等设施连续成组布置时，每组的总建筑面积不应大于 2 000m²；组与组之间的间距不应小于 9m；每间店铺或休闲、餐饮设施的周边应以耐火极限不低于 2.00h 的防火隔墙进行分隔和耐火极限不低于 1.00h 的顶板分隔，确不能设置墙体的部位，应采用耐火极限不低于 2.00h 的防火卷帘或防火玻璃等分隔。

“燃料岛”的设计要求为单个燃料岛的面积不应超过 20m²，集中布置的燃料岛群不得超过 300m²；超过 300m²时，应划分为不同的燃料岛群，且燃料岛群之间的间距不应小于“防火隔离带”宽度。

《民用机场航站楼设计防火规范》GB 51236—2017 虽然未提出“防火舱”和“燃料岛”的概念，但是设计理念相同，具体要求为：

（1）每间商店的建筑面积不应大于 200m²，并宜相隔一定距离分散布置；每间休闲、餐饮等其他场所的建筑面积不应大于 500m²。当商店或休闲、餐饮等场所连续成组布置时，每组的总建筑面积不应大于 2 000m²，组与组的间距不应小于 9.0m。

（2）每间商店、休闲、餐饮等场所之间应设置耐火极限不低于 2.00h 的防火隔墙，且防火隔墙处两侧应设置总宽度不小于 2.0m 的实体墙。商店、休闲、餐饮等场所与其他场所之间应设置耐火极限不低于 2.00h 的防火隔墙和耐火极限不低于 1.00h 的顶板，设置防火隔墙确有困难的部位，应采用耐火极限不低于 2.00h 的防火卷帘等进行分隔。

（3）当每间商店、休闲、餐饮等场所的建筑面积小于 20m²且连续布置的总建筑面积小于 200m²时，每间商店、休闲、餐饮等场所之间应采用耐火极限不低于 1.00h 的防火隔墙分隔，或间隔不应小于 6.0m，与公共区内的开敞空间之间可不采取防火分隔措施，但与可燃物之间的间隔不应小于 9.0m。

基于上述商业设施的规定，通常在设计初期可以执行适用的要求和标准，但是在后期运营过程中，由于商业需求的增加，在公共区域难以设置“封闭式”餐饮和商业店铺，敞开式店铺通常面积较大，难以满足设计要求，因此关于航站楼内商业服务设施的设计和管理是消防设计的难点。

（四）安全疏散难点

1. 疏散楼梯不能直通室外

为保证航站楼内人员的疏散安全，无论现行国家标准《建筑设计防火规范》GB

50016—2014（2018 年版）还是《民用机场航站楼设计防火规范》GB 51236—2017，均要求每个防火分区至少有一个疏散楼梯直通室外或者安全出口，大型航站楼工程体量大、跨度大、进深大，往往造成航站楼中心区域防火分区的疏散楼梯在首层不能直通室外，当发生火灾时，如何保证人员疏散安全是消防设计的难点。相关标准要求介绍如下：

根据《建筑设计防火规范》GB 50016—2014（2018 年版）第 5. 5. 17 条的规定，楼梯间应在首层直通室外，确有困难时，可在首层采用扩大的封闭楼梯间或防烟楼梯间前室。当层数不超过 4 层且未采用扩大的封闭楼梯间或防烟楼梯间前室时，可将直通室外的门设置在离楼梯间不大于 15m 处。

根据《民用机场航站楼设计防火规范》GB 51236—2017 第 3. 4. 1 条的规定，航站楼内每个防火分区应至少设置 1 个直通室外或避难走道的安全出口，或设置 1 部直通室外的疏散楼梯。

典型航站楼工程疏散楼梯不能直通室外的情况，如表 2–14 所示。

表 2–14　典型航站楼工程疏散楼梯不能直通室外统计

工程名称	疏散楼梯不能直通室外
北京大兴机场航站楼	航站楼中心区的 23 部疏散楼梯在首层难以直通室外。其中 8 部楼梯穿过迎客大厅直出室外，4 部沿行李处理机房的边墙经不超过 30m 的走道可出室外。其他 11 部位于核心区，需经过超过 100m 的走道出室外
郑州新郑国际机场 T2 航站楼改扩建	有多部楼梯不能直通室外，且距离安全出口的距离大于 15m，人员需要到达首层再通过首层迎客厅行走一段距离才能疏散至室外

2. 疏散距离超长

航站楼工程重要的特点是建筑体量大、不同功能区相互连通、空间高大。航站楼公共区，如值机大厅、行李提取大厅和候机大厅、到达大厅在防火分区扩大的同时，往往也存在疏散超距离的问题。航站楼内疏散距离超长主要存在于公共区，《民用机场航站楼设计防火规范》GB 51236—2017 中对于公共区的疏散距离也进行了适当调整，室内空间净高越大，允许的最远疏散距离也越长，但随着功能需求的增加，航站楼建筑规模仍在不断扩大，导致公共区域的疏散距离难以满足现行国家标准要求。相关标准要求介绍如下：

根据《建筑设计防火规范》GB 50016—2014（2018 年版）第 5. 5. 17 条的规定，一、二级耐火等级建筑内疏散门或安全出口不少于 2 个的观众厅、展览厅、多功能厅、餐厅、营业厅等，其室内任一点至最近疏散门或安全出口的直线距离不应大于 30m；当疏散门不能直通室外地面或疏散楼梯间时，应采用长度不大于 10m 的疏散走道通至最近的安全出口。当该场所设置自动喷水灭火系统时，室内任一点至最近安全出口的安全疏散距离可分别增加 25%。

根据《民用机场航站楼设计防火规范》GB 51236—2017 第 3. 4. 2 条的规定，航站楼公共区内任一点均应至少有 2 条不同方向的疏散路径。当公共区的室内平均净高小于 6. 0m 时，公共区内任一点至最近安全出口的直线距离不应大于 40. 0m；当公共区的室内平均净高大于 20.0m 时，可为 90.0m；其他情形，不应大于 60.0m。

根据《民用机场航站楼设计防火规范》GB 51236—2017 第 3.4.3 条的规定，行李处理用房内任一点至最近安全出口的直线距离不应大于 60.0m。除行李处理用房外，非公共区内其他区域的安全疏散距离应符合现行国家标准《建筑设计防火规范》GB 50016 有关公共建筑的规定。一、二级耐火等级民用建筑大空间场所的最大疏散距离要求见表 2-15。典型航站楼工程疏散超距离的情况如表 2-16 所示。

表 2-15 一、二级耐火等级民用建筑大空间场所最大疏散距离

规范名称	单多层建筑最大疏散距离（m）	高层建筑最大疏散距离（m）
《建筑设计防火规范》GB 50016—2014（2018 年版）	不应大于 37.5m，可采用长度不大于 12.5m 的疏散走道通至最近的安全出口	
《民用机场航站楼设计防火规范》GB 51236—2017	（1）公共区的室内平均净高 $h<6.0$m 时，公共区内任一点至最近安全出口的直线距离不应大于 40.0m；平均净高 $h>20.0$m 时，可为 90.0m；其他情形，不应大于 60.0m。 （2）行李处理用房内任一点至最近安全出口的直线距离不应大于 60.0m。 （3）非公共区内其他区域的安全疏散距离应符合现行国家标准《建筑设计防火规范》GB 50016 有关公共建筑的规定	

表 2-16 典型航站楼工程疏散超距离统计

工程名称	最大疏散距离（m）
北京大兴机场航站楼	二层离港层检票区与最近的安全出口的距离大于 90m
湖北十堰武当山机场航站楼	行李提取厅部分区域疏散距离超过《建筑设计防火规范》GB 50016 规定距离 37.5m
郑州新郑国际机场 T2 航站楼改扩建	一层行李处理大厅最远点的疏散距离达到了 86m，其他区域的疏散距离达到了 71m。地下管沟最远疏散距离不超过 100m
重庆江北机场 T3A 航站楼	值机大厅的开放舱的最不利疏散距离大于 80m

（五）公共区大空间排烟设计难点

航站楼具有建筑空间高大且相互连通的特点，因此难以按照规范要求进行防烟分区划分、排烟系统设计，特别是对于超大规模的航站楼，建筑空间极其复杂，如何合理有效地进行大空间排烟系统设计是消防设计的难点。相关标准要求如下：

根据《民用机场航站楼设计防火规范》GB 51236—2017 第 4.3.1 条规定，航站楼内的出发区、候机区、到达区、行李处理用房应设置排烟设施，并宜采用自然排烟方式。

《建筑防烟排烟系统技术标准》GB 51251—2017 对公共建筑防烟分区的最大允许面积及其长边最大允许长度提出了具体规定，见表 2-17。当空间净高大于 9m 时，防烟分区之间可不设置挡烟设施。

表 2-17　公共建筑防烟分区的最大允许面积及其长边最大允许长度

空间净高 H（m）	最大允许面积（m^2）	长边最大允许长度（m）
$H \leqslant 3.0$	500	24
$3.0 < H \leqslant 6.0$	1 000	36
$H > 6.0$	2 000	60m；具有自然对流条件时，不应大于 75m

《建筑防烟排烟系统技术标准》GB 51251—2017 第 4.2.1 条规定，设置排烟系统的场所或部位应采用挡烟垂壁、结构梁及隔墙等划分防烟分区。防烟分区不应跨越防火分区。

《建筑防烟排烟系统技术标准》GB 51251—2017 第 4.2.2 条规定，挡烟垂壁等挡烟分隔设施的深度不应小于储烟仓厚度，对于有吊顶的空间，当吊顶开孔不均匀或开孔率小于或等于 25% 时，吊顶内空间高度不得计入储烟仓厚度。储烟仓厚度要求为当采用自然排烟方式时，储烟仓的厚度不应小于空间净高的 20%，且不应小于 500mm；当采用机械排烟方式时，不应小于空间净高的 10%，且不应小于 500mm。同时储烟仓底部距地面的高度应大于安全疏散所需的最小清晰高度，最小清晰高度应按标准的规定计算确定。

《建筑防烟排烟系统技术标准》GB 51251—2017 第 4.6.5 条规定，中庭排烟量的设计计算应符合下列规定：

（1）中庭周围场所设有排烟系统时，中庭采用机械排烟系统的，中庭排烟量应按周围场所防烟分区中最大排烟量的 2 倍数值计算，且不应小于 107 000m^3/h；中庭采用自然排烟系统时，应按上述排烟量和自然排烟窗（口）的风速不大于 0.5m/s 计算有效开窗面积。

（2）当中庭周围场所不需设置排烟系统，仅在回廊设置排烟系统时，回廊的排烟量不应小于《建筑防烟排烟系统技术标准》GB 51251—2017 第 4.6.3 条第 3 款的规定，中庭的排烟量不应小于 40 000m^3/h；中庭采用自然排烟系统时，应按上述排烟量和自然排烟窗（口）的风速不大于 0.4m/s 计算有效开窗面积。

《建筑防烟排烟系统技术标准》GB 51251—2017 第 4.6.3 条，公共建筑中空间净高大于 6m 的场所，其每个防烟分区排烟量应根据场所内的热释放速率以及经验公式计算确定，且不应小于推荐表格之“其他公共建筑”的排烟量，如表 2-19 所示，规定了计算排烟量和风速的要求。当设置自然排烟窗（口）时，其所需有效排烟面积及自然排烟窗（口）处风速也应根据表 2-18 进行计算。典型航站楼工程排烟设计统计如表 2-19 所示。

表 2-18　推荐表格之“其他公共建筑”的计算排烟量及自然排烟侧窗（口）处风速

空间净高 H（m）	其他公共建筑的计算排烟量（$\times 10^4 m^3/h$）	
	无喷淋	有喷淋
6.0	15.0	7.0
7.0	16.8	8.2

续表

空间净高 H（m）	其他公共建筑的计算排烟量（$\times 10^4 m^3/h$）	
	无喷淋	有喷淋
8.0	18.9	9.6
9.0	21.1	11.1

注：1. 建筑空间净高大于 9.0m 的，按 9.0m 取值；建筑空间净高位于表中两个高度之间的，按线性插值法取值；表中建筑空间净高为 6m 处的各排烟量值为线性插值法的计算基准值。

2. 当采用自然排烟方式时，储烟仓厚度应大于房间净高的 20%；自然排烟窗（口）面积=计算排烟量/自然排烟窗（口）处风速；当采用顶开窗排烟时，其自然排烟窗（口）的风速可按侧窗口部风速的 1.4 倍计。

3. 当建筑无喷淋时，自然排烟侧窗（口）处风速取值为 1.01m/s；当建筑有喷淋时，自然排烟侧窗（口）处风速取值为 0.74m/s。

表 2-19 典型航站楼工程排烟设计统计

工程名称	排烟方式	排烟设计
广州新白云国际机场旅客航站楼一期主航站楼	大空间区域采用自然排烟方式，其他采用机械排烟方式	自然排烟，排烟口的面积取地面面积的 1%
武汉天河机场 T3 航站楼	办票和候机大厅最大净空高度 22.6m，难以实施机械排烟，采取自然排烟方式，利用航站楼出入口低位自然补风	自然排烟窗开启面积不小于地面投影面积的 2%，合理划分排烟控制分区，每个分区面积按 2 000~3 000m^2控制
湖北十堰武当山机场航站楼	办票大厅、候机厅大空间设置机械排烟系统	按照体积换气次数 4 次/h 设计，一层上空区域设置排烟风机 7 台，二层上空设置 8 台，每台风机排烟量均为 23 862m^3/h。火灾时排烟口全部开启
内蒙古乌兰浩特机场 T3A 航站楼	一层、二层共享空间采用机械排烟方式	按照体积换气次数 4 次/h 确定排烟量
重庆江北国际机场 T3A 航站楼	大空间区域采用自然排烟方式	大空间设置顶部自然排烟口，有效自然排烟面积不小于地面面积的 1.5%，其中值机大厅不低于地面面积的 0.5%。净高度大于 6m 的区域，建筑室内净高度每增加 1m，自然排烟面积可减少 5%，但不小于排烟区域建筑面积的 1%

（六）钢结构防火保护难点

钢结构的强度和刚度随温度升高而降低，从而削弱构件的承载能力。一般认为，钢结构的刚度从 100℃ 开始折减，至 600℃ 时弹性模量减至常温的一半；钢结构的屈服强度则从

400℃开始显著折减，至600℃时折减至常温值的约45%。因此，钢结构需要考虑火灾的风险并进行适当的设计。在常规的抗火设计中，假设钢结构所在的环境按照一个固定的升温曲线，一般称为ISO834曲线上升。该曲线模拟一个相对封闭的环境在轰燃发生后的空气温度上升过程，因此，在30min内，温度即可上升至800℃以上。如果不对钢结构进行任何处理，钢结构的温度也会随之快速上升，导致结构丧失承载力，从而发生倒塌。为了避免结构倒塌，减少人员伤亡和大规模财产损失，通常采用对钢结构包裹防火隔热型材料以延缓钢结构的升温过程。包裹的防火材料的类型及厚度取决于钢结构设计中需要保持其结构稳定性的时间。

现行国家标准《建筑设计防火规范》GB 50016—2014（2018年版）规定，一级耐火等级的建筑，其柱应达到3.00h耐火极限，即指柱应在受到ISO834升温曲线的作用下，在3.00h内保持其承载力而不发生破坏。同理，梁应达到2.00h耐火极限，屋顶承重构件应达到1.50h耐火极限，根据耐火极限要求，可以相应地选择防火涂料的产品对钢结构进行保护。但是在机场大空间的环境中，可燃物相对布置分散，且屋顶很高，空间在各个方向均延伸较远，燃烧产生的热烟气不会在屋顶下方大规模聚集，不可能形成整体轰燃。对于航站楼的钢结构，可能受到的火灾风险为钢结构附近局部火源发生燃烧而产生的影响。因此，如何科学合理地对钢结构防火进行设计是特殊消防设计时需考虑的重点及分析难点。

三、工程应用案例

（一）航站楼特殊消防设计案例一

1. 项目概况

该航站楼工程于2004年设计，2007年底全面竣工，2008年2月试运行，总建筑面积38.7万m^2，包括A-1航站楼和A-2航站楼两部分，并拥有站前交通中心、旅客捷运系统、行李快速转运系统。其中A-1航站楼地上（机坪层上）4层，地下2层；A-2航站楼地上（机坪层上）2层，地下2层。该航站楼工程顶部采用了整体结构设计，屋顶距机坪层25m，最高处可达45m，属于高层建筑，按照《高层民用建筑设计防火规范》GB 50045—95（2001年版）进行设计。

A-1航站楼、A-2航站楼各层的功能设置分别如表2-20、表2-21所示。

表2-20　A-1航站楼各层的功能区设置

楼层	距机坪层高度（m）	功　能
四层夹层	+21.00	餐厅和休息区
四层	+15.75	登记大厅、零售商店、各航空公司办事处、验照处、连接三层国内出发的通道、连接二层国际出发的通道
三层	+10.50	国内航班出发安检处、国内CIP休息室、零售商店购物区、出发口和出发走廊、行李处理和航空公司办事处
二层	+5.25	国际航班出发与到达的旅客捷运、国内航班到达、国内航班出发口的巴士中转接送、航空公司办事处、登记和行李领取大厅、海关检查、接送机者的大厅、设有提供汽车租赁及类似服务的小型服务亭的旅客接送大厅、向上通往铁轨站的坡道、通往零层和快车搭乘通道的坡道

续表

楼层	距机坪层高度（m）	功　能
一层（机坪层）	0.00	行李分拣、车间
地下一层	-7.00	7m 高空间，内有：通往装载隔间的坡道、装载隔间、行李处理、车间、消防指挥中心
地下二层	-12.00	5m 高空间，内设：车间、双层行李分拣、通往地面运输中心的行李运送通道、连接 A-2 航站楼的行李和服务隧道

表 2-21　A-2 航站楼各层的功能区设置

楼层	距机坪层高度（m）	功　能
三层	+10.5	国际到达门和走廊、补票和航空公司办公室、国际到达安检和护照检查、国际出发
二层	+5.25	国际出发和到达旅客捷运站、国际出发护照检查和安检、零售店、餐厅、国际出发门
一层（机坪层）	0.00	分拣行李、仓库、设备间、航空公司辅助服务、远机位到达门
地下一层	-7.00	行李处理、设备间、仓库、行李处理隧道的入口和服务隧道的入口
地下二层	-12.00	设备间区域
	-13.50	连接旅客捷运站
	-15.00	旅客捷运系统维护

2. 消防设计难点

航站楼建筑的一个重要特点是具有面积较大且无墙体分隔的区域，如行李领取和旅客换登机牌处等。这种设计带来一个困难，即无法在不阻碍旅客在机场中自由流动的前提下，用传统的隔墙来限制火灾及烟气的蔓延。航站楼某些运营和设计目标与消防安全设计之间也存在部分潜在冲突。例如，安全方面的考虑、建筑设计方面的考虑（保持航站楼的开放性和光线充足）、保证旅客流动的便捷性、商业运作等。

该航站楼为高度超过 24m 的高层建筑，设计原则上执行当时现行国家标准《高层民用建筑设计防火规范》GB 50045—95（2001 年版），其主要消防安全问题摘录详见表 2-22。

表 2-22　主要消防安全问题一览表

序号	问　题	规范要求
1	大空间公共人流区域防火分区问题（无防火分区）	《高层民用建筑设计防火规范》GB 50045—95（2001 年版）第 5.1.1 条规定，对于一类建筑每个防火分区最大允许建筑面积为 1 000m^2，设有自动灭火系统的防火分区，其允许最大建筑面积为 2 000m^2

续表

序号	问　　题	规 范 要 求
2	公共人流区域人员疏散距离问题（疏散超距离）	《高层民用建筑设计防火规范》GB 50045—95（2001 年版）第 6.1.5 条规定，位于两个安全出口之间的房间门至最近的外部出口或楼梯间的最大距离为 40m
3	公共人流区域利用自动扶梯和登机桥作为疏散设施问题；室外开敞的下沉隧道作为疏散过渡安全区问题	《建筑设计防火规范》GB 50016—2006 第 5.3.6 条规定，自动扶梯和电梯不应作为安全疏散设施；登机桥作为疏散设施规范无规定；下沉隧道作为安全区问题
4	公共人流区域防排烟设计问题	《高层民用建筑设计防火规范》GB 50045—95（2001 年版）第 8.4.1 条要求设置排烟系统
5	公共人流区域自动灭火系统设置问题	《高层民用建筑设计防火规范》GB 50045—95（2001 年版）无明确要求
6	地下一层防火分区、疏散距离超过规范要求，设置安全出口问题	《高层民用建筑设计防火规范》GB 50045—95（2001 年版）第 5.1.1 条规定，每个防火分区面积不大于 1 000m²；《高层民用建筑设计防火规范》GB 50045—95（2001 年版）第 6.1.1 条规定，高层建筑每个防火分区的安全出口不应少于两个
7	屋顶钢结构防火保护问题	《高层民用建筑设计防火规范》GB 50045—95（2001 年版）第 3.0.2 条规定了各类建筑构件的耐火极限

3. 消防策略

（1）防火分隔。

1）该航站楼的消防设计指导思想首先应是通过严格的管理将火灾发生的可能性降低到最低水平；其次，万一发生火灾，应能将火灾限制在起火局部区域，不使其蔓延到建筑的其他区域或其他建筑。

2）办公及位于关键区域旁边的零售区采用封闭舱，其他零售单元等区域采用开放舱。

（2）疏散策略。

1）人员疏散分步骤进行，以确保人员快速撤离火场并将对该航站楼的干扰降到最低限度。

2）对设置消防措施的开阔区域内，疏散距离约为 60m。

3）在环境达到人员耐受极限之前，人员将逐步疏散到相对安全的区域。

（3）烟气控制策略。航站楼的大部分区域均设置机械排烟系统。排烟系统包括烟气控制、排烟及烟气清除系统。

烟气控制系统的设计目的是维持烟气层在一个确定的高度，以及保持烟气不溢出本区域，这个原则主要应用于开放舱。

排烟系统广泛应用于建筑中。包括封闭舱、行李处理系统区、行李提取大厅、按照国家规范设计的区域（机房、贮藏室、走廊）等。

烟气清除系统是指火灾后的冷烟清除系统，将由消防队员手工启动。烟气清除系统应用于检票大厅、国内和国际出发大厅、出发和抵达走廊、接站大厅等。

（4）结构设计。

1）该航站楼建筑结构（主结构框架）主要为混凝土结构，其耐火设计按《高层民用建筑设计防火规范》GB 50045—95（2001 年版）的规定要求进行。

2）消防安全通道核心区的主结构构件如采用钢结构，应设置保护层，以保证该结构的耐火等级和核心区外层一致。

3）月台层的混凝土结构是主结构框架的一部分，按规范设计，月台上安装喷淋装置。

4）支撑每层幕墙的框架采用钢质框架，如果钢质框架只支撑幕墙，可以不做防火保护。

5）支撑中间楼层的钢柱均采用耐火极限不低于 3.00h 的防火标准。

6）空间框架屋顶和与其相连的支撑钢柱，采用特殊消防设计的方法进行耐火设计。建筑的屋顶空间框架和空间桁架无需进行耐火保护；支撑屋顶的钢柱采用薄涂型钢结构防火涂料保护，耐火极限不低于 1.50h。

（5）消防设施设计。航站楼消防设施包括探测和报警系统、灭火系统、消火栓和排烟系统，无特别说明时，原则上执行《高层民用建筑设计防火规范》GB 50045—95（2001 年版）。对于不满足规范的消防系统，利用设计说明和/或计算对其进行设计。

（二）航站楼特殊消防设计案例二

1. 项目概况

该航站楼定位为大型国际枢纽，2014 年 12 月 26 日开工建设，2019 年 9 月 25 日正式通航，总建筑面积约 78 万 m^2，地上 5 层，地下 2 层，建筑高度为 50.0m。建筑耐火等级为一级，主要依据《建筑设计防火规范》GB 50016—2014 进行设计。各层设计标高及功能设置如表 2-23。

表 2-23 A-2 航站楼各层的功能区设置

楼层	距机坪层高度（m）	功　能
五层	+24.00	餐饮夹层
四层	+19.00	国内、国际值机
	+17.50	国际联检
三层	+12.50	(除中央指廊外的其他区域)：国内值机、国际出发
	+8.50	国际出发指廊
二层	+6.50	(除中央指廊外的其他区域)：国内出发、到达
	+4.50	中央指廊、国际到达
一层	0.00	国际到达行李提取、后勤
地下一层	-6.50	换乘大厅、APM 交通中心
地下二层	-15.70	轨道站台
	-18.25	轨道结构

2. 消防设计难点

该航站楼属于大型综合枢纽机场建筑，总建筑面积约 78 万 m^2，该项目原则上按照《建筑设计防火规范》GB 50016—2014 进行防火设计，但由于其体量巨大，再加上作为国际性的机场需要拥有综合性的功能，需要宽阔的、开放性的流动空间，因此很多方面难以按照规范的要求进行设计。根据本项目的建筑特点以及相对于以往机场项目的设计经验，本项目的消防设计难点体现在以下几个方面：

（1）防火分区划分问题。

1）规范的相关规定。《建筑设计防火规范》GB 50016—2014 第 5.3.1 条规定，高层民用建筑防火分区的最大允许建筑面积为 1 500m^2，当建筑内设置自动灭火系统时，最大允许建筑面积可增加 1.0 倍，即 3 000m^2。

《建筑设计防火规范》GB 50016—2014 第 3.3.1 条规定，耐火等级为一级的单层丙类厂房，每个防火分区的最大允许建筑面积不限；耐火等级为一级的多层丙类厂房，每个防火分区的最大允许建筑面积为 6 000m^2；耐火等级为一级的高层丙类厂房，每个防火分区的最大允许建筑面积为 3 000m^2。厂房内设置自动喷水灭火系统时，每个防护分区的最大允许建筑面积可增加 1.0 倍。

2）现设计难点。航站楼主楼公共区域面积较大，总建筑面积约 540 766m^2，且上下层贯通，由于使用功能的需要，难以按规范要求划分防火分区。

位于首层的主行李机房总建筑面积约为 68 000m^2，使用防火卷帘划分为三个分区，最大分区面积约为 43 364m^2。行李处理系统负责行李的自动安检、分拣、运输等功能。由于其工艺上的特殊性，在整个功能区域内具有连续性的特点，很难使用围护结构进行物理上的防火分隔，即难以按规范要求划分防火分区。

（2）疏散设计问题。

1）规范的相关规定。《建筑设计防火规范》GB 50016—2014 第 5.5.17 条规定，高层建筑内位于两个安全出口之间的疏散门至最近安全出口的直线距离不应大于 40m，当建筑内全部设置自动喷水灭火系统时，其安全疏散距离可增加 25%，即 50m。

《建筑设计防火规范》GB 50016—2014 第 5.5.17 条第 2 款规定，楼梯间应在首层直通室外，确有困难时，可在首层采用扩大的封闭楼梯间或防烟楼梯间前室。

2）现设计难点。由于航站楼主楼的进深非常大，导致部分疏散楼梯在首层无法直通室外，且其至室外的行走距离将超过 100m，远超过《建筑设计防火规范》GB 50016—2014 的规定。

（3）排烟设计问题。该航站楼主要依据《建筑设计防火规范》GB 50016—2014 进行设计，当时《建筑防烟排烟系统技术标准》GB 51251—2017 尚未批准发布，防烟与排烟系统设置场所执行《建筑设计防火规范》GB 50016—2014；其他具体系统设计仍执行《建筑设计防火规范》GB 50016—2006 及《高层民用建筑设计防火规范》GB 50045—95（2001 年版）的有关规定。

1）规范的相关规定。《高层民用建筑设计防火规范》GB 50045—95（2001 年版）第 8.4.1 条规定，一类高层建筑和建筑高度超过 32m 的二类高层建筑中净空高度大于 12m 的中庭应设置机械排烟设施。

北京市地方标准《自然排烟系统设计施工及验收规范》DB 11/1025—2013 第 3.1.1

条规定，净空高度超过 12m 的中庭、剧场等高大空间不应采用自然排烟系统。

北京市地方标准《自然排烟系统设计施工及验收规范》DB 11/1025—2013 第 3.2.1 条规定，自然排烟系统防烟分区面积不宜大于 2 000m^2，长边不宜大于 60m，且不应跨越防火分区。当防烟分区超过此限值时，可采用固定的（或活动的）挡烟垂壁（垂帘）加以分隔。

2）现设计难点。由于该航站楼公共区域内高大空间的净空高度超过 20m，现设计基本采用自然排烟系统，且其空间高大、跨度较长，难以按规范划分防烟分区，因此需要对其排烟系统的有效性进行论证分析。

3. 消防策略

针对本项目存在的消防难点问题，采用特殊消防设计的设计方法制定合理的消防安全策略。

（1）防火分隔设计方案。

1）防火分隔原则。

①公共区域分隔的基本原则是根据使用功能的特点，将整个公共空间划分为若干个防火控制区，火灾及烟气在正常情况下均不应跨越防火控制区。用于划分防火控制区的方法包括防火墙和防火隔离带。当采用防火墙时，其设计应满足《建筑设计防火规范》GB 50016—2014 的要求；当采用防火隔离带时，防火隔离带的地面应设有明确标识，且在标识范围内满足：不设置任何摊点、岛式售货亭、展示台等商业设施；地面、墙面等部位的装修材料采用不燃材料；禁止设置任何可燃摆设物，提供给顾客休息的设施均采用不燃材料制作；由于景观需求在隔离带范围内摆放的景观植物，应选择不含挥发油脂、水分多、不易燃烧等特点的防火植物，雕塑等景观摆件也需采用不燃材料制作；严禁在“防火隔离带”内悬挂连续的宣传条幅等可燃物。

②防火隔离带的最小宽度不应小于 9m。在防火墙与防火隔离带交接处，应保证防火墙与防火隔离带有效衔接，防火隔离带两侧均应采用防火墙，且防火墙应从防火隔离带的边界向外延伸不小于 2m 的长度。

③除防火隔离带外，对于航站楼内可燃物主要集中的区域：零售商铺、办公区、餐厅及厨房等处，运用“独立防火单元”“防火舱”“燃料岛”等设计概念进行防火分隔或防火保护设计。

2）“独立防火单元”的设置要求。

①每个“独立防火单元”的面积不超过 2 000m^2。

②“独立防火单元”的周边应为耐火时间不小于 2.00h 的防火隔墙，或等效的防火卷帘。“独立防火单元”上方应有楼板，且楼板的耐火时间不小于 1.50h。

③“独立防火单元”的周边隔墙上若设有洞口，应采用甲级防火门窗。

④“独立防火单元”内部各功能房间之间应根据规范的要求采用防火分隔。

⑤“独立防火单元”的安全出口可以是疏散楼梯前室的入口或通往公共区的疏散门。人员在“独立防火单元”内部的疏散距离应满足规范要求。

⑥“独立防火单元”内部设置火灾探测报警系统、自动喷水灭火系统以及机械排烟系统等。

3）防火舱。

①共性要求。

a）每个“防火舱”面积不应大于300m^2。

b）除“开放舱”的开放面外，“舱”的周边应采用耐火时间不小于1.00h的围护结构进行封堵。具体构造形式包括：1.00h防火隔墙、耐火隔热性和耐火完整性均不低于1.00h的防火玻璃墙、面对公共空间的一面可以采用防火卷帘。

c）相邻的“防火舱”面对公共空间的一面应设置长度不小于1m的1.00h耐火极限的防火隔墙。

d）“防火舱”内应设置火灾自动报警系统。

e）“防火舱”内应设置自动喷淋系统，对于商业或其他火灾风险较高的区域，应采用快速响应喷头。

f）“防火舱”内任一点至通往公共空间的疏散出口的距离应不超过30m。

g）当“防火舱”的面积不超过200m^2，且“防火舱”内任一点距离最近的疏散出口的距离均不超过15m，则“防火舱”内可仅设置一个疏散出口，其出口宽度不小于1.4m。

“防火舱”主要用于商业店铺，设置原则为：当商业位于关键位置，发生火灾可能严重影响机场的运营，或者店铺附近有其他可燃物，店铺火灾可能会导致火灾蔓延时，采用“封闭舱”；在其他情况下，则采用“开放舱”。

②“开放舱”设计要求。

a）“开放舱”的一个或多个面开放，其开放面面向大空间，且无遮挡物。沿“开放舱”的开放面，店铺前应留有宽度不小于9m的通道，通道内无可燃物。

b）“开放舱”的其他面应设置1.00h耐火极限的隔墙，“开放舱”内部根据需要可以设置不到顶的隔墙。

c）顶棚内设置储烟舱，四周采用固定或自动下降的挡烟垂壁，顶棚应具备1.00h的耐火极限。

③“封闭舱”设计要求。

a）不满足“开放舱”间距要求的商店等应采用“封闭舱”保护。

b）“封闭舱”四周是全封闭的或有一边敞开，敞开的一边在探测到火警时防火卷帘自动关闭。

c）当“封闭舱”的墙上有开口，如商店的前门，应设置自动下降的防火卷帘，且防火卷帘下无任何障碍物，并应在明显位置设置手动控制按钮。

d）顶棚、隔墙及围护结构应具备1.00h耐火极限。

e）防火卷帘分两级下降，供“封闭舱”内人员疏散。

4）“燃料岛”的设计要求。

①单个“燃料岛”的面积不应超过20m^2。燃料岛之间的安全间距应满足表2-24要求。

②集中布置的“燃料岛”群不得超过300m^2，超过300m^2时，应划分为不同的“燃料岛”群。且“燃料岛”群之间的间距不应小于“防火隔离带”宽度。

③“燃料岛”与开放舱的间距不应小于“防火隔离带”宽度。

④“燃料岛”上方应设喷淋或水炮保护。

表 2-24 燃料岛的安全间距

燃料岛的面积（m^2）	燃料岛之间的安全间距（m）
9	3.5
12	4.0
15	4.5
20	6

事实上，航站楼公共区为大型开敞空间，除局部商业区外，并无大规模的火灾荷载，很难形成火灾蔓延。可能发生火灾蔓延的途径为穿越各个区域的机电管井、行李通道等。因此，为了加强对火灾蔓延的控制，将各管井、通道的开口、检修口等的防火等级从丙级提升至甲级。

（2）防排烟系统设计方案。

1）航站楼中部大空间区域与指廊区。航站楼值机大厅和指廊区采用流线型屋面，具备自然排烟条件，可以采用自然排烟方式，在屋面上开设一定量的自然排烟窗，在侧幕墙高位设置高侧窗。

对于值机大厅或指廊竖向贯通的下部区域，可以在排烟上将其和上部值机大厅或指廊作为一个整体考虑，采用自然排烟方式，利用屋面上和侧幕墙高位上的自然排烟窗将烟气排出航站楼。

指廊内可进行自然排烟的区域以及航站楼屋顶下中部集中进行自然排烟的区域，将不再独立划分防烟分区。

2）防火隔离带的防烟设计。在航站楼的中心区域大空间下方设置防火隔离带时，防火隔离带地面距离屋顶的高度超过 20m，在屋顶处不设挡烟垂壁。

在指廊与航站楼中心区的交界处，为了防止烟气从指廊蔓延至航站楼中心区，从屋顶处设置一道挡烟垂壁。

对于在楼板下方设置的防火隔离带，其一侧或两侧采用机械排烟系统时，防火隔离带上方需设置挡烟垂壁。隔离带吊顶内需设置防火隔断措施，穿越防火隔断措施的管道需设置防火阀。为了确保烟气不会蔓延至防火隔离带另一侧，建议在防火隔离带上方设置活动式挡烟设施，在任何一侧探测到火灾时，均可下至距离地面 2m 高处。

3）“独立防火单元”内的机械排烟系统。“独立防火单元”内部按照规范对于民用建筑的要求设置机械排烟系统。

①每个“独立防火单元”应设置一套机械排烟系统；若相邻的两个“独立防火单元”的总建筑面积不超过 3 000m^2，可以合用一套机械排烟系统。当排烟风机担负多个防烟分区时，其风量应按最大一个防烟分区的排烟量、风管（风道）的漏风量及其他未开启排烟阀（口）的漏风量之和计算。

②“独立防火单元”内部应划分防烟分区；防烟分区不应跨越“独立防火单元”的边界线；每个防烟分区的面积不应大于 2 000m^2。

③排烟口应设在防烟分区所形成的储烟仓内；走道内排烟口应设置在其净空高度的 1/2以上，且离地面的高度不小于 2m，当设置在侧墙时，其最近的边缘与吊顶的距离不应

大于0.5m。

④“独立防火单元”内每个场所的排烟量可以按以下规定设计：建筑面积小于或等于500m^2的房间，其排烟量不应小于60m^3/（h·m^2）；建筑面积大于500m^2，小于或等于2 000m^2的办公室，其排烟量不应小于60 000m^3/h。

⑤当仅需在走道或回廊设置排烟时，机械排烟量不应小于13 000m^3/h；当房间内与走道或回廊均需设置排烟时，其走道或回廊的排烟量可按60m^3/（h·m^2）计算。

⑥除建筑地上部分设有机械排烟的走道或面积小于500m^2的房间外，排烟系统应设置补风系统，且补风量不应小于排烟量的50%。

⑦补风口与排烟口设置在同一空间内相邻的防烟分区时，补风口位置不限；当补风口与排烟口设置在同一防烟分区时，补风口应设在储烟仓下沿以下（建议离地面的高度不超过2m）。补风口与排烟口的水平距离不应小于5m。

4）“防火舱”的烟气控制系统设计。

①地上面积小于100m^2和地下面积小于50m^2的“防火舱”可以不设排烟设施。若为“封闭舱”则可以直接将烟封闭于舱内；若为“开放舱”则位于地上的机场大空间内，其逸出的烟气可通过机场屋顶的自然排烟系统排出。

②对于设置机械排烟的“防火舱”时，由于单个面积不超过300m^2，可以利用开敞面或结构缝隙的条件进行自然补风，不设置独立的机械补风系统。

③一个排烟系统负担相邻的两个及两个以上的防火舱时，排烟风量不需要加倍；一个排烟系统负担的总面积不应超过3 000m^2。

（3）人员疏散设计方案。

1）疏散策略。为了防止火灾导致运营出现混乱，建议该航站楼采用分阶段疏散的策略，仅在发生极端失控事件时疏散航站楼内的全部人员。

航站楼分为公共区、行李空间、管廊空间、设备机房等几个部分，当其中任意一个区发生火灾时，该区域的人员启动疏散。理论上仅启动该区的疏散广播及报警系统。该区域内的人员应能迅速疏散至相邻分区或其他安全地带。

由于公共区、行李空间、设备机房等均设置了自动灭火系统，在大多数情况下，自动灭火系统均应能有效控制或扑灭火灾。在以下两种情况下，应启动航站楼的全楼疏散：

①火灾有蔓延和扩大的趋势。此时，考虑到火灾扩大后有可能造成严重的后果，应疏散所有的人员。

②在喷淋或其他自动灭火系统启动后，30min内未能扑灭火灾。由于建筑内大多数分隔墙设计为1.00h耐火极限，且喷淋的设计喷水时间为1.0h，如30min内火灾还未扑灭，则可能对建筑后续控制火灾风险的能力有了很大的削弱。此时，也建议启动全楼疏散。

2）疏散路径。通常情况下，人员疏散需通过安全的路径，比如封闭或有加压措施的疏散楼梯、直接通往室外的通道以及通往相邻防火分区的防火门等。机场由于其建筑功能的特点和大空间的特殊性，还采取了一些特殊的疏散方式。

①登机桥。登机桥的作用类似于开敞或封闭楼梯，人员可经登机桥到达室外停机坪。

②开敞楼梯。作为自动扶梯的辅助设施，在某些位置设有开敞楼梯连接不同的楼层。

③对外出口。航站楼在四层、三层、一层均设有直接通往室外的出口。在二层，设有两个大型连桥，与停车楼连接。连桥也设有扶梯可以直接通往地面，因此，连桥也可作为

安全出口。

④疏散通道。根据防火控制区的设置原则，人员离开自身所在的防火控制区即可视为到达安全区域。因此，通往相邻防火控制区的通道也可作为人员疏散路径。

3）疏散宽度。根据《建筑设计防火规范》GB 50016—2014 中疏散宽度的设计准则对疏散宽度进行校核，结果表明：

①综合考虑所有的疏散路径，除五层餐饮浮岛的疏散宽度指标为 0.95m/百人外，各防火控制区均能满足 1.0m/百人的疏散宽度指标要求。

②考虑到各层可能需要同时疏散的情况，扣除掉通往相邻分区的疏散通道的宽度，对各层的总疏散宽度进行校核，各层均满足 1.0m/百人的疏散宽度指标要求。

4）疏散距离。

①国际到达港的检验检疫区域位于航站楼首层的核心位置，其到达航站楼外幕墙的直线距离最小值约为 150m，此处采取的策略为加强防火保护，并控制火灾规模，同时提供多个疏散路径的方法确保人员可以快速疏散到相邻的相对安全的防火控制区，然后通过这些区域通往室外。

②位于航站楼 B1 层核心位置的 APM 站台，其出发和到达站台被轨道隔断为三个独立的区域，应分别提供人员疏散条件。中部的出发站台可进入换乘大厅，通过换乘大厅疏散至室外。两侧的到达站台可通过到达的扶梯/楼梯通往二层的国内到达大厅。在南侧，出发站台设置了一部疏散楼梯，可通往首层。到达站台的南端无法设置疏散楼梯，因此，引入一条应急疏散通道通往服务车道。另外，为保障到达站台北侧通往二层的楼梯和扶梯在人员疏散时不受到火灾烟气的影响，应在楼梯、扶梯的前端设置距离地面 2m 的玻璃挡烟设施或电动挡烟垂帘。

③由于航站楼主楼的进深非常大，导致部分疏散楼梯在首层无法直通室外，且其至室外的行走距离将超过 100m。为了解决疏散楼梯出室外的安全性问题，主要采取了以下措施：

a）沿疏散路线分段保护。疏散路线往往需要跨越多个防火控制区，各个防火控制区之间已设置了防火墙或其他防止火灾蔓延的措施。因此，当人员从一个防火控制区进入另一个防火控制区时，即可认为已脱离危险的处境。当人员需要在后勤疏散走道中行走较长距离时，应通过在疏散走道上设置防火门的方式进行分段保护，每一段走廊的长度不应超过 80m。

b）沿疏散路线提供双向选择。另一个保护疏散路线的重要方法是确保在沿疏散路线疏散遇到危险时，能够有另外一个疏散方向可供选择。因此，除完全开敞的公共空间外，沿主要疏散路线，每隔一定距离，均设有替代的疏散路线可供选择。

第三节 铁路站房特殊消防设计

一、规范要求

铁路建设的高速发展，不仅体现在铁路里程的延伸和路网密度的增加，更体现在安全高效的运载能力和便利舒适的乘坐体验。对安全高效和便利舒适的持续追求，不断推动铁路建设领域特别是铁路站房工程设计理念的提升，同时还促进了行业建设政策法规以及标准规范体系的适应性调整。2006 年以来，铁路站房工程特殊消防设计的广泛应用既是建设工程消防安全领域政策适应性调整的要求，也是消防安全最大限度服从建筑功能和乘客体验的设计理念的科学实现方式——运用消防安全工程学的原理和方法，通过理论计算、数值模拟、实验分析等技术手段，验证不同因素综合作用下生命安全和结构安全受影响的程度，科学评估不同火灾场景下消防安全目标的可靠性，最大限度挖掘站房建筑综合消防安全余量，配合实现铁路站房建筑设计在环境、人文、安全及乘客体验等方面的创新目标。特殊消防设计在铁路建设工程中的应用，在实现安全目标的同时，很好地配合了建筑功能创新的需要，被实践证明是政府政策引领和企业自主创新的完美结合。

铁路站房防火设计在涉及总平面布局、消防救援、建筑耐火等级、防火分区、防烟分区、安全疏散、灭火及防排烟设施、消防电气等方面主要依据如下规范要求：

(一) 总平面布局

现代铁路站房总平面布置在满足功能布局（便于旅客乘降和疏解，与城市轨道交通、道路连接顺畅等）要求的同时，尚应符合下列消防安全规定：

1. 防火间距

(1) 设置在铁路高架桥下或邻近铁路高架桥的建筑物、构筑物，应采用耐火极限不低于 2.00h 的不燃烧体墙体、不低于 1.50h 的不燃烧体屋面板以及乙级防火门窗。

(2) 铁路客站与周边其他民用建筑物、构筑物防火间距执行《建筑设计防火规范》GB 50016 的相关规定。

2. 消防救援

(1) 旅客车站应设置消防车道，并应与公路、道路连通。

(2) 大型、特大型旅客车站，当站房为线侧平式时，应利用基本站台作为消防车道。

(3) 消防车道净宽度和净空高度均不应小于 4.0m。

(4) 高架候车厅（室）设置环形消防车道确有困难时，必须沿侧式站房设置环形消防车道，站台上应设置符合线路上方高架站房消防灭火要求的消火栓系统。

(二) 防火分区

(1) 大型、特大型旅客车站高架候车厅（室）的耐火等级不应低于一级。

(2) 铁路旅客车站候车区及集散厅符合下列条件时，其每个防火分区建筑面积不应大于 10 000m^2：

1) 设置在首层、单层高架层，或有一半数量的直接对外疏散出口且采用室内封闭楼梯间的二层。

2) 设有自动喷水灭火系统、排烟设施和火灾自动报警系统。

3) 内部装修设计符合《建筑内部装修设计防火规范》GB 50222 的有关规定。

(3) 其他建筑与铁路旅客车站合建时，应划分独立的防火分区。

(4) 旅客车站站房公共区严禁设置娱乐、演艺等场所。设置为旅客服务的餐饮、商品零售点应符合下列规定：

1) 顶板的耐火极限不应低于 1.50h，隔墙的耐火极限不应低于 2.00h，隔墙两侧沿走道门洞之间应设置宽度不小于 2.0m 的实体墙或 A 类防火玻璃。

2) 固定设置的餐饮、商品零售点面积不应大于 100m^2，连续设置时，总建筑面积不应大于 500m^2。

3）应采用无明火作业。

4）中型及以上车站固定设置的餐饮、商品零售点应设置火灾自动报警系统和自动喷水灭火系统，连续设置且建筑面积大于 100m^{2}时，还应设置机械排烟系统。

5）当商品零售点建筑面积不大于 20m^2，且与其他功能用房或餐饮、商品零售点间距不小于 8.0m 时，可不采取防火分隔措施。

6）中型及以上铁路旅客车站的站房公共区与集中设置的办公区、设备区等应划分为独立的防火分区。当行李（包裹）库与旅客车站合建时，行李（包裹）库应划分为独立的防火分区，且站房公共区不应与行李（包裹）库上下组合设置。

（三）安全疏散

（1）高架候车厅（室）通往站台的进站楼梯作为消防疏散楼梯时，疏散门至楼梯踏步的缓冲距离不宜小于 4.0m。

（2）铁路旅客车站的疏散口、走道和楼梯的净宽度应符合《建筑设计防火规范》GB 50016 的有关规定，且站房内所有为旅客疏散服务的楼梯梯段净宽度均不得小于 1.6m。

（3）当候车厅（室）位于旅客车站建筑顶层，且室内地面与集散厅地面或室外地面高差不大于 10m，其建筑高度虽大于 24m，其防火设计可按《建筑设计防火规范》GB 50016 中单、多层民用建筑类别的规定执行。

（4）旅客地道内地面、墙面、顶面装饰材料燃烧性能等级均不应低于 A 级，地道内广告灯箱等所用材料燃烧性能等级不应低于 B_1级。

（5）旅客车站集散厅、售票厅和候车厅（室）等，其室内任一点至最近疏散门或安全出口的直线距离不应大于 30m；当该场所设置自动喷水灭火系统时，室内任一点至最近安全出口的安全疏散距离可增加 25%。

（6）无商业设施旅客进出站地道的防火设计，应符合《建筑设计防火规范》GB 50016 中城市交通隧道的相关规定。

（四）灭火及防排烟设施

（1）特大型旅客车站各站台均应设置消火栓，消火栓间距不应大于 100m。

（2）下列建筑物和《铁路工程设计防火规范》TB 10063—2016 附录 A 中规定的建筑占地面积大于 300m^{2}的甲、乙、丙类厂房、仓库应设室内消防给水：

1）内燃机车修车库、大型养路机械修车、停车库。

2）铁路站区内的车务、机务、车辆、工务、电务、生活等为铁路运输生产服务，体积大于或等于 10 000m^3 或高度超过 15m 的建筑。

（3）旅客车站集散厅、售票厅、候车厅（室）的消火栓箱内应设置消防软管卷盘。

（4）铁路站房下列部位应设置自动喷水灭火系统，并应符合《自动喷水灭火系统设计规范》GB 50084 的有关规定：

1）车站设置的建筑面积大于 20m^{2}且有防火隔墙、围合顶棚的固定餐饮、商品零售点。当车站未设自动喷水灭火系统时，可采用局部应用系统。

2）建筑面积大于 500m^{2}或任一防火分区面积大于 300m^{2}的车站地下行李包裹库房或地下货物仓库。

（5）下列场所应设置排烟设施：

1）建筑面积大于 100m²的旅客车站候车厅（室）、集散厅、售票厅、中庭。

2）连续设置且总面积大于 100m²的固定的餐饮、商品零售点。

3）地下车站防排烟设计应符合《地铁设计规范》GB 50157 的规定。

（五）消防电气

（1）符合下列条件的铁路站房或场所应设置火灾自动报警系统：

1）特大型及大型旅客车站。

2）设有自动气体灭火系统和自动喷水灭火系统的场所。

3）设置机械排烟、防烟系统、雨淋或预作用自动喷水灭火系统、消防水炮灭火系统、自动射水灭火系统与火灾自动报警系统联锁动作的场所。

（2）旅客车站客运广播系统作为消防应急广播系统的，应能不间断运行，并应能定向、分区域或集中广播。当环境噪声大于 60dB 时，播放声压级应大于背景噪声 15dB。

（3）消防联动控制应符合下列规定：

1）大型及以上铁路旅客车站消防控制室、设置防灾通风的铁路隧道紧急救援站应设置远程手动集中监控盘。

2）当防排烟系统与正常通风系统合用的设备由机电设备监控系统（BAS）统一监控时，火灾自动报警和机电设备监控系统之间应联动，并应采用高可靠性通信接口。

3）火灾自动报警系统应能根据不同区域的火灾信息控制相应区域的门禁、自动检票机释放。

4）设有火灾自动报警系统及消防控制室的车站，正常照明出现故障时，疏散照明和安全照明应具有自动开启功能和由消防控制室火灾自动报警系统集中强行开启的功能。

5）火灾自动报警系统应与消防水炮、自动射水灭火系统消防联动。

二、特殊消防设计难点分析

现代化的铁路站房建筑空间较大、公共空间相互连通。人员疏散安全、使用便利、建筑美观、结构安全是对消防安全设计的基本要求。因大型、特大型铁路站房的建筑类型及使用性质具有相似性，其存在的消防安全问题也具有相似性。具体来说，此类建筑设计中遇到的消防安全问题主要体现在以下几个方面：

（一）防火分区划分、分隔难点

主要的候车区、进站大厅采用大空间设计理念，候车空间（部分车站含高架夹层）与进站集散厅、基本站台候车厅等空间作为一个防火分区，《铁路工程设计防火规范》TB 10063—2016 规定旅客车站候车室及集散厅规定的防火分区面积不应大于 10 000m²，目前大型、特大型铁路车站集散厅的防火分区面积一般超过规范要求。

《建筑设计防火规范》GB 50016—2014（2018 年版）第 5.1.7 条规定，“地下、半地下建筑防火分区的最大允许建筑面积为 500m²，当设置有自动灭火系统时，防火分区的最大允许建筑面积为 1 000m²”。铁路车站出站层的出站厅和联系通道通常作为一体空间考虑，其防火分区面积也会超过规范要求。铁路站房与市政空间的防火分隔处理也往往成为防火设计难题。

（二）安全疏散难点

铁路站房作为现代化的铁路客站综合体，人员疏散安全区的认定未予明确，部分区域人员疏散距离难以满足《建筑设计防火规范》GB 50016—2014（2018 年版）的要求。该规范所定义的安全出口包括供人员安全疏散用的楼梯间、室外楼梯的出入口或直通室内外安全区域的出口。铁路车站除地面层的室外空间作为安全区域外，还可将通向站台雨棚区（半室外空间）、高架桥等空间作为站房内人员疏散的安全区域。安全区/准安全区论证是解决安全疏散距离超限的一个重要思路。

（三）防排烟系统难点

候车区采用大空间设计理念，难以依据现行规范进行防烟分区划分和烟控设计。

（四）消防系统设置难点

候车层采用大空间设计理念，而《建筑设计防火规范》GB 50016—2014（2018 年版）无专门针对大空间区域自动灭火和自动火灾报警系统设置的条款。2021 年 10 月 1 日起实施的《自动跟踪定位射流灭火系统技术标准》GB 51427—2021 已在最新的铁路站房消防设计中得到应用，弥补了标准规范应用需求涵盖不足的缺陷。

（五）站房钢结构防火保护难点

铁路站房屋顶一般采用钢管桁架屋盖，高架层所用支撑柱一般采用钢柱、钢管混凝土柱或混凝土柱。针对大空间场所，需根据火灾对结构的影响分析结果，合理确定钢结构的防火保护范围。

（六）公共空间内的商业设施防火设计难点

公共空间内的商业设施防火设计无法按《建筑设计防火规范》GB 50016—2014（2018 年版）执行，如何对这些商业设施进行合理的防火设计，确保可能的商业火灾风险可控，最终实现消防安全和乘客体验的双赢，是铁路站房面临的又一消防设计难题。

三、工程应用案例

（一）铁路站房及综合交通枢纽工程特殊消防设计

1. 工程概况

本项目铁路站房总建筑面积约为 510 000m^2，采用立体综合的竖向布局，在国铁站房高架候车层（相对标高 24. 100m）设置枢纽盖上开发平台，主要功能为商业。31. 100m 层（国铁站房高架旅服夹层）及以上主要为盖上综合开发部分，主要功能为酒店、办公。31. 100m 层以下主要为交通枢纽功能，包括国铁站房及配套工程。国铁站房为线正上式候车站房，总建筑面积约为 100 000m^2（不含高架旅服夹层建筑面积），建筑高度为 49. 975m，屋面最高点标高为 57. 000m。站房及相关工程地下 2 层，地上 6 层，局部设有夹层。该站为高速铁路与城际铁路客站，高峰小时发送量近期为 8 762 人，远期为 12 480 人，最高聚集人数为 6 000 人。站场规模为 11 台 20 线，以零换乘一体化设计为原则，可与地铁、公交车、长途车、旅游大巴、出租车及社会车辆等在站区内实现换乘。

2. 总平面布局

站房主体东西面宽 230m（高架进站广厅外侧轴线距离），南北进深 302m（南北侧站房外侧轴线距离）。站场总长度为 450m。站房南部设置“云门”，建筑高度约 80m，功能包括酒店、办公、会议、展览等。站房东西两侧站场雨棚上方进行物业开发，主要功能为酒店、办公、商业。其总平面图、垂轨和顺轨剖面图分别如图 2-4~图 2-6 所示。

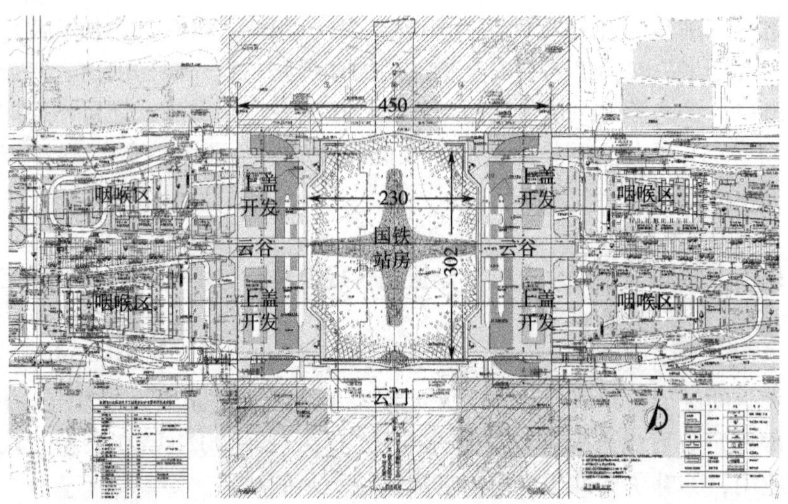

图 2-4 总平面示意图

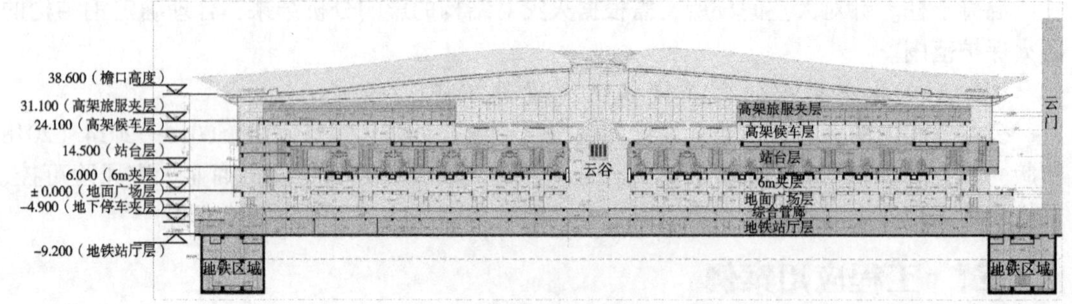

图 2-5 垂轨剖面图

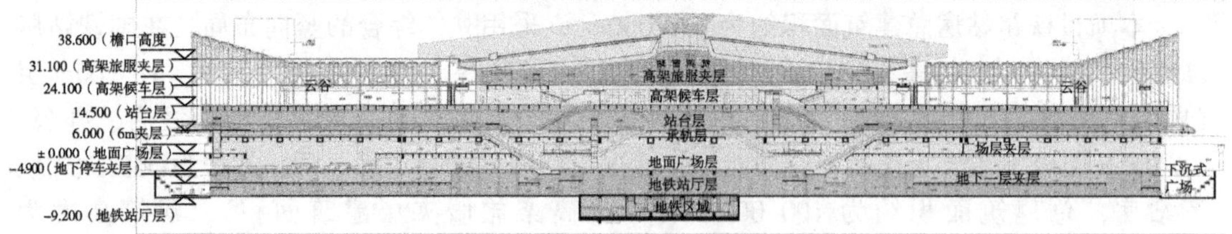

图 2-6 顺轨剖面图

3. 云谷空间建筑特征及消防安全特性

（1）云谷空间建筑特征。云谷空间具有以下几点特征。

1）以交通功能为导向，公共空间高大互通。云谷空间长 450m、宽 50m，最高处 24.1m，东西两端与室外相连通，中间部分与城市通廊连通，上部设有回廊。

2）云谷空间的交通功能与其他功能区之间的界限模糊。从剖面图可以看出，纵向上，云谷空间依次穿过地面广场层、6.000m 夹层、站台层，其顶部为高架候车层。各个功能区交叉重叠，彼此的界限逐渐模糊。

3）云谷空间上方为透明顶棚，采光性好，提高了内部的自然照明。

（2）云谷空间消防安全特性。铁路交通枢纽建筑面积大、结构复杂，可燃物多，火灾荷载大；人员流动性大，人员容易聚集，且大部分人对内部空间不熟悉，一旦发生火灾，人员的安全疏散有一定挑战，容易发生群死群伤的事故。具体到本工程所涉及的云谷空间，其消防安全特性主要有以下几点：

1）蓄烟及烟气稀释能力好。

2）云谷空间火灾荷载低，用火受控，火灾风险相对较低。

3）人员密集且对环境相对不熟悉。

4）建筑体量巨大，立体综合开发程度高。

4. 主要消防问题

本项目站房建筑空间大、公共空间相互连通，人员疏散安全、功能使用便利、视觉美观是对工程的基本要求。

（1）站房规模及分类。该工程属于特大型铁路旅客车站，按一类高层公共建筑进行防火设计。

（2）疏散准安全区的认定。位于站场下方的出站厅、社会车停车库、出租车场、大巴车场、公交车场、商业区域以及地铁区域部分疏散出口难以直通室外区域，拟在地面广场层设置人员疏散的（准）安全区，需通过特殊消防设计，采取一定的技术措施以保障（准）安全区条件的成立。

5. 消防安全目标及对策

（1）消防安全目标。针对该工程的具体情况，特殊消防设计总体目标如下：

①为使用者提供安全保障，为消防人员提供消防条件并保障其生命安全；

②将火灾控制在一定范围，尽量减少财产损失；

③保障结构防火安全。

（2）基本对策。

1）保证人员安全基本对策。

①高架候车层作为高架候车区人员疏散主层面，地面广场层作为出站及配套车库、车场区域人员疏散主层面；

②设置足够宽度和布置合理的疏散楼梯；

③全面设置火灾自动报警系统，及时通知建筑内人员进行疏散；

④设置语音广播系统和疏散诱导系统，合理引导建筑内人员进行疏散；

⑤设置应急照明系统和防排烟设施，保证建筑疏散路径的安全；

⑥设置一定数量具有消防电源保障功能的垂直电梯；

⑦设置微型消防站，提高灭火救援能力。

2）控制火灾烟气蔓延扩大基本对策。

①大空间内高火灾荷载区域按防火单元、防火舱和燃料岛的方式处理；

②公共空间内装修设计严格执行《建筑内部装修设计防火规范》GB 50222—2017 的规定；

③采用合适的烟控策略和自动灭火系统。

3）减少对运营的干扰基本策略。

①合理划分消防联动控制分区，并采用分级控制方式。为减少火灾对运营的干扰，对

铁路站房难以进行防火分区划分的公共空间，应根据各区域功能特点、防火分隔条件等因素合理划分防火控制分区，并根据火灾可能影响范围采用分级控制方案。

②采用分阶段引导人员疏散策略。采用分阶段疏散策略，即首先将火灾区域人员进行疏散，必要时，再将其他可能受到影响的区域人员疏散至安全场所。人员在疏散过程中，首先进入相对安全的区域，再经由相对安全的区域疏散至最终安全的场所。

6. 消防设计方案

云谷空间所在位置为地面广场层，其建筑面积约为 13.3 万 m^2，地面标高±0.000m，包含国铁出站厅、中部城市通廊、云谷、背廊、社会车停车库、出租车场、大巴车场、公交车场及设备办公用房。其平面图如图 2-7 所示。

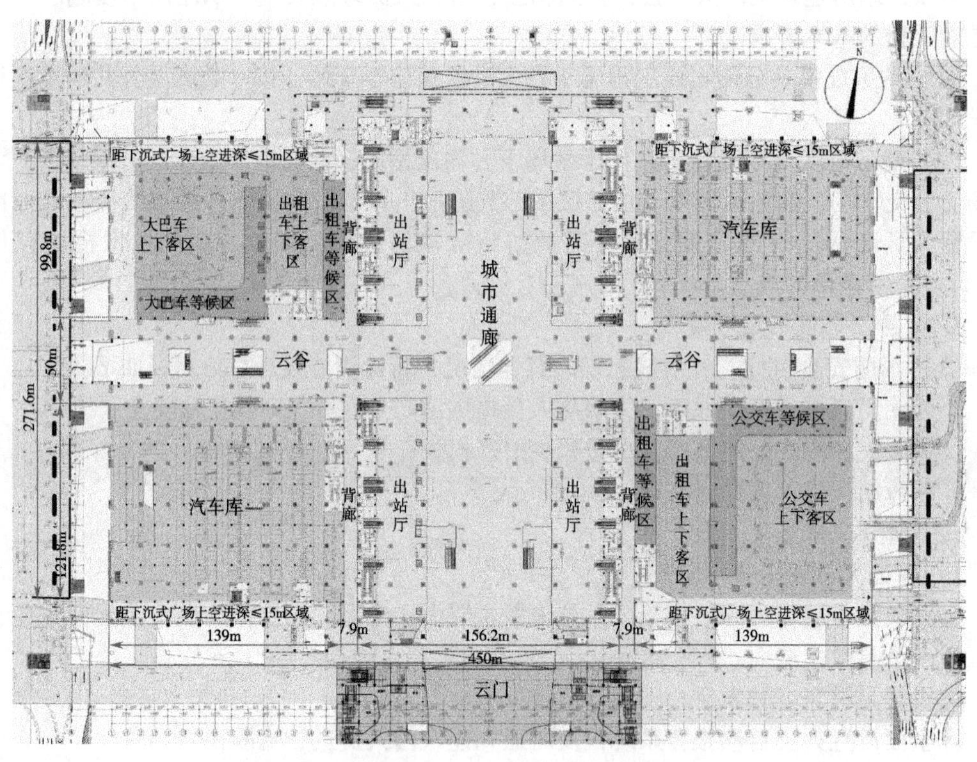

图 2-7 地面广场层（±0.000m）平面示意图

（1）疏散设计。地面广场层人员无法按规范要求的疏散距离疏散到室外广场。在进行特殊消防设计时，在本层设计了若干条安全疏散通道（城市通廊、云谷、背廊走道）作为疏散准安全区，通过疏散准安全区连通室外广场，形成功能区（车库、行车区等）→准安全区（城市通廊、云谷、背廊走道）→室外广场的疏散体系，其疏散设计体系如图 2-8 所示。

（2）防火分区与防火分隔。地面广场层（±0.000m）城市通廊作为人员疏散的准安全区，其防火设计应满足如下条件：

1）云谷与城市通廊、背廊走道作为一体空间，不进行防火分隔。

2）云谷东西两端敞开通向室外，形成自然对流通风条件。

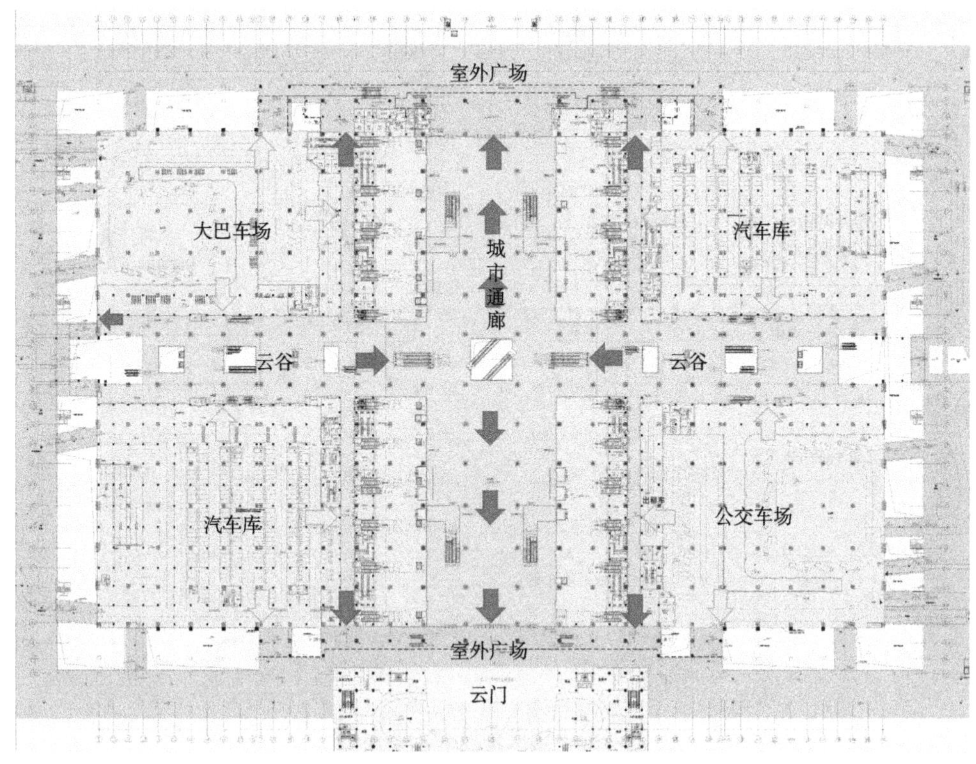

图 2-8 地面广场层（±0.000m）疏散设计体系示意图

3）云谷连通高架候车层的楼扶梯洞口在高架候车层采取耐火完整性不低于 1.00h 的防火玻璃（门）分隔。

4）云谷与出租/大巴/公交等候区采用耐火极限不低于 2.00h 的防火玻璃墙分隔；与小汽车库采用防火墙分隔，当采用防火玻璃墙分隔时，防火玻璃墙的耐火极限不应低于 2.00h。

5）售票厅面向云谷和背廊侧可采用耐火极限 2.00h 的固定防火分隔构件进行分隔。

6）垂直电梯与公共空间采用耐火完整性不小于 1.00h 的构件进行分隔。

7）云谷通向高架候车层候车厅的扶梯具备消防电源保障功能，火灾时扶梯上人员经扶梯平台的门进入高架候车层公共空间。

（3）内装修及可燃物控制。

1）地面、墙面和顶板均采用不燃装修材料。

2）在允许的区域设置商业服务设施。商业服务设施按防火舱设计。

3）云谷内设置的展陈设施主体应为不燃材料，其展览面积不限，但不应影响消防系统的有效性和人员疏散流线的畅通。

4）服务柜台、广告灯箱及其他服务设施防火设计要求同城市通廊区域。

（4）消防系统设计。

1）云谷区机械排烟，按中庭空间设计排烟量，机械排烟口应在蓄烟舱内。云谷实际设置两套机械排烟系统，每套系统风机风量为 $2.56\times10^5\mathrm{m}^3/\mathrm{h}$。云谷排烟系统示意图如图 2-9 所示。

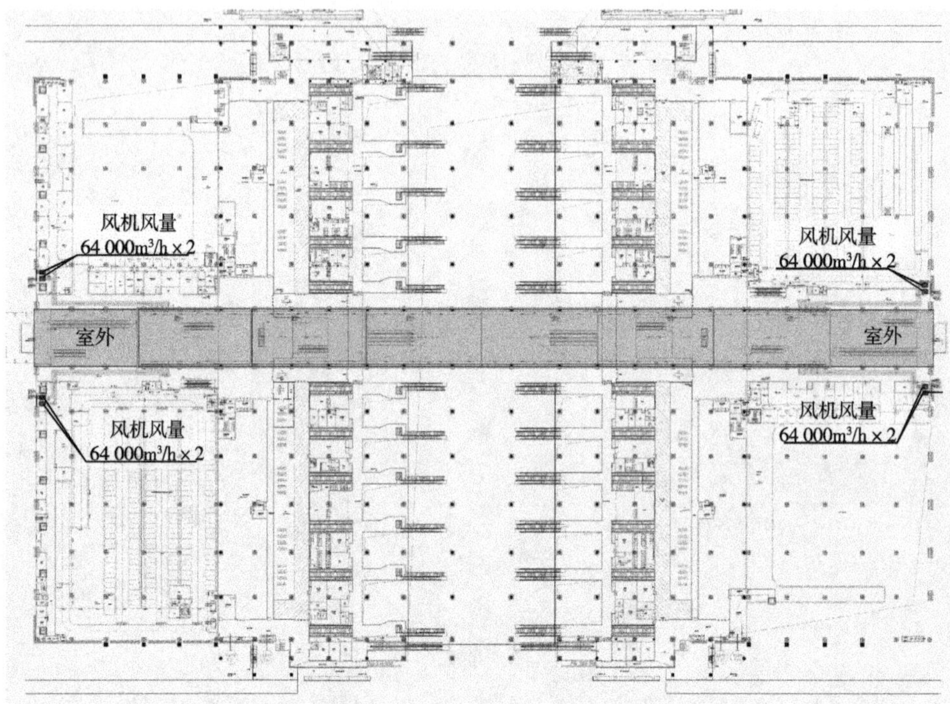

图 2-9 云谷排烟系统示意图

2）排烟风机应设置在专用风机房内。

3）设备、办公用房等按《建筑防烟排烟系统技术标准》GB 51251—2017 的相关要求进行防排烟设计。

4）云谷内其他消防设备设施防火设计要求同城市通廊区域。

7. 消防安全性分析

（1）火灾蔓延及烟气流动分析。

1）设计火灾。云谷空间和城市通廊相连接，来往旅客较多，主要可燃物为旅客行李。因此假定旅客行李起火，分析其火灾蔓延和人员疏散参数。关于行李火灾，一般手提行李火灾均不超过 0.5MW，参照其他旅客列车车站的消防设计，并考虑一定的安全系数，取多件行李最大火灾规模为 1.5MW，火灾类型为中速 t 平方火。针对云谷空间的功能特点，假设火灾位置发生在地面广场层的中部，旅客行李起火并燃烧，排烟方式为机械排烟，自动灭火系统失效，需要疏散的区域为地面广场城市通廊。

2）模拟结果分析。在设定的火灾条件下，火灾功率为 1.5MW 的地面广场层城市通廊行李火灾具体模拟结果如下：

①火灾发生后 1 200s 内，距地面广场层地面 2.1m 高的平面上的能见度，除火源上空外，未低于 10m。

②火灾发生后 1 200s 内，距地面广场层地面 2.1m 高处的平面上的温度，除火源上空外，最高不超过 60℃。

③火灾发生后 1 200s 内，距地面广场层地面 2.1m 高的平面上的 CO 浓度，除火源上空外，未高于 500ppm。模拟结果表明，排烟方案至少在 1 200s 内可为地面广场层人员安

全疏散提供保证。

（2）人员疏散安全性判定及分析。

1）人员疏散安全判定。保证安全疏散的判定准则为：建筑的使用者撤离到安全地带所花的时间（*RSET*）小于火势发展到超出人体耐受极限的时间（*ASET*），则表明达到人员生命安全的要求。

$$RSET + T_S < ASET \tag{2-10}$$

2）人员疏散结果分析。地面广场层云谷与城市通廊区域，其疏散开始时间为 180s，疏散行动时间为 159s，人员所需疏散时间 *RSET* 为 419s，其中行动时间计入所需疏散时间时考虑 1.5 倍安全系数。根据设定的火灾场景，模拟地面广场层中部行李火灾，可用疏散时间（*ASET*）>1 200s，大于人员所需疏散时间 419s。因此在假定的模拟条件下，火灾场景人员的安全疏散可以得到保证。

在采取上述消防安全对策条件下，经过对该站站房及配套功能区的火灾危险性分析，通过设定一定的火灾场景和疏散场景，并采用特殊消防设计的方法对各火灾场景、疏散场景进行分析，可知：该站尽管具有空间互通、净空高度大、人员流动性大等特点，且存在人员疏散、防火分区/分隔等消防问题，通过采用针对性的消防设计方案，制定的消防安全目标能够得以实现。

（二）某站房工程特殊消防设计

1. 工程概况

站房建筑平面采取高架候车的形式，总建筑面积 165 000m^2，采用旅客流线“上进下出”的设计构思，将车站功能空间划分为高架候车层、站台层、广场层三个层面。各层标高分别为-11.200m、±0.000m（含标高 5.000m 夹层）、10.000m（含商业夹层 17.200m）。

出站层（设计标高-11.200m）以出站空间、自由联系通道、地铁换乘厅和设备机房为主，广场层中部为旅客出站厅及南北广场自由联系通道，南北侧均设出口，广场地面层南北侧两翼为出租车、公交车辆停车场、社会车辆停车场。

站台层（设计标高±0.000m），标高与站台齐平，设置综合进站大厅、基本站台候车厅、贵宾候车厅及售票厅。本层与站前广场基本相平。

高架候车层（设计标高+10.000m）设置跨线候车空间和多种服务设施。本层以汽车坡道和室外楼扶梯连接站前广场。

2. 工程项目中主要消防安全问题及安全策略方案

（1）主要消防安全问题。因铁路旅客车站站房的建筑类型及使用性质特殊，《建筑设计防火规范》GB 50016—2006 对此并无针对性的条款。防火设计主要问题具体体现在：高架层大空间区域的防火分隔、烟气控制、人员疏散、火灾自动探测系统、自动灭火系统的设计；站台层的防排烟设计和人员疏散；出站层的防排烟设计和人员疏散。

（2）解决方案。参照美国消防协会《固定导轨运输和有轨客运系统标准》NFPA130 的规定，铁路站房内所有公共空间与非公共空间之间应采用耐火极限不低于 3.00h 的防火墙和甲级防火门进行防火分隔。

针对公共建筑空间难以采用传统的隔墙限制火灾及烟气的蔓延，而采用特殊消防设计的方法制定相应的消防安全解决方案：

①合理划分防火分区；

②设置防火单元控制火灾蔓延；

③设置防火舱限制火灾烟气蔓延扩大；

④引入“燃料岛”概念；

⑤合理划分消防联动控制分区，并采用分级控制方式；

⑥采用分阶段引导人员疏散策略。

3. 危险源辨识及火灾危险性分析

对各个区域的危险源辨识及火灾危险性分析见表 2-25。

表 2-25 各区域危险源辨识及火灾危险性分析

位置	危险性分析	备注
-11.200m 出站层	出站通道和自由联系通道主要的火灾风险来自旅客行李火灾； 商业货品火灾； 出站通道和自由联系通道可能受到地铁区域火灾的影响，建议地铁区域采取独立的防火措施	商业店铺建议设置“防火舱”
±0.000m 站台层站台区域	该区域存在几个可能的火灾包括： 列车本身的火灾，由于车厢之间的防火分隔，火灾只限于一节车厢，但其可能的火灾荷载大，可能对本层及上层人员的疏散产生不利影响，中部区域对候车区与本层的分隔构件可能产生影响； 行李：仅限于手提行李； 可能建有流动售货商亭，成为潜在的火源	火车内部和站台区未设置自动灭火系统
±0.000m 站台层除站台外的其他区域	该层存在几个可能的火灾区域包括贵宾候车、普通候车、售票厅、办公设备区等。贵宾休息室装修档次一般较高，其家具火灾在无灭火系统保护情况下火灾规模大（按规范设置防火分区）	按规范设置自动喷水灭火系统
10.000m 高架层	该区域可能的火灾包括： 行李火灾：手提行李，火灾荷载低，火灾危险性较小； 座椅火灾； 软席候车区火灾； 商品火灾	对于净空高度小于 12m，按“防火舱”概念设计区域（包括商铺、机房等）应设置自动喷水灭火系统
17.200m 夹层	该层可能的火灾包括： 行李火灾； 家具火灾	控制固定可燃荷载

4. 消防策略与防火安全性分析

（1）出站层（-11.200m）。

1）出站通道与自由联系通道消防系统设计策略建议如表 2-26。

表 2-26　出站通道与自由联系通道消防策略一览表

消防设计类别	消 防 策 略	实施依据/要求
防烟分区与排烟系统	通道采用自然排烟，不划分防烟分区	严格限制固定可燃荷载；扶梯采用不燃材料制作；内装修采用不燃材料
	防火舱及防火单元内设置机械排烟	控制火灾烟气不向通道内蔓延
自动灭火系统	自动喷水灭火系统（预作用系统）	GB 50084—2001（2005 年版）
其他灭火设施	设置室内消火栓和消防水喉	GB 50016—2006
	配置灭火器	GB 50140—2005
火灾自动报警系统	手动报警按钮 火灾警报装置（警铃） 防火舱及防火单元内设置点型感烟火灾探测器	GB 50116—98
火灾应急广播	设置应急广播	GB 50016—2006
应急照明和疏散指示	设置应急照明 疏散指示系统设置	GB 50016—2006
其他	按现行防火设计规范和其他专业设计规范执行	GB 50016—2006 TB 10063—2007

2）地铁空间消防系统设计执行《地铁设计规范》GB 50157—2003，消防系统控制应与旅客车站消防系统控制相协调。

3）本层其他区域按现行防火设计规范和其他专业设计规范执行。

（2）站台层（±0.000m）。站台层的消防设计策略详见表 2-27。

表 2-27　站台层消防策略一览表

消防设计类别	消 防 策 略	实施依据/要求
自动灭火系统	南北站房按规范进行设计	GB 50084—2001（2005 年版）
	站台区域不需设置自动灭火系统	—
其他灭火设施	基本站台区域设置消火栓（地下式），间距不宜大于 50m	按 TB 10063—2007 第 7.1.8 条执行
	其他站台区域均应设置消火栓，其间距不应大于 100m	
	站房区域按规范执行	GB 50016—2006
火灾自动报警系统	南北站房按规范设计	GB 50116—98
	站台区域 CCTV（视频安防监控）作为火灾自动报警系统的补充	不需设置手报
火灾应急广播	设置应急广播	GB 50016—2006

续表

消防设计类别	消防策略	实施依据/要求
应急照明和疏散指示	应急照明和疏散指示系统设置	GB 50016—2006
其他	高架层楼板下区域的结构梁建议按耐火极限2.00h进行厚型防火涂料涂刷保护	GB 50016—2006
	其他按现行防火设计规范和其他专业设计规范执行	—

(3) 高架候车层（+10.000m）及夹层（17.200m）。

1）高架候车层及夹层防火分区/分隔策略。高架候车层及夹层的防火分区设置策略详见表2-28。

表2-28 高架候车层及夹层防火分区/分隔策略

消防设计类别	消防策略	实施依据/要求
防火分区/分隔	本层四角集中设置的机房及后勤办公用房与公共空间区域应采用防火分隔	采用耐火极限为3.00h防火墙和甲级防火门以及1.50h顶（楼）板进行防火分隔
	本层售票厅与售票室间采用防火分隔	采用耐火极限为3.00h防火墙、防火卷帘和甲级防火门以及1.50h顶（楼）板进行防火分隔
	高架候车厅内的设备用房	按防火单元设置
	高架进站层采光楼面玻璃及周围围护玻璃需采用防火玻璃	采用耐火极限为1.50h的防火玻璃进行防火分隔
	本层商业按“防火舱”或“燃料岛”处理	（1）控制商业“防火舱”面积不大于100m²，“防火舱”应采用耐火极限不小于1.00h的防火构件与大空间进行防火分隔。连续设置的“防火舱”之间应采取措施防止火灾的蔓延：保证安全分隔距离，间距不应小于7m；或采用防火构件分隔，则构件耐火极限不应低于1.00h且具有隔绝辐射热的能力；面向大空间的一侧应设置挡烟垂壁（其下沿距离本层地面不大于3.0m）且采用水喷淋保护 （2）如设置“燃料岛”商亭，则控制每个商亭面积不大于10m²，并控制“岛”和“岛”的间距不小于7m

续表

消防设计类别	消 防 策 略	实施依据/要求
防火分区/分隔	商业夹层商业按“防火舱”或“燃料岛”处理	（1）如本层设置商业百货等功能，控制商业“防火舱”面积不大于100m²，“防火舱”应采用耐火极限不小于1.00h的防火构件与大空间进行防火分隔。连续设置的“防火舱”之间应采取措施防止火灾的蔓延：保证安全分隔距离，间距不应小于7m；或采用防火构件分隔，则构件耐火极限不应低于1.00h且具有隔绝辐射热的能力；面向大空间的一侧应设置挡烟垂壁（其下沿距离本层地面不大于3.0m）且采用水喷淋保护 （2）如本层设置茶座、咖啡厅等，可仅将食品加工区设置成“防火舱”，而顾客消费区可按“燃料岛”处理

2）烟控系统设计与分析。高架层及夹层大空间采用自然排烟方式，将烟气排至室外空间。本区域烟控系统设计策略见表2-29。

表2-29 高架层及夹层烟控系统设计策略一览表

消防设计类别	消 防 策 略	实施依据/要求
防烟分区与排烟系统	南、北站房进站广厅及高架候车厅采用自然排烟方式	排烟开口有效面积不小于地面面积的2%，排烟口宜在顶部、侧墙上部均匀布置
	后勤办公区域、售票室等空间	按GB 50016—2006执行
	按“防火舱”设计的商业区域设置机械排烟	根据火灾荷载（2.0MW）和清晰高度（3.0m）确定排烟量，确定所需系统排烟量为13m³/s
	控制其高架层地面火灾烟气不直接向商业层蔓延	在夹层与下部空间边缘楼板上设置高度不低于1.1m的挡烟设施

3）疏散设计与分析。针对本项目的特殊性，疏散方式借鉴了国外权威文献资料的控制指标和评估方法进行设计，本区域疏散设计策略如表2-30所示。

表2-30 高架层疏散策略一览表

消防设计类别	消防策略/控制指标	实施依据/要求
疏散策略	采用分阶段疏散原则	将火灾区域人员首先进行疏散。在必要时，再将其他可能受到影响区域的人员疏散至安全场所

续表

消防设计类别	消防策略/控制指标	实施依据/要求
疏散路径	本层人员直接向室外高架平台疏散，或通过疏散楼梯向站台层疏散	敞开楼梯作为夹层人员疏散至高架层楼梯
	高架层夹层人员首先通过疏散楼梯向高架层疏散，并进一步向高架平台或向站台层进行疏散	
疏散宽度	疏散走道、安全出口和疏散楼梯百人净宽度指标为 0.65m	GB 50016—2006，人数按高架候车区最高聚集人数的 30% 计算
	楼梯净宽度不得小于 1.6m	GB 50226—2007
	安全出口和走道净宽度不得小于 3m	GB 50226—2007
疏散距离	区域任一点至出口的疏散距离不应大于 61m	NFPA 101（2006 版）第 12.2.6 条
	对于采用自动喷水灭火系统全保护的建筑最远疏散距离为 76m	
	夹层上任一点至通向高架层的疏散楼梯水平距离建议控制在 40m 内	GB 50226—2007 夹层商业应设置自动灭火系统

4）消防系统设计。本区域消防设施设计策略见表 2-31。

表 2-31　高架层消防设施设计策略一览表

消防设计类别	消 防 策 略	实施依据/要求
自动灭火系统	高净空候车区域设置消防水炮或大空间智能灭火装置	选用产品应为国家权威机构检测合格产品
	办公及设备用房区域设置自动喷水灭火系统	GB 50084—2001（2005 年版）
	按“防火舱”设计区域设置自动喷水灭火系统	
其他灭火设施	加强室内消火栓和消防水喉设置 同时应加强灭火器配置	GB 50016—2006 GB 50140—2005
火灾自动报警系统	高净空候车区域设置大空间感烟火灾探测设备	—
	办公及设备用房区域采用点型感烟探测器	GB 50116—98
	按“防火舱”设计区域采用点型感烟探测器	
应急照明和疏散指示	应急照明和疏散指示系统设置	GB 50016—2006 采用智能疏散指示系统
火灾应急广播	设置火灾应急广播系统	GB 50016—2006

续表

消防设计类别	消 防 策 略	实施依据/要求
内装修	顶棚和墙面 A 级 普通候车区座椅主体应采用不燃材料制作 线缆套管应采用不燃材料	GB 50222—95（2001 年版）
其他	按现行防火设计规范和其他专业设计规范执行	GB 50016—2006/TB 10063—2007 及其他专业规范

（4）站房屋面钢结构体系防火分析。本项目根据设定火灾场景下的火灾—结构耦合分析结果，对站房屋面钢结构体系提出如下结论和防火保护建议方案：

1）在设计火灾作用下，屋面桁架体系内部没有产生较高的温度。

2）经过力学分析和内力验算，该结构体型空间整体性较强，对火灾升温较为敏感，造成结构体系临界温度降低，结构体系在设计火灾下会产生较大的位移和应力，因而结构需要采取严格的防火保护措施。

3）位于高架夹层地面（17.200m）上方，且距商业夹层平台边沿水平距离小于 7.2m 区域内的所有屋顶钢结构应涂刷防火涂料，耐火极限不小于 1.50h。对于上部无夹层的区域，高于高架层地面（10.000m）以上 13m 区域的钢结构可不涂刷防火涂料，距离高架层地面小于 13m 区域的钢结构应涂刷防火涂料进行保护。

4）作为重要的支撑构件，支撑屋面体系的支撑柱及其分支柱应按照规范进行保护，耐火时间不小于 3.00h。高架层楼板下区域的结构支撑钢桁架建议按耐火极限 2.00h 进行防火涂料涂刷保护。

（5）站台雨棚钢结构体系屋面钢结构体系防火分析。雨棚钢结构耐火等级为二级，其防火保护应满足《铁路工程设计防火规范》TB 10063—2007 第 2.0.4 条和《建筑设计防火规范》GB 50016—2006 的相关要求。

1）无站台柱雨棚距轨面 12m 以上金属构件不需进行防火保护。

2）为防止列车火焰与雨棚柱的直接接触而造成构件破坏，建议加强雨棚支撑柱的防火保护。对钢结构支撑柱按规范进行保护，其耐火极限不低于 2.50h，防火保护层应满足室外工程环境的要求，并能适应列车振动和风速的影响。

3）同时，建议雨棚之间设置一定宽度的伸缩缝，减轻杆件膨胀传来的侧向推力作用。

5. 结论和建议

（1）结论。本项目尽管具有空间互通、净空高度大、人员流动性大等特点，且存在防火分区过大、疏散距离超长等消防难点问题，通过采用针对性的消防策略方案，其消防安全目标可以得以实现。

（2）建议。

1）消防车道和消防电梯设置。本项目消防安全目标中包括保护消防队员的救援安全，因本项目站房站台层和高架层均有外部直接进入的条件（高架车道可作为消防车道），虽消防车不能进入建筑中心区域，在高架层形成环路，可在四面迅速靠近本建筑，并可保证消防车进入基本站台。

本项目可设置一些带有消防电源和控制功能的电梯（非消防电梯），用于救援和扑救需要，该电梯可不设置前室，其围护结构采用耐火极限不低于 1.00h 的防火玻璃。

2）联动控制分区划分。应根据区域功能特点、防火分隔条件等因素合理划分火灾联动控制分区。每个控制分区建议面积不大于 5 000m^2，标高不同的层分别作为不同的控制分区。

对于 10.000m 层候车空间，不同控制分区应采用宽度不小于 7m 的防火隔离带（利用疏散通道，7m 可防止 18MW 的火灾蔓延）进行划分，防火隔离带上应划明显标识，且不得设置固定可燃荷载。

对于站台层将每个站台作为 1 个控制分区。

当火灾发生时，对于联动控制分区的主要控制要求如下：将与控制分区进行防火分隔的防火卷帘降落到底；应切断火灾控制区域与消防无关的各种设备电源；接通火灾区域应急照明及疏散指示照明系统；紧急广播转入火灾状态，按疏散预案首先通知火灾控制区域人员进行疏散，并逐步通知其他区域；关闭与防排烟无关的空调设备，合用设备和各种风阀转为火灾控制状态。启动防烟分区的风口，并启动排烟风机；与该火灾控制区域内火灾排烟相关的送风机开始动作；具有消防控制功能的电梯待命，电动扶梯立即停止工作。

3）自动扶梯的利用。一般地，自动扶梯出口每个梯阶高度均较大，按照《Life Safety Code》NFPA 101—2006 规定的适合 10 人区域人员疏散的楼梯梯阶高度上限为 229mm，适合小于 10 人场所楼梯梯阶高度上限为 305mm。我国建筑设计准则中对楼梯踏步梯阶高度一般规定为 140~210mm 之间。较高的楼梯梯阶，将给公共场所的人员疏散带来不利影响。本项目自动扶梯部位开敞，可能会受到火灾烟气影响，考虑疏散安全，建议将其作为疏散补充，不将其计入疏散宽度。

4）火灾紧急广播系统。本系统将包括信息及背景音乐广播至各区位置，配合管理控制提供灵活的广播区域组合调配。火灾事故广播将分路输出，按疏散顺序控制。

5）消防设备。消防设备必须符合现行国家或地方相关标准要求，消防系统安装必须符合现行国家或地方相关规范要求。

6）建筑物管理措施概要。有效及完善的建筑物管理和应急计划对建筑的整体消防安全来说是相当重要的，若其中缺少任何一个环节都可能造成防灾系统的失效。

建筑物的应急/管理应最少包括下列三项计划：建筑物火灾/紧急应变计划，员工培训计划，系统保养/维修计划。

第四节　地铁车站特殊消防设计

一、规范要求

我国城市轨道交通发展已走过 60 多年的历程。第一条地铁是 20 世纪 50 年代开始筹划、1965 年开工建设、1969 年 10 月建成的北京地铁一期工程，运行区段从北京火车站至西郊苹果园，全长 23.6km，共有 17 个车站。修建最初是出于备战的考虑，同时兼顾了北京市民的交通问题，因此对地铁防火设计当时并没有专门的投入研究。

1969 年 11 月 11 日，一辆 63-32 号编组列车在隧道内运行时由于电气故障引起火灾，而救援轨道车因隧道内烟雾太大发动机缺氧不能启动，救援人员只能下车步行，由于隧道内浓烟毒气严重，许多人员中毒窒息晕倒。大火自上午 10 时 50 分烧至下午 4 时 45 分。参加救火人员 3 000 余人，在扑救火灾过程中，中毒窒息 300 余人，4 人死亡。这次火灾事故敲响了警钟，也推动了我国地铁防火设计的发展。

1992 年，我国发布了《地下铁道设计规范》GB 50157—92，并于 1993 年 1 月 1 日起实施，成为我国第一部关于地铁设计的综合性工程建设国家标准。规范中专门增加了防灾章节，规定了防火设计等方面的技术要求。随着我国各个城市开始大规模的建设地铁工程，在工程建设和运营管理方面又引入了诸多国内外新技术，积累了各种新经验。为了适应发展的需要，在 2003 年，规范编制组对《地下铁道设计规范》GB 50157—92 进行了全面修订，并将规范名称修改为《地铁设计规范》GB 50157—2003；2013 年，编制单位调查、分析、总结了前一版规范的执行情况，并结合近年来我国轨道交通工程建设和运营管理方面积累的经验，对规范又进行了一次全面的修订，新增了许多专业和系统的内容，《地铁设计规范》GB 50157—2013 于 2014 年 3 月 1 日起实施。

《地铁设计规范》的几次修编，都吸取了规范实施过程中遇到的各种问题，目的在于实现城市轨道交通安全第一、以人为本的原则。但在我国地铁建设发展的 60 多年里，始终没有一本系统性的地铁防火专业规范去指导设计。2018 年 5 月，《地铁设计防火标准》GB 51298—2018 历经了 10 年的编制终于颁布，并于 2018 年 12 月 1 日实施，该标准的颁布填补了我国城市轨道交通领域防火设计标准的空白，重点关注了地下车站及地下区间的消防要求，特别是各种形式的地下车站防火分隔、多线地下换乘车站的防火分区和安全疏散、建筑构造及相配套的设施、长大地下区间的消防需求，为我国地铁防火设计开辟了新的篇章。

《地铁设计防火标准》GB 51298—2018 对地铁的防火设计做了全面的规定，规范要点如下。

（一）平面布局

地铁建筑的总平面布局应当充分考虑地铁车辆基地、车站与危险源之间的平面布置关系，远离重大危险源，与其他建筑物、构筑物之间的防火间距控制关系，车辆基地内部各建筑物、构筑物之间的防火关系。与此同时，还应当将消防救援所需的消防车道、救援场地在总平面图设计中予以落实，以便于消防救援队伍便捷地开展灭火救援活动。

1. 防火间距

（1）车辆基地应避免设置在甲、乙类厂（库）房和甲、乙、丙类液体、可燃气体储罐及可燃材料堆场附近。

（2）车辆基地的总平面布置应以车辆段（停车场）为主体，根据功能需要及地形条件合理确定基地内各建筑的位置、防火间距、运输道路和消防水源等。

（3）控制中心宜独立建造，不应与商业、娱乐等人员密集的场所合建，并应避开易燃、易爆场所；确需与其他建筑合建时，控制中心应采用无门窗洞口的防火墙与建筑的其他部分分隔。

（4）地下车站的出入口、风亭、电梯和消防专用通道的出入口等附属建筑，地上车站、地上区间、地下区间及其敞口段（含车辆基地出入线）、区间风井及风亭等，与周围建筑物、储罐（区）、地下油管等的防火间距应符合现行国家有关标准的规定。

（5）地下车站的采光窗井与相邻地面建筑之间的防火间距应符合表2-32的规定，当相邻地面建筑物的外墙为防火墙或在采光窗井与地面建筑物之间设置防火墙时，防火间距不限。

表2-32　地下车站的采光窗井与相邻地面建筑之间的防火间距（m）

建筑类别	单层、多层民用建筑			高层民用建筑	丙、丁、戊类厂房、库房			甲、乙类厂房、库房
建筑耐火等级	一、二级	三级	四级	一、二级	一、二级	三级	四级	一、二级
地下车站的采光窗井	6	7	9	13	10	12	14	25

（6）地下车站的进风、排风和活塞风采用高风亭时，风口的位置应符合下列规定：

①排风口、活塞风口应高于进风口；

②进风口、排风口、活塞风口两两之间的最小水平距离不应小于5m，且不宜位于同一方向。

（7）采用敞口低风井的进风井、排风井和活塞风井，风井之间、风井与出入口之间的最小水平距离应符合下列规定：

①进风井与排风井、活塞风井之间不应小于10m；

②活塞风井之间或活塞风井与排风井之间不应小于5m；

③排风井、活塞风井与车站出入口之间不应小于10m；

④排风井、活塞风井与消防专用通道出入口之间不应小于5m。

（8）采用敞口低风井的排风井、活塞风井宜设置在地下车站出入口、进风井的常年主导风向的下风侧。

（9）独立建造的消防水泵房应符合现行国家标准《建筑设计防火规范》GB 50016的规定。地上车站的消防水泵房宜布置在首层，当布置在其他楼层时，应靠近安全出口；地下车站的消防水泵房应布置在站厅层及以上楼层，并宜布置在站厅层设备管理区内的消防专用通道附近。

（10）易燃物品库应独立布置，并应按存放物品的不同性质分库设置。

2. 消防救援

（1）地上车站建筑的周围应设置环形消防车道，确有困难时，可沿车站建筑的一个长边设置消防车道。

（2）独立建造的控制中心、地上主变电所应设置环形消防车道，确有困难时，可沿建筑的一个长边设置消防车道。

（3）车辆基地内的消防车道除应符合现行国家标准《建筑设计防火规范》GB 50016的规定外，尚应符合下列规定：

①车辆基地内应设置不少于2条与外界道路相通的消防车道，并应与基地内各建筑的消防车道连通成环形消防车道。消防车道不宜与列车进入咽喉区前的出入线平交。

②停车库、列检库、停车列检库、运用库、联合检修库、物资总库及易燃物品库周围应设置环形消防车道。

③停车库、列检库、停车列检库、运用库、联合检修库每线列位在两列或两列以上时，宜在列位之间沿横向设置可供消防车通行的道路；当库房的各自总宽度大于 150m 时，应在库房的中间沿纵向设置可供消防车通行的道路。

（4）车辆基地不宜设置在地下。当车辆基地的停车库、列检库、停车列检库、运用库、联合检修库等设置在地下时，应在地下设置环形消防车道；当库房的总宽度不大于 75m 时，可沿库房的一条长边设置地下消防车道，但尽头式消防车道应设置回车道或回车场，回车场的面积不应小于 15m×15m。

（5）地下消防车道与停车库、列检库、停车列检库、运用库、联合检修库之间应采用耐火极限不低于 3. 00h 的防火墙分隔。防火墙上应设置消防救援入口，入口处应采用乙级防火门等进行分隔。

（二）防火分区

地铁建筑结构特殊，不同于其他普通建筑，其防火分区设计应根据建筑特性和火灾特点采取相应的措施。目前地铁建设从单线进入网络化，多线换乘车站越来越多。除通道换乘外共用一个站厅公共区的建筑面积不断扩大。站厅设备管理区与站台、站厅公共区为不同的使用用途，火灾危险性相差较大，故要求按不同的防火分区进行划分。

1. 地下车站站台、站厅

（1）防火分区。

1）站台和站厅公共区可划分为同一个防火分区，站厅公共区的建筑面积不宜大于 5 000m^2。

2）站厅设备管理区应与站厅、站台公共区划分为不同的防火分区，设备管理区每个防火分区的最大允许建筑面积不应大于 1 500m^2。

3）消防水泵房、污水和废水泵房、厕所、盥洗、茶水、清扫等房间其火灾危险性较低，不影响区域整体火灾危险性，所以其建筑面积可不计入所在防火分区的建筑面积。

4）地下一层侧式站台与同层站厅公共区可划为同一个防火分区，但站台上任一点至车站直通地面的疏散通道口的最大距离不应大于 50m；当大于 50m 时，应在与同层站厅的邻接面处或站厅的适当位置采用耐火极限不低于 2. 00h 的防火隔墙等进行分隔。

（2）防火分隔。地下车站因位于地下，环境条件较差，一般不具备自然通风条件，地铁地下车站防火分区的扩大，同时也大大增加了火灾和烟气蔓延的面积，人员疏散难度更大。因此应兼顾换乘车站设计及火灾安全性要求，针对地下车站不同的功能区应采取一定的防火分隔措施，以降低地下车站火灾蔓延影响，保障人员安全疏散和建筑安全性。

1）当采用上、下重叠平行站台的车站时，应采取以下防火分隔措施。

①下层站台穿越上层站台至站厅的楼梯或扶梯，应在上层站台的楼梯或扶梯开口部位设置耐火极限不低于 2. 00h 的防火隔墙；

②上、下层站台之间的联系楼梯或扶梯，除可在下层站台的楼梯或扶梯开口处人员上下通行的部位采用耐火极限不低于 3. 00h 的防火卷帘等进行分隔外，其他部位应设置耐火极限不低于 2. 00h 的防火隔墙。

2）多线同层站台平行换乘车站的各站台之间应设置耐火极限不低于 2. 00h 的纵向防

火隔墙，该防火隔墙应延伸至站台有效长度外不小于 10m。

3）点式换乘车站站台之间的换乘通道和换乘梯，除可在下层站台的通道或楼梯或扶梯口处人员上下通行的部位采用耐火极限不低于 3.00h 的防火卷帘等进行分隔外，其他部位应设置耐火极限不低于 2.00h 的防火隔墙。

4）侧式站台与同层站厅换乘车站，除可在站台连接同层站厅的通道口部位采用耐火极限不低于 3.00h 的防火卷帘等进行分隔外，其他部位应设置耐火极限不低于 3.00h 的防火墙。

5）通道换乘车站的站间换乘通道两侧应设置耐火极限不低于 2.00h 的防火隔墙，通道内应采用 2 道耐火极限均不低于 3.00h 的防火卷帘等进行分隔。

6）站厅层位于站台层下方时，除可在站厅至站台的楼梯或扶梯开口处人员上下通行的部位采用耐火极限不低于 3.00h 的防火卷帘等进行分隔外，其他部位应设置耐火极限不低于 2.00h 的防火隔墙。

7）在站厅层与站台层之间设置地铁设备层时，站台至站厅的楼梯或扶梯穿越设备层的部位周围应设置无门窗洞口的防火墙。

2. 地上车站站台、站厅

与地下车站相比，地上车站站厅公共区一般具有良好的自然排烟条件。在建筑面积较大的站厅公共区，则往往需要采用机械排烟方式来满足空间内火灾时的排烟要求，此时的室内条件与地下车站公共区的排烟条件相当。所以，地上车站站厅公共区每个防火分区的最大允许建筑面积与地下车站要求一致，也不宜大于 5 000m^2。

设备管理区应与公共区划分不同的防火分区。公共区防火分区的最大允许建筑面积不应大于 5 000m^2。设备管理区的防火分区位于建筑高度小于或等于 24m 的建筑内时，其每个防火分区的最大允许建筑面积不应大于 2 500m^2；位于建筑高度大于 24m 的建筑内时，其每个防火分区的最大允许建筑面积不应大于 1 500m^2。

此外，根据目前地上车站建设形式，站厅位于站台上方的高架车站形式很少见，往往出现在高架区间跨横向构筑物的情况下。当站台公共区不具备自然排烟条件时，应在站台与站厅公共区楼扶梯供人员通行部位设防火卷帘，其他部位采用防火隔墙隔离，站厅公共区火灾时关闭防火卷帘，站台上乘客由列车带走疏散。所以，站厅位于站台上方且站台层不具备自然排烟条件时，除可在站台至站厅的楼梯或扶梯开口处人员上下通行的部位采用耐火极限不低于 3.00h 的防火卷帘等进行分隔外，其他部位应设置耐火极限不低于 2.00h 的防火隔墙。

3. 控制中心与主变电所

（1）控制中心内的中央控制室是地铁全线（或多条线路）运营、监视、操作、控制、协调、指挥、调度的场所，性质极为重要，必须确保其具有很高的安全性能，不仅要远离火灾危险性大的场所布置，而且要防止与上述功能无关的管线敷设或穿过中央控制室。

（2）中央控制室与应急指挥室（也称为紧急事件指挥室或应急会商室），由于性质重要，但使用时间和作用都不一样，两者间既有联系又要保持相对独立，要确保其使用时的安全，特别是中央控制室。一般情况下，在进入中央控制室前会设置缓冲区，并配备安防设施。当中央控制室与应急指挥室贴邻布置且需要设置观察窗时，需对该开口进行防火保护，应采用甲级防火玻璃窗进行分隔。

（3）运营操作房间和控制中心的设备用房一般集中布置，以缩短各设备房间之间的联系。而设备房间的火灾危险性相对较大，为确保各自的消防安全，控制中心的设备用房宜集中布置，应采用耐火极限不低于 2.00h 的防火隔墙和耐火极限不低于 1.50h 的楼板与其他部位进行分隔。

（4）除直接开向室外的门外，变压器室、补偿装置室、蓄电池室、电缆夹层、配电装置室的门以及配电装置室中间隔墙上的门均应采用甲级防火门。

（5）地铁主变电所一般按照近期有人值守、远期按无人值守的原则进行设计，而主变电所火灾危险性相对较大，影响较大，因此主变电所内的消防控制设备应设置在主变电所有人值守的控制室内。

（三）安全疏散

1. 一般规定

（1）疏散时间（通过能力）要求。站台至站厅或其他安全区域的疏散楼梯、自动扶梯和疏散通道的通过能力，应保证在远期或客流控制期中超高峰小时最大客流量时，一列进站列车所载乘客及站台上的候车乘客能在 4min 内全部撤离站台，并应能在 6min 内全部疏散至站厅公共区或其他安全区域。

（2）疏散时间计算。

1）乘客全部撤离站台的时间应满足公式（2-11）的要求：

$$T=\frac{Q_1+Q_2}{0.9[A_1(N-1)+A_2B]}\leqslant 4 \tag{2-11}$$

式中：T——乘客全部撤离站台的时间（min）；

Q_1——远期或客流控制期中超高峰小时最大客流量时一列进站列车的载客人数（人）；

Q_2——远期或客流控制期中超高峰小时站台上的最大候车乘客人数（人）；

A_1——一台自动扶梯的通过能力［人/（min·台）］；

A_2——单位宽度疏散楼梯的通过能力［人/（min·m）］；

N——用作疏散的自动扶梯的数量（台）；

B——疏散楼梯的总宽度（m）（每组楼梯的宽度应按 0.55m 的整倍数计算）。

2）在公共区付费区与非付费区之间的栅栏上应设置平开疏散门。自动检票机和疏散门的通过能力应满足公式（2-12）要求：

$$A_3+LA_4\geqslant 0.9[A_1(N-1)+A_2B] \tag{2-12}$$

式中：A_1——一台自动扶梯的通过能力［人/（min·台）］；

A_2——单位宽度疏散楼梯的通过能力［人/（min·m）］；

A_3——自动检票机门常开时的通过能力（人/min）；

A_4——单位宽度疏散门的通过能力［人/（min·m）］；

L——疏散门的净宽度（m）（按 0.55m 的整倍数计算）；

N——用作疏散的自动扶梯的数量（台）；

B——疏散楼梯的总宽度（m）（每组楼梯的宽度应按 0.55m 的整倍数计算）。

（3）疏散出口设置要求。

1）每个站厅公共区应至少设置 2 个直通室外的安全出口。安全出口应分散布置，且相邻两个安全出口之间的最小水平距离不应小于 20m。换乘车站共用一个站厅公共区时，站厅公共区的安全出口应按每条线不少于 2 个设置。

2）每个站台至站厅公共区的楼扶梯分组数量不宜少于列车编组数的 1/3，且不得少于 2 个。

3）电梯、竖井爬梯、消防专用通道以及管理区的楼梯不得用作乘客的安全疏散设施。

4）站台设备管理区可利用站台公共区进行疏散，但有人值守的设备管理区应至少设置一个直通室外的安全出口。

5）站台的两端部均应设置从区间疏散至站台的楼梯。当站台设置站台门时，站台门的端门应向站台公共区方向开启。

6）站台每侧站台门上的应急门数量宜按列车编组数确定。当应急门设置在站台计算长度内的设备管理区和楼梯、扶梯段内时，应核算侧站台在应急门开启时的通过能力。

7）站厅公共区和站台计算长度内任一点到疏散通道口和疏散楼梯口或用于疏散的自动扶梯口的最大疏散距离不应大于 50m。

8）站厅公共区与商业等非地铁功能的场所的安全出口应各自独立设置。两者的连通口和上、下联系楼梯或扶梯不得作为相互间的安全出口。

9）当站台至站厅和站厅至地面的上、下行方式采用自动扶梯时，应增设步行楼梯。

10）乘客出入口通道的疏散路线应各自独立，不得重叠或设置门槛、有碍疏散的物体及袋形走道。两个或以上汇入同一条疏散通道的出入口，应视为一个安全出口。

2. 地下车站

（1）有人值守的设备管理区内每个防火分区安全出口的数量不应少于 2 个，并应至少有 1 个安全出口直通地面。当值守人员小于或等于 3 人时，设备管理区可利用与相邻防火分区相通的防火门或能通向站厅公共区的出口作为安全出口。

（2）地下一层侧式站台车站，每侧站台应至少设置 2 个直通地面或其他室外空间的安全出口。与站厅公共区同层布置的站台与站厅公共区之间设置防火隔墙时，应在该防火隔墙上设置至少 2 个门洞，相邻两门洞之间的最小水平距离不应小于 10m；与站厅公共区之间未设置防火隔墙时，站台上任一点至地面或其他室外空间的疏散时间不应大于 6min。

（3）侧式站台利用站台之间的过轨地道作为安全疏散通道时，应在上、下行轨道之间设置耐火极限不低于 2. 00h 的防火隔墙。

（4）站台端部通向区间的楼梯不得用作站台区乘客的安全疏散设施。换乘车站的换乘通道、换乘梯不得用作乘客的安全疏散设施。

（5）有人值守的设备管理用房的疏散门至最近安全出口的距离，当疏散门位于 2 个安全出口之间时，不应大于 40m；当疏散门位于袋形走道两侧或尽端时，不应大于 22m。

（6）出入口通道的长度不宜大于 100m；当大于 100m 时，应增设安全出口，且该通道内任一点至最近安全出口的疏散距离不应大于 50m。

（7）设备层的安全出口应独立设置。

（8）地下车站应设置消防专用通道。当地下车站超过 3 层（含 3 层）时，消防专用通道应设置为防烟楼梯间。

3. 地上车站

（1）站厅通向天桥的出口可作为安全出口，应采用不燃材料制作，内部装修材料的燃烧性能应为A级；应具有良好的自然排烟条件；不得用于人行外的其他用途；应能直接通至地面。

（2）换乘车站的换乘通道和换乘梯应采用不燃材料制作，其装修材料的燃烧性能应为A级；当换乘通道和换乘梯具有良好的自然排烟条件时，换乘车站通向该换乘通道或换乘梯的出口可作为安全出口。

（3）地面侧式站台车站的过轨地道可作为疏散通道，上跨轨道的通道不得作为疏散通道。

（4）设备管理区内房间的疏散门至最近安全出口的疏散距离应符合《建筑设计防火规范》GB 50016的规定。

（5）与区间纵向疏散平台相连通的站台的安全出口，可利用站台门上能双向开启的端门。

（6）建筑高度超过24m且相连区间未设纵向疏散平台的高架车站，应在站台增设直达地面的疏散楼梯。

（四）消防给水与灭火

根据我国当前的经济、技术条件，地铁工程应以消火栓系统作为其基本灭火设施。为确保室内外消火栓系统在地铁工程发生火灾时的用水需要，地铁工程应设置室内外消防给水系统。

1. 基本要求

消防给水系统是目前国内外扑救地铁火灾的主要灭火设施，确保消防给水水源十分重要。为了节省投资，因地制宜，消防用水宜由市政给水管网供给，也可采用消防水池或天然水源供给。利用天然水源时，应保证枯水期最低水位时的消防用水要求，并应设置可靠的取水设施。

（1）采用城市给水管网直接供水时，应保证在火灾延续时间内的消防用水量；采用天然水源时，应保证枯水期最低水位时的消防用水量，同时要考虑车站内所设置的自动喷水灭火系统不会因水中悬浮物等杂质堵塞喷头；如水源不足时，可以采取设置消防水池等措施来保证消防用水需求。

（2）室内消防给水应采用与生产、生活分开的给水系统。消防给水应采用高压或临时高压给水系统。当室内消防用水量达到最大流量时，其水压应满足室内最不利点灭火系统的要求，消防给水管网应设置防超压设施。

（3）消防用水量应按车站或地下区间在同一时间内发生一次火灾时的室内外消防用水量之和计算，并应符合下列规定：

①地铁建筑内设置消火栓系统、自动喷水灭火系统等灭火设施时，其室内消防用水量应按同时开启的灭火系统用水量之和计算。

②控制中心和车辆基地的消防用水量应符合现行国家标准《消防给水及消火栓系统技术规范》GB 50974的规定。

（4）自动喷水灭火系统是控制建筑内初期火灾的有效灭火设施之一，能够在无人操作的情况下自动启动；消火栓系统是建筑火灾和列车火灾扑救的基本设施。两个系统的灭火成功率均与供水的可靠性密切相关，为避免两套系统互相干扰，自动喷水灭火系统的管网宜与室内消火栓系统的管网分开设置。

(5) 火灾延续时间为消防车到达火场并开始出水时起，至火灾被基本扑灭时止的一段时间。火灾延续时间是根据火灾统计资料、国内经济水平以及消防力量等情况综合权衡确定的。

截至目前，尚无可靠、充分的地铁火灾延续时间的统计数据。地铁工程地下部分室内外消火栓系统的设计火灾延续时间不应小于 2.00h，地上建筑室内外消火栓系统的设计火灾延续时间应符合现行国家标准《消防给水及消火栓系统技术规范》GB 50974 的规定，自动喷水灭火系统的设计火灾延续时间应符合现行国家标准《自动喷水灭火系统设计规范》GB 50084 的规定。

(6) 地下车站和设置室内消火栓系统的地上建筑应设置消防水泵接合器，水泵接合器是用于外部消防车或移动水泵增援供水的设施，当系统供水泵不能正常供水时，要由消防车或移动水泵连接水泵接合器向建筑内的水消防系统供水。并应符合下列规定：

①消防水泵接合器的数量应按室内消防用水量经计算确定，每个消防水泵接合器的流量应按 10~15L/s 计算。

②消防水泵接合器应设置在室外便于消防车取用处，地下车站宜设置在出入口或风亭附近的明显位置，距离室外消火栓或消防水池取水口宜为 15~40m。

③消防水泵接合器宜采用地上式，并应设置相应的永久性固定标识，位于寒冷和严寒地区应采取防冻措施。

2. 室外消火栓系统

室外消火栓是消防车的取水点，除提供其保护范围内灭火用的消防水源外，还应承担为消防车补水的功能，为消防车载水扑救消火栓保护范围外的火灾提供水源支持。除地上区间外，地铁车站及其附属建筑、车辆基地应设置室外消火栓系统。

(1) 地下车站的室外消火栓设置数量应满足灭火救援要求，且不应少于 2 个，其室外消火栓设计流量不应小于 20L/s。

(2) 地上车站、控制中心等地上建筑室外消火栓设计流量，应符合现行国家标准《消防给水及消火栓系统技术规范》GB 50974 的规定。

(3) 车站消防给水系统的进水管不应少于 2 条，并宜从两条市政给水管道引入，当其中一条进水管发生故障时，另一条进水管应仍能保证全部消防用水量；当车站周边仅有一条市政枝状给水管道时，应设置消防水池。

(4) 室外消火栓宜采用地上式。地上式消火栓应有 1 个 *DN*150 或 *DN*100 和 2 个 *DN*65 的栓口，地下式消火栓应有 *DN*100 和 *DN*65 的栓口各 1 个。位于寒冷和严寒地区时，室外消火栓应采取防冻措施。室外消火栓应设置相应的永久性固定标识。

(5) 室外消火栓的布置间距不应大于 120m，每个消火栓的保护半径不应大于 150m。检修阀之间的消火栓数量不应大于 5 个。

3. 室内消火栓系统

室内消火栓既供专业消防人员使用，也供地铁内的工作人员等使用，因此车站的站厅层、站台层、设备层、地下区间及长度大于 30m 的人行通道等处均应设置室内消火栓。

(1) 地下车站的室内消火栓设计流量不应小于 20L/s。地下车站出入口通道、地下折返线及地下区间的室内消火栓设计流量不应小于 10L/s。

(2) 地上车站、控制中心等地上建筑和地上、地下车辆基地的室内消火栓用水量，应符合现行国家标准《消防给水及消火栓系统技术规范》GB 50974 的规定。

（3）室内消火栓的布置应符合下列规定：

①消火栓的布置应保证每个防火分区同层有两支水枪的充实水柱同时到达任何部位，水枪的充实水柱不应小于 10m；

②消火栓的间距应经计算确定，且单口单阀消火栓的间距不应大于 30m，两只单口单阀为一组的消火栓间距不应大于 50m，地下区间及配线区内消火栓的间距不应大于 50m，人行通道内消火栓的间距不应大于 20m；

③站厅层、侧式站台层和车站设备管理区宜设置单口单阀消火栓，岛式站台层宜设置两只单口单阀为一组的消火栓；

④除地下区间外，消火栓箱内应配备水带、水枪和消防软管卷盘；

⑤地下区间可不设置消火栓箱，但应将水带、水枪等配套消防设施设置在车站站台层端部的专用消防箱内，并应有明显标志；

⑥消火栓口距离地面或操作基本面宜为 1. 1m；

⑦消火栓口处的出水动压力大于 0. 7MPa 时，应设置减压措施。

（4）室内消防给水管道的布置应符合下列规定：

①车站和地下区间的消火栓给水管道应连成环状；

②地下区间上、下行线应各从地下车站引入一根消防给水管，并宜在区间中部连通，且在车站端部应与车站环状管网相接；

③室内消防给水管道应采用阀门分成若干独立管段，阀门的布置应保证检修管道时关闭停用消火栓的数量不大于 5 个；

④消防给水管道上的阀门应保持常开状态，并应有明显的启闭标志；

⑤在寒冷和严寒地区，站厅与室外连通部分的明露消防给水管道应采取防冻措施或采用干式系统；

⑥当车站、区间采用临时高压给水系统时，车站控制室及消火栓处应设置消火栓的水泵启动按钮。

4. 自动灭火系统与其他灭火设施

（1）下列场所应设置自动喷水灭火系统：

①建筑面积大于 6 000m^2 的地下、半地下和上盖设置了其他功能建筑的停车库、列检库、停车列检库、运用库、联合检修库；

②可燃物品的仓库和难燃物品的高架仓库或高层仓库。

（2）下列场所应设置自动灭火系统：

①地下车站的环控电控室、通信设备室（含电源室）、信号设备室（含电源室）、公网机房、降压变电所、牵引变电所、站台门控制室、蓄电池室、自动售检票设备室；

②地下主变电所的变压器室、控制室、补偿装置室、配电装置室、蓄电池室、接地电阻室、站用变电室等；

③控制中心的综合监控设备室、通信机房、信号机房、自动售检票机房、计算机数据中心、电源室等无人值守的重要电气设备用房。

（3）消防水泵与消防水池。消防水泵是当火灾发生时，由水泵提供该系统灭火所需的水量和水压。根据各城市室外市政管网的管径、供水情况和供水条件的不同，因地制宜，制定不同的消防供水方式。

1）当市政给水管网能满足消防用水量要求，但供水压力不能满足设计消防供水压力要求时，应设置消防水泵。消防水泵宜从市政给水管网取水加压，并应在消防进水管的起端设置倒流防止器或其他能防止倒流污染的装置。

2）当市政给水管网的供水量不能满足设计消防用水量要求时，应设置消防水池、消防水泵及增压装置。

3）地面车站、高架车站采用消防水泵加压供水的消火栓给水系统，应设置稳压装置及气压设备，可不设置高位水箱。

4）从给水管网直接吸水的消防水泵，其扬程计算应按市政给水管网的最低水压计，并以室外给水管网的最高水压校核管网压力。

5）当市政供水压力不能保证自动喷水灭火系统最不利点的工作压力或不能满足消火栓给水系统最不利点的静水压力时，车站及地铁附属建筑的消防给水系统应设置增压装置。对于无法利用市政给水管网的压力进行稳压的临时高压系统，应设置稳压泵和稳压罐。室内消火栓给水系统和自动喷水灭火系统的稳压罐的有效容积均不应小于150L。

6）消火栓系统和自动喷水灭火系统的消防水泵均应设置备用泵，备用泵的设置是为保证供水设备安全可靠，能够不间断地提供灭火所需的用水量和水压。其工作能力不应小于其中最大一台消防水泵的要求。

（五）通风排烟设计

1. 地铁车站内通风系统的组成及主要功能

车站内的通风系统主要包括车站通风系统和隧道通风系统两大部分。

（1）车站通风系统。

1）车站站厅和站台公共区空调、通风和排烟系统（大系统）。车站公共区通风空调系统正常运行时，车站公共区通风空调系统应能为乘客提供“过渡性舒适”的候车环境。当车站公共区发生火灾时，车站公共区通风空调系统应能迅速排除烟气，同时为乘客提供一定的迎面风速，诱导乘客向安全区疏散。

2）车站设备管理用房空调、通风和排烟系统（小系统）。车站设备管理用房通风空调系统正常运行时，车站设备管理用房通风空调系统应能为车站工作人员提供舒适的工作环境条件和为车站设备运行提供所需的环境条件。当车站设备管理用房区域发生火灾时，车站设备管理用房通风空调系统应能及时排除烟气或进行防烟分隔。

3）车站制冷空调循环水系统（水系统）。制冷空调水系统是为大系统和小系统提供空调设备用冷冻水，应能在各种工况、负荷和运营条件下满足大系统和小系统的运行、调节要求。

（2）隧道通风系统。

1）隧道通风系统（TVF系统）的主要设备包括设于每个区间两端头的隧道风机、设于区间中部的隧道风机、推力风机、射流风机和相应的风阀、消声器和相关的阀门，这些设备主要作用于区间通风车站两端上下行线，一般各设一个活塞风道以及相应的风井，作为正常行驶时依靠列车活塞作用实现隧道与外界通风换气的通道。同时，在隧道与其相对应的活塞风井之间再设置一套隧道风机装置，该装置在无列车活塞作用时对隧道进行机械通风。通过对设于活塞通风风道以及机械通风风道上的各个组合风阀的开闭与隧道风机启停的各种组合，构成多种运行模式，以满足不同的运营工况要求。

2）车站隧道通风系统（UPE/OTE 系统）。装设在车站的轨道正常停车位置，主要负责排除列车停站时间段内发出的热量，包括列车刹车和加速时的驱动系统散热以及列车空调冷凝器的排热。

近几年新建设的地铁工程在车站站台公共区的边缘都设置了屏蔽门，隧道空间从车站中被隔离出去，列车的停车位置形成了“车站隧道”，为保证列车停车时车载空调器的正常运行以及排除列车的制动发热量，车站隧道内设置轨顶和站台下面两条风道，对应列车的各个发热点设置排风口。再通过轨道排风机及相应的管道将热空气排除地面。轨道排风机同时具备在 280℃下持续运行 1h，以满足风道火灾运行工况的特殊要求。

2. 地铁车站内的通风排烟模式

地铁通风排烟系统分为两类：第一类是通风与排烟同为一个系统，由风机、消音器、管道、风口和风亭组成，由风机正转或反转来实现系统的送风或排烟，一般隧道通风多采用此种系统；第二类是通风系统和排烟系统分开设置，各自成为相对独立的系统，排烟口、通风口分别设在站台行车道上方和站厅顶部。由于地铁车站地下空间小，造价昂贵，管线繁多，难以独立设置排烟系统，因此多将排烟系统与正常通风系统的排风系统合用。

按火灾发生位置（不考虑隧道火灾），车站通风排烟模式主要分为车站隧道通风排烟模式、站台公共区通风排烟模式及站厅公共区通风排烟模式三类。当火灾发生在车站轨行区域时，主要启用车站隧道通风排烟模式进行排烟；当火灾发生在站台时，主要启用站台通风排烟模式进行排烟；当火灾发生在站厅时，主要启用站厅通风排烟模式进行排烟。

（1）车站隧道通风排烟模式。当列车在隧道发生火灾继续运行停在车站时，站台隧道通风系统要立即进行火灾排烟运行模式，主要有以下两种排烟模式：

1）轨顶机械送、排风方式。此种方式是通过对车站隧道进行机械送风和机械排风，实现排除该区域列车散发热量和通风换气的目的。其特点是：设置送风和排风两套设备，在车站隧道区域通过送风、排风的协调配合，达到气流的相对平衡，造成一个较独立的环境，气流组织较好，能有效地实现排除车站隧道余热和通风换气的目的。但由于它增加了一套送风系统，不可避免地在设备布局上造成困难，土建面积和空间增加，运行费用也有所提高。目前的地铁车站很少采用此种模式。

2）轨顶排烟模式。在车站隧道区域不设送风系统，只沿站台长度方向，在车行顶和站台下均匀设置排风道、排风口，排除列车顶部和底部的余热，利用排风后该区域产生的负压，迫使外界新鲜空气通过活塞风道进入隧道，达到气流平衡和通风换气的目的。此种方式取消了送风系统，系统设置简单，设备少，占用面积小，运行费用低。

随着火灾的发展，当烟气蔓延至站台公共区时，同时应联动开启站台公共区的排烟系统，同时，为了满足站台通往站厅的楼扶梯口具有不小于 1.5m/s 的向下风速，应打开车站两端的端门，开启隧道通风风机辅助排烟，同时站厅公共区送风。

（2）站台公共区通风排烟模式。站台通风系统一般主要由空调机组、排风机、送风机、消音器、风阀、风道和风口组成。车站回排风风管兼作排烟风管，风口沿站台纵向均匀布置。

目前对于站台层的排烟方式一般有两种模式：第一种是不设置站台排烟系统，当站台发生火灾时，通过靠近着火点侧的轨顶风道，利用车站隧道通风系统进行辅助排烟；第二种就是设置独立的公共区排烟系统，站厅公共区和站台公共区共用排烟系统，当站台发生火灾时，开启站台公共区排烟风管的电动排烟防火阀进行排烟，站厅公共区排烟风管的防火阀关闭，目前的地铁车站多采用此种排烟模式。

为了满足站台通往站厅的楼扶梯口具有不小于 1.5m/s 的向下风速，应打开车站两端的端门，开启隧道通风风机辅助排烟，同时站厅公共区送风。由于建筑形式以及风机的不同，必要时可以开启相邻两个甚至四个车站的隧道通风风机辅助排烟以满足风速要求。

（3）站厅公共区通风排烟模式。当站厅公共区发生火灾的时候，开启站厅公共区排烟风管的电动排烟防火阀进行排烟，站台公共区排烟风管的防火阀关闭，这种控制模式是地铁站厅公共区排烟模式的主要方式。

3. 规范要求

地铁车站不同于一般的地下建筑，在进行防排烟系统设计时，要综合考虑施工、造价以及运营模式等方面，提出合理的排烟系统设计方案。2018 年 8 月 1 日实施的《建筑防烟排烟系统技术标准》GB 51251—2017 第 1.0.2 条规定：“对于有特殊用途或特殊要求的工业与民用建筑，当专业标准有特别规定时，可从其规定。”因此，地铁车站的防排烟系统设计在遵循《建筑防烟排烟系统技术标准》GB 51251—2017 的基础上，主要执行《地铁设计防火标准》GB 51298—2018 的相关要求。

（1）一般规定。下列场所应设置排烟设施：

1）地下或封闭车站的站厅、站台公共区；

2）同一个防火分区内总建筑面积大于 200m^2 的地下车站设备管理区，地下单个建筑面积大于 50m^2 且经常有人停留或可燃物较多的房间；

3）车站设备管理区内长度大于 20m 的内走道，长度大于 60m 的地下换乘通道、连接通道和出入口通道。

（2）防烟分区设计。地铁车站根据使用需求，站台及站厅公共区一般为类似狭长式的空间形式，结合建筑空间特点，《地铁设计防火标准》GB 51298—2018 中对防烟分区的划分要求如下：

1）站厅公共区和设备管理区应采用挡烟垂壁或建筑结构划分防烟分区，防烟分区不应跨越防火分区。站厅公共区内每个防烟分区的最大允许建筑面积不应大于 2 000m^2，设备管理区内每个防烟分区的最大允许建筑面积不应大于 750m^2。

2）站台公共区未明确要求时，应划分防烟分区。

（3）排烟模式。地铁车站往往设有直通地面的出入口与室外环境相连通，与一般地下建筑无自然补风条件不同，《地铁设计防火标准》GB 51298—2018 中对排烟模式做出了规定：

1）当站厅发生火灾时，应对着火防烟分区排烟，当补风通路的空气总阻力不大于 50Pa 时，可采用自然补风方式，但应保证火灾时补风通道畅通；当补风通路的空气总阻力大于 50Pa 时，应采用机械补风方式，且机械补风的风量不应小于排烟风量的 50%，不应大于排烟量。

2）当站台发生火灾时，应对站台区域排烟，并宜由出入口、站厅补风。

3）车站公共区发生火灾、驶向该站的列车需要越站时，应联动关闭全封闭站台门。

(4) 排烟系统设计。

1) 排烟量应按各防烟分区的建筑面积不小于 $60m^3/(m^2 \cdot h)$ 分别计算。

2) 当防烟分区中包含轨道区时，应按列车设计火灾规模计算排烟量。

3) 地下站台的排烟量还应保证站厅到站台的楼梯或扶梯口处具有不小于 1.5m/s 的向下气流。

(六) 消防电气

1. 火灾自动报警

(1) 车站、地下区间、区间变电所及系统设备用房、主变电所、控制中心、车辆基地应设置火灾自动报警系统。

(2) 正常运行工况需控制的设备，应由环境与设备监控系统直接监控；火灾工况专用的设备，应由火灾自动报警系统直接监控。

(3) 正常运行与火灾工况均需控制的设备，平时可由环境与设备监控系统直接监控，火灾时应能接收火灾自动报警系统指令，并应优先执行火灾自动报警系统确定的火灾工况。

(4) 换乘车站的火灾自动报警系统宜集中设置，按线路设置的火灾自动报警系统之间应能相互传输并显示状态信息。

(5) 车辆基地上部设置其他功能的建筑时，两者的控制中心应能实现信息互通。

(6) 车站公共区；车站的设备管理区内的房间、电梯井道上部；地下车站设备管理区内长度大于 20m 的走道、长度大于 60m 的地下连通道和出入口通道；主变电所的设备间；车辆基地的综合楼、信号楼、变电所和其他设备间、办公室等部位及场所，应设置火灾探测器，并宜选用感烟火灾探测器。

(7) 站台下的电缆通道、变电所电缆夹层的电缆桥架上应设置火灾探测器，并宜采用线型感温火灾探测器。

(8) 车辆基地的停车库、列检库、停车列检库、运用库、联合检修库及物资库等库房应设置火灾探测器，其中的大空间场所宜采用吸气式空气采样探测器、红外光束感烟火灾探测器及可视烟雾图像探测器等。

2. 消防通信

(1) 消防通信应包括消防专用电话、防灾调度电话、消防无线通信、视频监视及消防应急广播。

(2) 车站、主变电所、车辆基地应设置消防应急广播系统，并宜与运营广播合用。站厅、站台、通道等公共区和设备管理区用房应设置消防应急广播扬声器。

3. 消防配电与应急照明

(1) 地铁的消防用电负荷应为一级负荷。其中，火灾自动报警系统、环境与设备监控系统、变电所操作电源和地下车站及区间的应急照明用电负荷应为特别重要负荷。

(2) 火灾自动报警系统、环境与设备监控系统、消防泵及消防水管电保温设备、通信、信号、变电所操作电源、站台门、防火卷帘、活动挡烟垂壁、自动灭火系统、事故疏散兼用的自动扶梯、地下车站及区间的废水泵等应采用双重电源供电，并应在最末一级配电箱处进行自动切换。其中，火灾自动报警系统、环境与设备监控系统、变电所操作电源和地下车站及区间的应急照明电源应增设应急电源。

（3）车站内设置在同一侧（端）的火灾事故风机、防排烟风机及相关风阀等一级负荷，其供电电源应由该侧（端）双重电源自切柜单回路放射式供电；当供电距离较长时，宜采用由变电所双重电源直接供电，并应在最末一级配电箱处自动切换。

（4）防火卷帘、活动挡烟垂壁、自动灭火系统等用电负荷较小的消防用电设备，宜就近共用双电源自切箱采用放射式供电。

（5）应急照明应由应急电源提供专用回路供电，并应按公共区与设备管理区分回路供电。备用照明和疏散照明不应由同一分支回路供电。

（6）消防用电设备作用于火灾时的控制回路，不得设置作用于跳闸的过载保护或采用变频调速器作为控制装置。

（7）变电所、配电室、环控电控室、通信机房、信号机房、消防水泵房、事故风机房、防排烟机房、车站控制室、站长室以及火灾时仍需坚持工作的其他房间，应设置备用照明。

（8）车站公共区、楼梯或扶梯处、疏散通道、避难走道（含前室）、安全出口、长度大于20m的内走道、消防楼梯间、防烟楼梯间（含前室）、地下区间、联络通道应设置疏散照明。

（9）应急照明灯具宜设置在墙面或顶棚处。

（10）应急照明的照度应符合下列规定：

①车站疏散照明的地面最低水平照度不应小于3.0 lx，楼梯或扶梯、疏散通道转角处的照度不应低于5.0 lx；

②地下区间道床面疏散照明的最低水平照度不应小于3.0 lx；

③变电所、配电室、环控电控室、通信机房、信号机房、消防水泵房、车站控制室、站长室等应急指挥和应急设备设置场所的备用照明，其照度不应低于正常照明照度的50%；

④其他场所的备用照明，其照度不应低于正常照明照度的10%。

（11）地下车站及区间应急照明的持续供电时间不应小于60min，由正常照明转换为应急照明的切换时间不应大于5s。

二、 特殊消防设计难点分析

（一）总平面布局难点

1. 与其他功能组合时的防火关系

近年来，地铁车站建设蓬勃发展，地铁作为城市主要交通工具之一，是地下交通枢纽工程中的重要一环，因此在地下综合交通枢纽或地下站城一体化工程中如何确定地铁与其他各功能之间的火灾影响，应当采取何种火灾预防和灭火救援措施，甚至消防设施具体采取何种联动控制关系等，都是需要综合考虑的问题。

2. 上盖开发时消防救援条件

地铁车辆段上盖物业开发是指在地铁车辆段或停车场上进行综合性物业开发，这种开发方式实质上是对地铁车辆段及基地的土地进行立体化使用，在屋盖平台上设计、规划商业区、住宅甚至产业园区。在城市土地日益紧张的今天，高质量发展、提高土地使用效率已经成为必然，车辆段上盖物业开发模式得到了广泛应用，如何安全、高效地利用车辆段上部空间，将工业建筑与民用建筑在保证各自使用功能的前提下有机结合起来，是建筑设计和消防设计面临的技术挑战。

地铁车辆段上盖物业开发项目一般以中部的钢筋混凝土盖板为划分界面，下部为场段基地的日常运营功能区，其中的各类建筑大多为工业厂房及仓库；而盖板上部一般为住宅、办公、商业等民用建筑。在工程设计中，需依据《地铁设计规范》GB 50157—2013、《地铁防火设计标准》GB 51298—2018、《建筑设计防火规范》GB 50016—2014（2018 年版）等相关技术规范，严格遵守其对不同类型建筑合建时需注意的相关规定；此外，部分现行技术规范尚未涵盖此类项目的情况，例如在《建筑设计防火规范》GB 50016—2014（2018 年版）国家标准规范管理组对相关答复中提及，轨道交通场段内的运用库在考虑其使用功能和火灾危险性的前提下，防火设计应区别于工业厂房和仓库，属于市政交通公用设施。当其与民用建筑合建时，现行的《建筑设计防火规范》GB 50016—2014（2018 年版）并未对其安全注意事项作出具体规定，因此需要对相关建筑的防火设计采取有效措施，如对人员疏散、消防救援、消防设施、防火分隔、结构耐火性能等方面进行充分论证后方可实施。

3. 带顶盖消防车道的安全性

消防车道是供消防车灭火时通行的道路。设置消防车道的目的就在于一旦发生火灾后，使消防车顺利到达火场，消防人员迅速开展灭火战斗，及时扑灭火灾，最大限度地减少人员伤亡和火灾损失。由于地铁车辆基地面积巨大，在其内部设置消防车道，有利于消防队快速接近或到达起火部位开展灭火救援，但是进入建筑内部或盖板下的消防车道，容易受到建筑结构、火灾烟气的威胁，对消防队员的生命存在一定风险，同时我国现行消防技术标准中地下消防车道设计也存在规范空白，只要求对地下车辆基地需设置地下环形消防车道，但对地下环形消防车道的设置要求没有明确规定。

（二）防火分区难点

1. 多线共用站厅防火分区面积较大

共用站厅是供 2 种及以上交通方式的乘客购票、检票、换乘的场所，或在地铁车站出入口与站台之间供 2 线及以上地铁线路乘客购票、检票、换乘的场所。在实际工程案例中，地铁车站站厅公共区面积大于 5 000m^{2}的情况时有发生。据现行规范可知，车站站厅公共区面积可大于 5 000m^2，但每个防火分区的最大面积不能大于 5 000m^2。即当站厅公共区面积大于 5 000m^{2}时，可以划分为若干个小于 5 000m^{2}的防火分区，但按照规范进行防火分区的划分，对站厅的换乘流线有较大的影响。

特殊情况下，当 8A 编组两线采用“十”字相交换乘时，由于很难划分成两个防火分区，因而存在着单个防火分区面积超限的可能。一般采用特殊消防设计的方法综合评估其安全性，采取必要的消防措施：如增设直出地面的出入口数量，加强乘客疏散能力；增设全自动水喷淋系统，加强灭火措施；增强防排烟系统能力，改善乘客逃生环境等。

2. 中庭式地铁车站换乘大厅分隔问题

中庭式地铁车站是一种新型地铁车站，由于其建筑空间效果较好，越来越多的地铁车站采用中庭形式设计，超大型中庭式车站在获得良好使用和视觉效果的同时，也给消防设计和安全提出了新的研究与挑战。由于中庭式地铁车站在中庭处楼板开洞较大，建筑效果和客流便利换乘等功能需求，无法进行物理分隔，无法形成规范要求的向下气流速度，给消防设计带来新的问题。目前主要有上海地铁 7 号线花木路站和龙阳站、深圳地铁 1 号线科技园站、广州地铁 3 号线赤岗塔站、西安地铁 2 号线行政中心站、北京地铁 6 号线新华大街站和北关站、杭州地铁 1 号线婺江站和星火站等采用了此种换乘方式。

3. 地铁内设置配套商业分隔问题

地铁车站大多属于人员高度聚集的场所，站厅、站台空间净高较低，发生火灾后产生顶棚射流和烟气下沉的时间短，对人员疏散非常不利。尤其站台上具有人数多、逃生路径少的特点，现行规范严格限制在地下站台上布置可燃物和可能的火源，以保证站台的消防安全。

随着近年来站城一体化工程的逐渐增多，地铁车站在为客流提供便利的同时，也会增加车站城市元素和功能，以降低地铁的运营压力。因此往往会在地铁站厅内布置商业配套服务设施，增加了地铁车站的火灾风险，如果进行防火分隔设计，也是目前地铁车站发展面临的关键消防问题。

（三）安全疏散难点

国内未来的地铁轨道交通系统将是一个复杂的地下路网交通换乘系统。由于人员密集、流动性大，极易受到攻击和损害。地下空间更是因空间较封闭、疏散救灾困难，一旦发生安全事故，则可能引发重大的伤亡事故和巨大的财产损失。为了保证地铁人员安全的要求，地铁人员安全疏散就成为迫切需要研究的内容。地铁车站的安全疏散存在以下几个消防难点。

1. 中庭式地铁车站

（1）疏散时间缺乏标准。根据《地铁设计规范》GB 50157—2013 第 19. 1. 19 条，出口楼梯和疏散通道的宽度，应保证在远期高峰小时客流量时发生火灾的情况下，6min 内将一列车乘客和站台上候车的乘客及工作人员全部撤离站台。规范中所指的 6min 意为从站台层疏散到站厅层，此条规定的前提就是站厅层是个相对安全的区域，在人员安全疏散的时间内，不受到站台层烟气的影响。但是中庭式车站站厅层已成为排烟路径中的一部分，烟气需要通过站厅层排出，因此是否能采取相应的措施来保证站厅层成为安全区域是疏散设计的难点。

（2）利用扶梯疏散的可行性。地铁车站作为一种特殊的建筑，在规范中允许其使用扶梯作为疏散工具，但前提是保证扶梯口具有 1. 5m/s 的向下气流。中庭式地铁车站由于其特殊的建筑形式以及排烟模式，无法满足此条规定。因此为了保证人员疏散宽度，必须采取措施保证扶梯具备疏散条件的可行性，提出合理安全的疏散策略，是中庭式地铁车站疏散设计的难点。

2. 交通枢纽地铁车站

位于铁路、机场等交通枢纽的地铁车站由于枢纽接驳开发等原因，导致地铁车站无法设置直通室外的安全出口。发生火灾时，地铁车站的人员需要先进入车站换乘厅、地下城市通廊或航站楼公共区，再进一步向室外疏散。此种疏散方式是交通枢纽地铁站疏散设计的难点。

（四）消防给水与灭火设计难点

1. 具有配套开发的车站火灾起数确定问题

随着站城一体化发展，伴随着城市轨道交通的建设而兴起的地下配套商业空间开发正成为各大城市新的商业热潮。地铁车站周边配套规模大小不一，存在几百平方米到几千平方米的情况。根据现行规范规定，一条地铁线或者一座换乘车站以及该车站的相邻区间考虑同一时间内只有一处发生火灾。比如，区间火灾时，不考虑相邻车站和相邻区间火灾；

站台公共区火灾时，不考虑站厅公共区火灾；站厅公共区火灾时，不考虑站台公共区火灾；公共区火灾时，不考虑设备管理区火灾；设备管理区的火灾也只考虑单间设备房发生火灾。至于换乘车站及相邻区间，也只考虑同一时间内仅一处发生火灾。而同一时间只考虑一处发生火灾的范围，不包括考虑车站配线区上方的其他建筑、与站厅公共区相邻接的商业等非地铁车站功能场所。

而针对地铁车站、配套商业开发应按照 2 起火灾设计消防给水系统。目前地铁车站消防给水设计中，市政管网仅给地铁车站引入 1 路管线。若按照 2 起火灾设计，则无法满足消防给水设计需求，如何保障配套开发商业消防给水需求，是目前新型地铁车站开发面临的主要问题。

2. 车站自动喷水灭火系统设置的适用性问题

目前多线换乘共用站厅、深埋式地铁车站以及大型交通枢纽工程日益增加。为降低地铁与其他功能区相互影响，防止一旦发生火灾，火势不可控时，对地铁和国铁甚至公交线路的运营会造成一定的影响。建设、设计、特殊消防设计单位等各方对是否设置自动喷水灭火系统认识不同，同意增加自动喷水灭火系统的认为，自动喷水灭火系统能够有效地扑灭初期火灾，降低火灾蔓延的趋势，吸收烟气，降低烟气对人员影响。但也有专家、学者认为，增加设施后喷淋系统会扰乱火灾烟气，不利人员疏散，管网可能漏水导致电器设备损坏，不建议设置自动喷水灭火系统。如何合理的设置自动灭火系统，在保证人员安全的前提下能够及早地扑灭初期火灾，也是目前地铁车站防火设计的难点之一。

（五）排烟设计难点

地铁车站位于地下，仅通过出入口与室外连通，环境相对来说比较封闭，一旦发生火灾，高温烟气很难扩散至室外，同时由于站台与站厅上下层连通，站台发生火灾时产生的烟气会通过楼扶梯洞口蔓延至站厅，而楼扶梯洞口恰恰是作为乘客疏散的必经之路，一旦无法及时排除烟气，对人员会造成严重影响，因此合理的设置地铁车站的烟控系统对保证乘客安全疏散具有重要的意义。目前，地铁车站排烟设计主要存在以下几个难点。

1. 站台层烟气控制模式

《地铁设计防火标准》GB 51298—2018 中要求站厅到站台的楼梯或扶梯口处具有不小于 1.5m/s 的向下气流，目的在于将站厅层作为乘客疏散的相对安全区域，保证火灾时乘客通过楼扶梯疏散具有迎面的新风气流。而在实际的设计中，保证向下气流的形成也是设计的难点。

为满足向下气流的形成，仅仅开启站台的机械排烟系统是难以达到的，设计往往通过辅助开启轨顶排热风机或隧道风机（TVF）来满足风速要求，但由于风速过大，往往会导致站台的烟气形成较大的紊流扰动，因此可能会对站台层乘客造成影响。

2. 楼扶梯口处风速值的确定

对于 1.5m/s 的风速值，由于设计中涉及较多的边界条件，例如火源位置、火源功率、排烟系统设计形式、楼扶梯位置及形式等，均会对风速的形成造成影响，能否形成 1.5m/s 的风速值以及能否阻止烟气蔓延至站厅层也是地铁车站防排烟设计的难点之一。

3. 中庭式地铁车站楼扶梯口处难以形成向下气流

中庭式地铁车站是将站台及站厅通过大尺寸洞口相连的一种地铁车站建筑形式。大尺寸的洞口几乎很难实现向下的气流，因此会存在发生火灾时人烟同向的问题，即人员通过楼扶梯向上疏散，而烟气由于热驱动力也向上蔓延。因此，此类车站的烟气控制模式分析也是一个值得探讨的难点。

三、 工程应用案例

（一）与铁路换乘的地铁车站案例分析

1. 项目概况

某地铁车站与铁路车站换乘，地铁车站为地下三层站，结构形式为岛式车站。地下一层主要为换乘层，位于铁路车站地下一层出站城市通廊的右侧，实现与铁路及既有地铁线路的换乘；地下二层为地铁站厅层，主要包括站厅公共区及设备管理用房；地下三层为站台层，总建筑面积约 50 000m²，各层功能分区如图 2-10~图 2-12 所示。

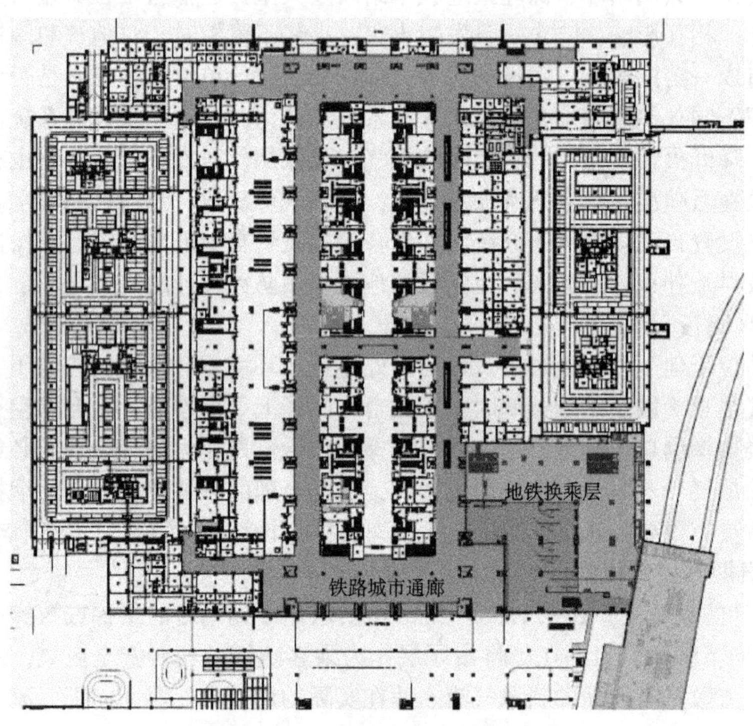

图 2-10　地下一层功能分区示意图

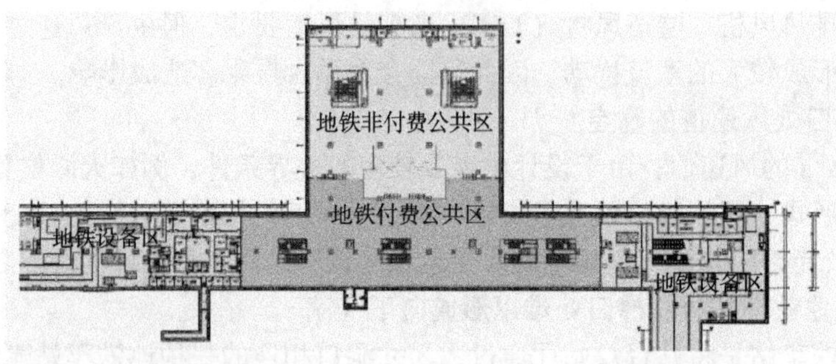

图 2-11　地下二层站厅层功能分区示意图

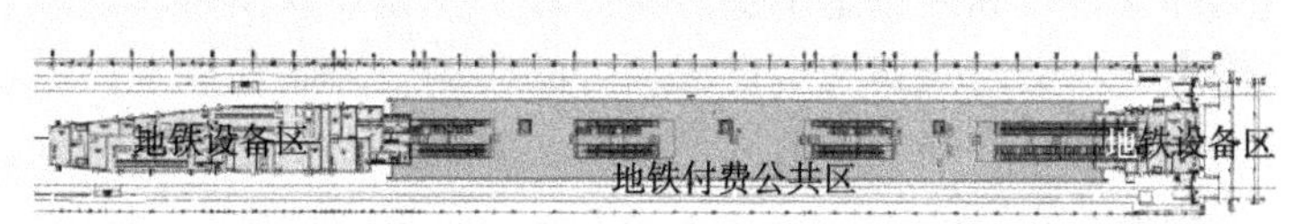

图 2-12 地下三层站台层功能分区示意图

2. 消防设计难点

新建地铁车站位于既有铁路车站的右侧，受到已建成的铁路车站的制约，整个地铁车站位于铁路车站下方，无法设置直通室外的出入口。其疏散方式、气流组织条件均与标准地铁车站不同，主要的消防设计难点有以下几个方面。

（1）疏散设计。《地铁设计防火标准》GB 51298—2018 第 5.1.4 条规定："每个站厅公共区应至少设置 2 个直通室外的安全出口。安全出口应分散布置，且相邻两个安全出口之间的最小水平距离不应小于 20m。换乘车站共用一个站厅公共区时，站厅公共区的安全出口应按每条线不少于 2 个设置。"标准的地铁车站的疏散方式是利用站厅通往地面的出入口，出入口直接与室外空间相通，也是地铁乘客日常进出站的必经之路，因此疏散流线清晰。而该工程新建地铁车站位于既有铁路车站地下一层右侧，其上方为铁路车站站台区域，因此地铁车站无法设置直通室外的出入口。发生火灾时，地铁站的人员需要首先进入铁路车站地下一层城市通廊，再进一步向室外疏散，而不是像标准车站一样，利用直通室外的出入口疏散。这种疏散方式的安全性显然与出入口不同。

（2）防火分区划分。《地铁设计防火标准》GB 51298—2018 第 4.2.1 条规定："站台和站厅公共区可划分为同一个防火分区，站厅公共区的建筑面积不宜大于 5 000m^2。"《地铁设计规范》GB 50157—2013 第 28.2.2 条规定："地下换乘车站当共用一个站厅时，站厅公共区面积不应大于 5 000m^2。"

地铁车站面积开敞，在建筑形式上会带给乘客一个较好的乘车体验，但面积过大也会增加火灾和烟气蔓延的范围，增加乘客疏散的难度，因此《地铁设计规范》GB 50157—2013、《地铁设计防火标准》GB 51298—2018 中对站厅公共区的面积加以限制。但随着地铁车站的大规模建设，多线换乘、枢纽换乘等形式的车站越来越多，面积也越来越大。该工程地铁车站换乘厅面积约 10 000m^2，超出了规范的要求。

（3）气流组织。《地铁设计规范》GB 50157—2013 第 28.4.10 条规定："地下车站站台、站厅火灾时的排烟量，应根据一个防烟分区的建筑面积按 $1m^3/(m^2 \cdot min)$ 计算。当排烟设备需要同时排除两个或两个以上防烟分区的烟量时，其设备能力应按排除所负责的防烟分区中最大的两个防烟分区的烟量配置。当车站站台发生火灾时，应保证站厅到站台的楼梯和扶梯口处具有能够有效阻止烟气向上蔓延的气流，且向下气流速度不应小于 1.5m/s。"

该工程地下三层站台人员疏散时，可通过楼扶梯疏散至地下二层站厅层后，再通过楼扶梯疏散至铁路车站地下一层城市通廊，也可通过一部楼扶梯直接疏散至地下一层公共换乘厅后在通过铁路车站城市通廊疏散。由于疏散路径较为复杂，楼扶梯口较多，在疏散时，能否保证各楼扶梯口处 1.5m/s 的向下气流应进行模拟分析，提出合理的烟控方案，保证人员的安全疏散。

3. 安全目标

在对建筑物进行特殊消防设计时，首先要结合建筑的特点确定消防安全目标，针对消防难点及想要达到的安全目标来制定解决方案。该工程为地铁换乘车站，一旦发生火灾造成地铁乃至铁路停运，对交通线路网会造成较大的影响。因此地铁车站的消防安全目标主要是发生火灾时，为乘客及在场的所有人员提供必要的生命安全保障，除此之外还包括将对运营的影响降低到最小程度。

4. 解决方案

（1）火灾起数的确定。该工程是为了实现新建地铁车站与既有铁路车站快速换乘而建设，疏散时考虑到建筑资源共享，为了充分利用不同功能设施及相邻设施疏散的需求，首先应判定这个建筑工程的火灾起数。

该工程作为一个综合的交通枢纽类项目，建筑面积总计约 50 万 m^2，其火灾起数可依据《消防给水及消火栓系统技术规范》GB 50974—2014 的要求确定：民用建筑同一时间内的火灾起数应按 1 起确定。因此防火设计时按 1 次火灾起数进行设计。

（2）分阶段疏散原则。当火灾发生在某一个区域时，火灾影响部位主要为这一区域及相邻区域，离火灾较远区域的人员受到火灾的影响相对较小，因此当火灾区域人员疏散至未受到火灾影响的区域时可视为人员进入一个相对安全区域。“分阶段疏散策略”就是将火灾区域人员疏散至相对安全区域，继而疏散至安全区域。

本项目地下一层地铁换乘厅疏散时建议采用分阶段疏散策略，主要步骤是：

1）当地铁车站发生火灾时，地铁站内人员首先疏散至铁路车站城市通廊，铁路车站城市通廊作为人员疏散的相对安全区域；

2）地铁站内人员到达铁路车站城市通廊后，通过铁路车站城市通廊的疏散出口再疏散至安全区域。

（3）地铁区域采取的措施。

1）防火分隔。加强地铁区域与铁路区域之间的防火分隔措施，控制其火灾蔓延区域，保证运营连续性及人员疏散至其他区域的安全性。

地铁车站与铁路车站划分为不同的防火分区，可采用防火墙、甲级防火门、防火卷帘、防火玻璃+喷淋等方式进行分隔。

2）疏散设计。地铁车站完全位于铁路车站下方，应至少设有一个直通室外的安全出口，对灭火救援提供有利条件。

控制站厅公共区的疏散距离，按 50m 控制，通过铁路区域疏散。

（4）公共区面积大的解决方案。由于公共区面积较大，为保证火灾不会大规模蔓延，从防火分隔、消防系统设计、装修等方面提出如下措施：

1）防火单元设计。地铁公共区内设有备品间、配电间、机房等可燃物较多、火灾危险性较大的房间，按防火单元进行设计，降低火灾对地铁公共区的影响。

2）公共区域内采用不燃装修材料、不应设置任何商业场所。

3）为了控制地铁区域的初期火灾，公共区建议设置自动喷水灭火系统。

4）地铁公共区地面疏散增设保持视觉连续的灯光疏散指示标识或蓄光疏散指示标志。

5）地铁公共区应急照明灯具应使疏散走道的地面最低水平照度不低于 5.0 lx，其备用电源的连续供电时间不小于 90min。

6）地铁公共区设置排烟系统、消火栓系统及消防软管卷盘、点型感烟探测器及火灾应急广播系统。

（5）气流组织的解决方案。本项目地下二层站厅层设有通往换乘厅的楼扶梯，同时作为地下二层站厅层人员疏散的条件，换乘厅与地下二层站厅之间的气流组织应进行分析，同时对地下三层站台层向上的楼扶梯口风速进行校核。

气流组织的设计原则主要是采取“起火层排烟，上层送风”的烟气控制模式，针对不同火灾位置制定不同的烟控模式。

1）地下三层发生火灾时，地下三层站台通往地下二层及一层的楼扶梯洞口处应满足规范要求，具有向下不小于 1.5m/s 的风速。

2）地下二层发生火灾时，通往地下一层楼扶梯洞口也应具有向下气流，防止烟气从地下二层蔓延至地下一层。

（二）某中庭式地铁车站案例分析

1. 项目概况

该工程为两条地铁线路的换乘车站，共用的站厅层位于地下一层。A 号线站台位于地下二层，B 号线站台位于地下三层，并与 A 号线成十字相交状；同时地下一层站厅层与 A 号线站台通过较大的洞口上下相通，形成类似于建筑中的中庭设计。

站厅层与 A 号线站台层通过地板上的开洞达到上下空间联通的效果。在站厅的顶板上设置若干天窗，用作采光、通风和排烟。同时在站厅两端顶板开设大尺度的洞口，通过扶梯可直接到达地面。乘客从公共站厅通过自动扶梯直接进入 B 号线站台。各层平面如图 2-13~2-15 所示。

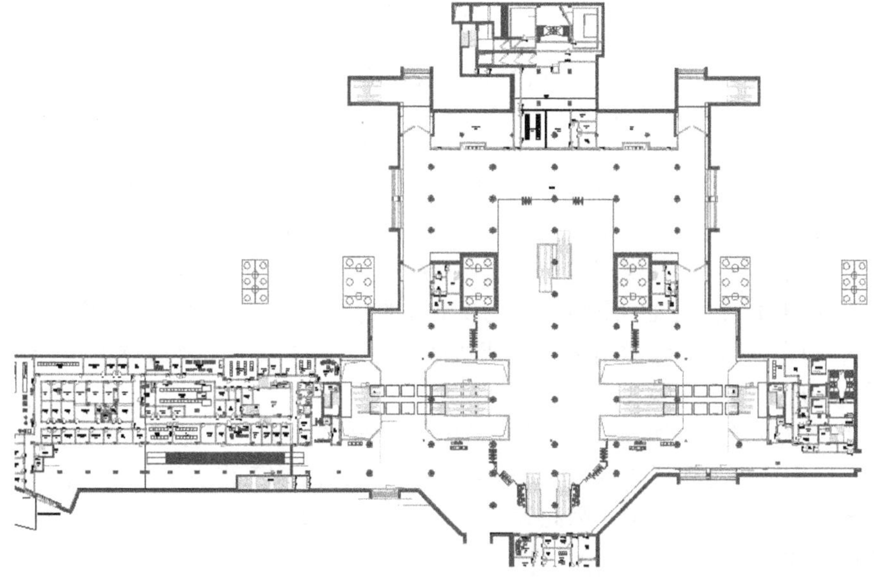

图 2-13 地下一层站厅层平面示意图

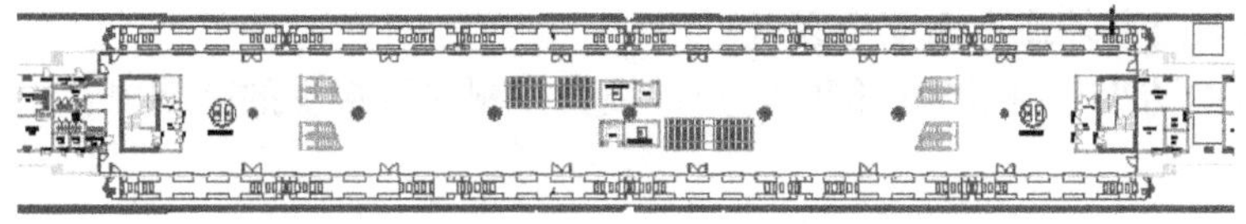

图 2-14 地下二层 A 线站台层平面示意图

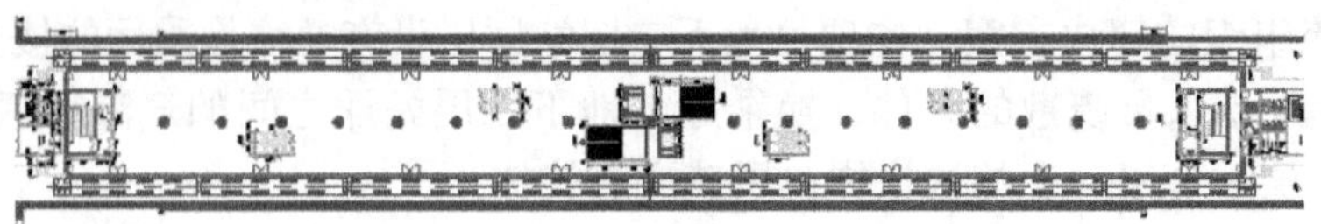

图 2-15 地下二层 B 线站台层平面示意图

2. 消防难点

（1）楼扶梯口 1.5m/s 的向下气流的问题。根据《地铁设计规范》GB 50157—2013 第 19.1.39 条，当车站站台发生火灾时，应保证站厅到站台的楼梯和扶梯口处具有不小于 1.5m/s 的向下气流。这条规范制定的目的是当站台层发生火灾时，保证站厅作为一个安全区域不受烟气蔓延的影响。该工程 A 号线站台层与站厅层通过扶梯处的两个开敞的洞口相连通，形成了中庭似的建筑形式。当 A 号线站台层发生火灾时，由于站台顶部开口较大，无法将烟气控制在站台层，必须通过洞口蔓延至站厅层，再通过站厅层排至室外，A 号线站台与站厅的扶梯口是 A 号线站台层排烟的必经之路，因此无法保证楼梯口处 1.5m/s 的向下气流。该换乘站的剖面示意图如图 2-16 所示。

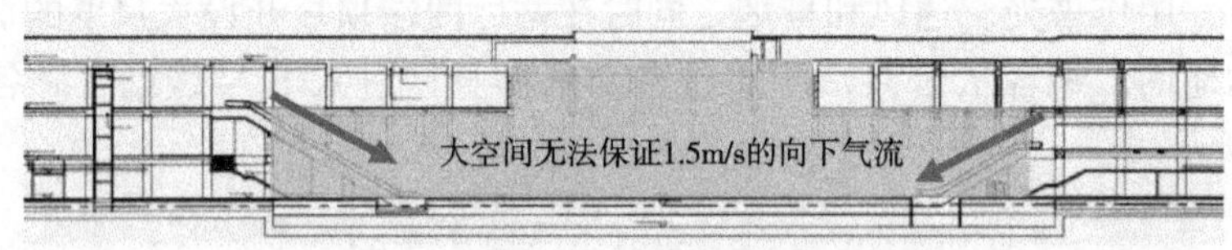

图 2-16 剖面示意图

（2）疏散时间缺乏标准。根据《地铁设计规范》GB 50157—2013 第 19.1.19 条，出口楼梯和疏散通道的宽度，应保证在远期高峰小时客流量时发生火灾的情况下，6min 内将一列车乘客和站台上候车的乘客及工作人员全部撤离站台。规范中所指的 6min 意为从站台层疏散到站厅层，此条规范的前提就是站厅层是个相对安全区域，在人员安全疏散的时间内，不受到站台层烟气的影响，但是该工程的站厅层已成为排烟路径中的一部分，烟气需要通过站厅层排出，因此是否能保证站厅层为安全区域，需要通过模拟分析来确定，同时应采取相应的措施来保证。

（3）利用扶梯疏散的可行性。地铁作为一种特殊的建筑，在规范中允许其使用扶梯作为疏散工具，但前提是保证扶梯口 1.5m/s 的向下气流。该工程由于其特殊的建筑形式以及排烟模式无法满足此条规定，因此为了保证人员疏散宽度必须采取措施保证扶梯具备疏散条件的可行性。

3. 安全目标

（1）应设置足够的安全疏散设施，应确保发生火灾时，建筑内的人员能够在规定的时间内安全地疏散至室外或室内安全区域。

（2）设置的防火分隔设施应能够将财产损失控制在可接受的范围内，不会造成大规模的火灾蔓延。

4. 解决方案

（1）防火分区及分隔。《地铁设计规范》GB 50157—2013、《地铁设计防火标准》GB

51298—2018 中允许将站台及站厅公共区划分为一个防火分区，但对站厅层公共区做出了不应大于 5 000m^2 的规定，主要是为了减少火灾蔓延对车站的影响。而对于该工程，高大的空间建筑形式会提高人员的空间视觉，减少封闭低矮造成的压抑，因此在将可燃物进行控制以后，站厅层应尽量开敞通透。该工程站台及站厅公共区不得设置商业设施，同时对高荷载的电气设备、控制用房等采用耐火极限 2.00h 的构件与公共区进行防火分隔，整个车站公共区不再进行防火分区的划分。

（2）疏散设计。当火灾发生时，为了使乘客能够在最短的时间内到达安全区域，影响疏散时间的最主要因素为疏散距离以及疏散流通率。当疏散流通率足够时，相对于地铁车站有限空间的建筑形式，疏散距离并不会对疏散时间产生较大的影响。对于中庭式地铁车站，需要保证站台进入相对安全区域（地铁出入口、疏散楼梯间等）的疏散时间能够满足规范要求。

该工程 B 号线与站厅之间为标准车站形式，当 B 号线发生火灾时，应保证 B 号线站台人员在 6min 内全部疏散至站厅公共区。

该工程 A 号线与站厅之间为中庭式连通形式，当 A 号线发生火灾时，应保证 A 号线站台人员在 6min 内全部疏散至安全区域（地铁出入口、疏散楼梯间），同时在 A 号线站台公共区两端设置直通室外的疏散楼梯间，增强站台层平层疏散的能力。

（3）气流组织。《地铁设计规范》GB 50157—2013、《地铁设计防火标准》GB 51298—2018 中要求站台通往站厅的楼扶梯洞口应具有向下不小于 1.5m/s 的气流，主要是将站厅作为人员疏散的相对安全区域。通过气流组织将烟气控制在站台层，保证乘客迎风疏散至站厅的安全性。对于中庭式地铁车站，由于难以形成向下的风速气流，因此需要转变思维，充分利用站厅高大空间的优势，增大站厅层的蓄烟空间及排烟效率，将站台发生火灾产生的烟气高效地通过站厅顶部空间排至室外。该工程站厅层顶部设置自然排烟窗，利用高处排烟低处补风的有利条件，保证站厅层作为疏散安全区域。

（4）利用扶梯疏散。当站台候车区发生火灾时，由于有开敞楼梯通往站厅，为了确保扶梯的安全使用，同时可以尽快地诱导烟气蔓延至站厅层从而排至室外，在站台有顶板的区域设置机械排烟，增大排烟量及挡烟垂壁高度，减少该区域发生火灾时烟气对开敞楼梯的影响。站台与站厅之间的开敞洞口区域采用高处排烟低位补风的方式，同时在扶梯的两侧设置导烟板，距离扶梯踏步的距离为 2.2m，使人员利用扶梯疏散的时候能够不受到烟气的影响。

第三章　大型交通建筑消防安全评估

第一节　消防安全评估定义及主要内容

一、消防安全评估政策法规

（一）政策法规现状

1. 政策发展

随着我国社会经济的高速发展，城市建设的步伐日渐加快，其中交通基础设施作为经济社会发展的基础和必备条件，也取得了长足的发展。为满足城市发展及人们日益增长的交通需求，大型交通建筑的建设也得到了快速发展，但随之带来的火灾隐患也逐渐增加。为减少火灾的发生，提高社会火灾防控水平，针对大型交通建筑进行消防安全评估已经迫在眉睫，国家也出台了相应的政策、文件，进一步督促建筑消防安全评估工作的开展。

2011 年 12 月 30 日，国务院印发了《国务院关于加强和改进消防工作的意见》（国发〔2011〕46 号），首次提出针对容易造成群死群伤火灾的人员密集场所、易燃易爆单位和高层、地下公共建筑等高危单位，建立火灾高危单位消防安全评估制度，由具有资质的机构定期开展评估，并将评估结果向社会公开，作为单位信用评级的重要参考依据。同时要求：建立消防安全自我评估机制，消防安全重点单位每季度、其他单位每半年自行或委托有资质的机构对本单位进行一次消防安全检查评估，做到安全自查、隐患自除、责任自负。

2013 年 3 月 7 日，中华人民共和国公安部为深入贯彻落实《国务院关于加强和改进消防工作的意见》（国发〔2011〕46 号），印发了《火灾高危单位消防安全评估导则（试行）》，指导各省、自治区、直辖市公安消防总队结合实际认真贯彻落实。其中，第二条要求："火灾高危单位的具体界定标准由省级公安机关消防机构结合本地实际确定，并报省级人民政府公布。"第三条要求："火灾高危单位应每年按要求对本单位消防安全情况进行一次评估，并在每年度 12 月 10 日前将评估报告报当地公安机关消防机构备案。"

2017 年 12 月 29 日，为进一步健全消防安全责任制，提高公共消防安全水平，预防火灾和减少火灾危害，保障人民群众生命财产安全，国务院办公厅印发了《消防安全责任制实施办法》（国办发〔2017〕87 号）。其中，第十七条对"容易造成群死群伤火灾的人员密集场所、易燃易爆单位和高层、地下公共建筑等火灾高危单位"进一步强调要建立消防安全评估制度，由具有资质的机构定期开展评估，评估结果向社会公开。并要求：消防设施检测、维护保养和消防安全评估、咨询、监测等消防技术服务机构和执业人员应当依法获得相应的资质、资格，依法依规提供消防安全技术服务，并对服务质量负责。

综上所述，属于消防安全重点单位的大型交通建筑应建立消防安全自我评估机制，每季度自行或委托有资质的机构对本单位进行一次消防安全检查评估；属于火灾高危单位或高层民用建筑的大型交通建筑应当每年至少组织开展一次对本单位消防安全情况或整栋建筑的消防安全评估；属于总建筑面积大于 10 万 m^2 的大型商业综合体类大型交通建筑应当根据需要邀请专家团队对灭火和应急疏散预案进行评估、论证。

2. 法规标准

2013 年 3 月 7 日，由中华人民共和国公安部印发的《火灾高危单位消防安全评估导则（试行）》发布后，各省（自治区、直辖市）人民政府纷纷做出响应，陆续颁布出台各省（自治区、直辖市）的火灾高危单位消防安全管理规定和评估办法（标准或规程），为各地区的火灾高危单位评估工作提供参考依据。目前针对火灾高危单位的消防安全评估工作仍然是市场的主流，以广东省为例，其作为改革开放的前沿阵地，经济迅速发展，火灾隐患也急剧增多，该省历来高度重视消防安全，在消防工作的开展方面一直处于国内领先地位，各项举措均具有前瞻性。2018 年，广东省出台了我国第一部针对不同类型建筑的消防安全评估标准，即《建筑消防安全评估标准》DBJ/T 15-144-2018，该标准适用于消防技术服务机构对该省行政区域内既有的厂房、仓库和民用建筑的消防安全评估工作。该标准的出台，对于大型交通建筑的消防安全评估具有参考意义。

除此之外，针对大型交通建筑的消防安全评估工作主要技术支撑是《单位消防安全评估》XF/T 3005—2020、《重大火灾隐患判定方法》GB 35181—2017、《人员密集场所消防安全管理》GB/T 40248—2021、《建筑设计防火规范》GB 50016—2014（2018 年版）及其他消防系统设计规范等。

（二）发展趋势展望

近几十年，我国大型交通建筑建设迅速发展，项目普遍体量大、功能多，人员密集、影响广，再加上结构复杂，潜在风险和新隐患不断增多，突发事件频发。随着对消防安全的要求日益严格、细化，其管理难度也不断增加。而目前大部分的大型交通建筑消防管理人员岗位稀缺，技术力量薄弱。

开展消防安全评估是客观认识消防安全现状的重要技术手段，可以通过采取针对性的技术措施来降低火灾风险。因此，消防安全评估正日益成为社会单位提升消防安全管理水平的重要举措之一。近年来，我国各地针对大型交通建筑已经逐步开展了建筑消防安全评估工作。从理论上讲，消防安全评估是基于火灾动力学、数理统计等理论开展的，具有完善、系统的知识体系。然而消防安全评估研究是一项复杂的系统工程，虽然目前其应用越来越广泛，但在大型交通建筑评估实践中仍面临着评估单元划分模糊、评估方法单一、指标体系不完善、评估深度不足等诸多应用难题，导致评估水平参差不齐，评估结果未充分应用，亟须规范化、标准化，从而有效提高评估结果的应用水平。

二、消防安全评估定义及宗旨原则

（一）评估定义

消防安全评估是以建筑单体或建筑群为对象，根据有关规定和相关消防技术标准规范，运用建筑消防安全评估技术与方法，辨识和分析影响建筑消防安全的因素，确认建筑消防安全等级，制定控制建筑火灾风险的策略。

（二）宗旨原则

1. 宗旨

消防安全评估是以火灾科学和风险评估理论为基础，对消防安全状况进行的评估，针对问题提出发展和改善的措施，有效强化火灾防控薄弱环节的管控，预防和减少火灾事故，从而减少财产损失和人员伤亡。

2. 原则

消防安全评估是火灾科学与消防工程的重要组成部分，对完善消防工程学科体系及应用研究有着重要的作用。开展消防安全评估工作，必须遵循一定的原则，从系统安全工程学及消防工程学的角度看，主要归纳为系统性、针对性、综合性、科学性、可操作性等五方面。

（1）系统性。消防安全隐患存在于建筑区域的各个方面，消防安全评估对象是一个完整的体系，即全面地反映评估对象的各个方面。消防安全评估工作中，对不同的子系统进行分层分析，每个子系统又作为一个单独的有机整体。评估过程中，采用系统理念进行火灾风险分析，最大限度地辨识所有可能导致火灾风险的危险要素，评估它们对火灾风险影响的重要程度。

（2）针对性。消防安全评估对象的特点千差万别，不同的评估对象，火灾危险源及消防体系架构大相径庭。因此，在开展消防安全评估工作时，工作方式必须与评估对象紧密关联，具有针对性，绝不能以偏概全，影响消防安全评估的科学性、合理性。

（3）综合性。消防安全评估是个综合性的项目，项目各部分之间既有区别又有联系，既包括第一类危险源又包括第二类危险源，涉及人、物、环境及管理，故在开展消防安全评估工作时，应从综合性的角度开展分析。

（4）科学性。消防安全评估结论是否科学合理，直接影响评估工作的质量水平。许多火灾危险源是能够借助数据统计资料或消防工程知识或凭经验辨识出来的。但也确有一些潜在不易发现的危险源，例如，有些不明原因导致火灾的发生。评估结论受现有消防技术水平的制约，也受当前人们认识观的影响，略有偏差，但要尽可能做到符合实际情况，找出充分的理论或实践依据，以保障评估工作的科学性。

（5）可操作性。开展消防安全评估工作时，要根据评估对象火灾风险的特征，选择可操作性强、方法简单、效果显著的方法。同时，消防安全评估的结果应具有纵向和横向比较的功能，以便在考评、制定安全对策和安全措施的过程中使用。

三、 消防安全评估基本内容

消防安全评估的最终目的是提升消防安全水平，因此建筑消防安全评估的内容可包含消防工作的全部内容，如建筑合法性、消防安全责任制落实情况、建筑防火以及消防设备设施的合理性和有效性、消防安全管理水平等。

《火灾高危单位消防安全评估导则（试行）》（以下简称《评估导则》）第四条规定了火灾高危单位消防安全评估的内容：

（一）建筑物和公众聚集场所消防合法性情况；

（二）制定并落实消防安全制度、消防安全操作规程、灭火和应急疏散预案情况；

（三）依法确定消防安全管理人、专（兼）职消防管理员、自动消防系统操作人员情况，组织开展防火检查、防火巡查以及火灾隐患整改情况；

（四）员工消防安全培训和“一懂三会”知识掌握情况，消防安全宣传情况，定期组织开展消防演练情况；

（五）消防设施、器材和消防安全标志设置配置以及完好有效情况，消防控制室值班及自动消防系统操作人员持证上岗情况；

（六）电器产品、燃气用具的安装、使用及其线路、管路的敷设、维护保养情况；

（七）疏散通道、安全出口、消防车通道保持畅通情况，防火分区、防火间距、防烟分区、避难层（间）及消防车登高作业区域保持有效情况；

（八）室内外装修情况，建筑外保温材料使用情况，易燃易爆危险品管理情况；

（九）依法建立专职消防队及配备装备器材情况，扑救火灾能力情况；

（十）受到消防机构行政处罚和消防安全不良行为公布情况，对监督检查发现问题整改情况；

（十一）消防安全责任人、消防安全管理人、专（兼）职消防管理员确定、变更，消防安全“四个能力”建设定期检查评估，消防设施维护保养落实并定期向当地消防机构报告备案情况；

（十二）单位结合实际加强人防、物防、技防等火灾防范措施情况；

（十三）单位年内发生火灾情况。

四、消防安全评估基本流程

大型交通建筑普遍规模大、客流大、电气设备多，需勘查的火灾风险因素多，工作量大，涉及面广。本书依据以往大型交通建筑消防安全评估的经验，总结了建筑消防安全评估的主要工作内容。一般包括以下六项：

（1）对消防安全管理进行安全评估；

（2）对现场消防系统设施进行安全评估；

（3）对部分建筑进行消防性能化评估；

（4）建立定量评估指标体系；

（5）针对发现的消防安全问题提出措施和建议；

（6）根据工作成果和相关资料编制消防安全评估报告。

根据总结的建筑消防安全评估主要工作，本章将介绍建筑消防安全评估的基本流程（以下简称“基本流程”）。基本流程按照工作阶段和评估内容可划分成五个独立而又密切相关的子流程，如启动和策划子流程、综合管理子流程、实地评估子流程、性能化评估子流程、报告编制子流程。各子流程内容具体说明见表 3-1。

表 3-1 消防安全评估各子流程内容

序号	子流程	工作内容	责任人
1	启动和策划	（1）召开项目启动动员会； （2）对实施方案进行细化和完善； （3）组建项目团队，细化工作职责	项目负责人
2	综合管理	（1）负责实施过程中与被评估单位的沟通协调； （2）负责人员、经费、设备的调配和供应； （3）定期召开专题项目会，及时处理解决过程中的问题	项目助理

续表

序号	子流程	工作内容	责任人
3	实地评估	（1）相关资料收集； （2）对被评估单位相关部门进行调研访谈； （3）消防安全管理体系评估； （4）建筑防火评估； （5）消防设施评估； （6）消防救援评估	现场评估组组长 体系评估组组长
4	性能化评估	（1）相关资料收集； （2）烟气控制、人员疏散、防火分区分隔、商业方案、消防设施等性能化评估	技术支持组组长
5	报告编制	（1）负责过程文件的审批； （2）负责评估报告的整合、组织专家评审和最后定稿	项目总工

（一）项目启动和策划子流程

1. 项目策划

项目策划是建筑消防安全评估成败的关键。前期策划的内容包括资源调配、质量管理、进度把控、责任落实等方面，达到准备充分、保障有力、责任到位、进度合理、运行受控、进展顺畅的目标，主要包括以下内容：

（1）项目组织架构和人员组成，包括项目组人员和专家团队。

（2）建立项目质量管理体系文件，严格对过程中各项工作和文件进行质量管理。

（3）落实项目所需设备、软件和硬件及其准备情况。

（4）项目总体进度要求和关键节点进度安排。

（5）项目技术储备情况，包括评估思路、评估方法、评估关键技术等内容。

（6）初步确定评估指标体系和关键评估指标。

（7）与被评估单位建立联系方式和渠道，明确被评估单位要求，列出甲乙双方配合事项。

（8）拟定项目所需资料清单。

2. 完善和细化总体实施方案

通过与被评估单位相关部门进行沟通、现场初步勘察等方式确定风险评估对象，这部分工作的目的在于：

（1）初步了解建筑总体消防安全状况。

（2）掌握建筑实际工作量，制定更加合理的工作计划。

（3）熟悉建筑工作流程和注意事项，以便下一步顺利开展工作。

上述工作将同时结合被评估单位提供的资料和建议，完善和细化项目总体实施方案。

3. 成立项目组

项目组技术力量配置对建筑消防安全评估的质量有着很大的影响。因此，应根据被评估建筑的特点，选派有丰富的同类型项目经验的项目负责人和技术人员组成项目组，主要技术人员均应具有一级注册消防工程师资质。

（二）综合管理子流程

综合管理子流程为项目顺利实施保驾护航。该子流程由项目助理负责，同时设置质量工程师和办公文员配合项目助理工作。主要包括以下内容：

1. 评估方案审核和批准

评估方案是指为项目实施而编制的各类评估方案，为保证方案质量，所有方案须经审核和批准两道程序。审核人由项目总工担任，批准人由项目负责人担任。具体见表3–2。

表3–2 项目技术和实施方案

序号	方案名称	组织编制人	审核人	批准人
1	技术方案	项目助理	项目总工	项目负责人
2	总体实施方案	项目助理	项目总工	项目负责人
3	现场检测评估实施方案	项目助理	项目总工	项目负责人
4	调研访谈实施方案	项目助理	项目总工	项目负责人
5	消防性能化评估实施方案	项目助理	项目总工	项目负责人
6	评估报告编制实施方案	项目助理	项目总工	项目负责人

2. 资金、人员和后勤保障

项目助理在充分了解项目相关信息后，应立即编制项目费用预算、人员投入计划表，并及时与被评估单位进行联系，确定办公、通信、资料交付、安全培训、证件办理、检查陪同、访谈部门联系等事宜，做好项目启动的所有后勤保障和准备工作。同时在项目实施过程中，定期与被评估单位和项目其他小组保持密切联系，根据项目进展情况，调整和优化资源部署，及时解决项目实施过程中的困难和问题。

3. 定期召开项目会议

项目助理按照项目负责人的要求定期组织召开项目专题会议，参加被评估单位的协调会。本单位项目专题会由项目助理组织，项目负责人主持，各小组负责人参加，会议应定期召开，会议内容包括总结上次会议后任务目标的完成情况，工作中的主要成果及存在问题，需要项目部协调解决的事项和下一步工作计划。主要目的是总结上一阶段的工作和部署下一阶段的主要工作，使项目组目标一致，过程严格受控，确保项目按质按期圆满完成。

4. 工作和文件过程质量管控

质量工程师牵头编制项目质量保证大纲，确保每一事项、每一文件的质量严格受控。各小组严格按质量保证大纲的要求开展工作，项目按照质量一票否决的原则，对项目组工作质量实施考核。考核办法将在质量保证大纲上明确，并严格执行。

5. 进度管控和调整

根据项目总体实施方案的要求，项目助理同时做好项目进度应急预案。各小组将总体进度目标进行细化分解，最终将分解到每日每人的工作计划中去。每人在工作开始前都需明确今天的工作进度要求，在每日工作结束时向小组负责人汇报进展完成情况，未完成的要说明原因并及时予以补救。各小组负责人每天要向项目助理汇报进度情况，项目助理根据实际进度情况随时进行统计和汇总，并根据变化情况在保证总工期不受影响的前提下调整局部节点进度计划。如对关键节点进度有影响或可能对总工期造成延误的，将第一时间向项目负责人汇报。项目负责人将召集相关人员进行研究，启动项目进度应急预案并实施。

（三）实地评估子流程

1. 管理体系访谈调研

（1）管理体系调研访谈准备。准备工作包括对被评估单位的组织机构、部门设置、部门职责、建筑消防管理制度等进行熟悉，建立与被评估单位相关单位的联系方式。

（2）编制调研访谈提纲。访谈提纲根据管理体系调研内容要求，由项目助理组织编制，要求列出各个访谈部门的访谈内容纲要，由项目总工审核，项目负责人批准。批准后调研访谈组按计划实施。

（3）编制调研访谈计划。计划由项目助理组织编制，要求明确访谈时间、访谈部门、访谈人员及访谈地点，由项目总工审核，项目负责人批准。批准后调研访谈组按计划实施。

（4）开展调研访谈。具体访谈安排和访谈内容按照批准后的访谈提纲和访谈计划执行。

（5）访谈内容整理分析。调研访谈组应每天整理访谈记录，全部完成后对访谈内容进行整理和分析，详细说明建筑消防安全管理体系的现状、存在的主要问题和建议解决措施等。

2. 现场评估

在现场评估工作流程中，编制评估检查表、开发专用软件和岗前技术培训是解决建筑消防安全评估工作量大、检查内容多等特点而设置的有针对性的流程。

（1）编制现场检测评估实施方案。组织专业人员对建筑的各评估场所进行预调研，了解工作对象的情况，结合工作任务预估工作量，编制现场检查评估实施方案。根据检查对象特点、工作量成立检查小组，现场评估组由项目负责人统一指挥，现场负责人具体负责，检查小组落实检查任务。

（2）制作检查表。梳理、消化检查内容和相关标准，整理现场检查表和打分细则，以供现场检查时的信息采集和打分。制作流程如下：

1）确定系统。确定系统即确定所要检查的对象。检查的对象可大可小，可以是某一工序、某个工作地点、某一具体设备等。对象为单体既有建筑的消防安全水平，由消防安全相关的所有因素组成系统。

2）找出危险点。这一部分是编制安全检查表的关键，因为安全检查表内的项目、内容都是针对危险因素而提出的，所以找出系统的危险点至关重要。在找危险点时，可采用系统安全分析法、经验法等方法分析寻找。

3）确定项目与内容，编制成表。根据找出的危险点，对照有关制度、标准法规、安全要求等分类确定项目，并做出其内容，按安全检查表的格式制成表格形式。

4）检查应用。在现场勘察时，根据检查表要点中所提出的内容，逐一进行现场检查核对，并做好相关记录。

5）反馈。由于在安全检查表的编制中可能存在某些考虑不周的地方，所以在检查、应用的过程中，若发现问题，应及时向上汇报、反馈，进行补充完善，更好地为项目服务。

(3) 准备检测仪器设备。根据现场评估检查实施方案的要求配齐现场评估检查所需的设备、仪器、仪表等，并根据现场实际情况，及时增加检测仪器设备的种类和数量。

(4) 岗前安全培训。根据项目策划和被评估单位要求，在进驻现场前对项目组全体人员进行岗前安全教育培训，并进行考核，合格后方可开展安全评估工作。

(5) 岗前技术培训。进驻现场前对技术人员进行评估检查标准、评估检查要点和评估专业知识、评估检查方法等方面的培训。

(6) 现场评估检查。现场评估检查是建筑消防安全评估的重要工作内容，也是占用时间较多、占用人力最大的部分，为提高评估检查效率，需要明确现场评估检查工作的方法。

火灾风险识别是开展建筑消防安全评估工作所必需的基础环节。只有充分、全面地把握评估对象所面临的火灾风险的来源，才能完整、准确地对各类火灾风险进行分析、评判，进而采取有针对性的火灾风险控制措施，确保将评估对象的火灾风险控制在可接受的范围之内。针对既有建筑，现场检查时应主要采用拍照、目测、尺量、消防设施专业检测（必要的情况下）等方法，详细介绍如下（检查过程中均拍照留存）：

1）使用专业仪器设备对距离、宽度、长度、面积、厚度、压力等可测量的指标进行现场抽样测量，通过与规范对比，判断其设置的合理性。

2）对个体建筑的防火间距、消防车道的设置、安全出口、疏散楼梯的形式和数量等涉及消防安全的项目，进行现场检查，通过与规范对比，判断其设置的合理性。

3）对消防设备设施进行检查和必要的功能测试，包括以下内容：

①对建筑防火设施等外观、质量进行现场抽样查看并记录结果。

②对消防设施的功能进行现场测试并记录结果。检测的消防设备设施包括火灾探测器和手动报警按钮、火灾报警控制器、消防控制盘、消防电话插孔、事故广播、火灾应急照明和疏散指示系统、消防水泵、自动灭火系统、消火栓系统等。

③必要时联系各设备设施厂家，让其提供相关设施参数、维修记录等。

(7) 现场评估检查汇总分析。

1）现场检查完毕后，将数据汇总，由专人或使用专业软件对所有数据进行处理、汇总。

2）对建筑整体的建筑防火、消防设施、消防救援条件状况进行评估，编制检查结论。

（四）消防性能化评估子流程

1. 分析准备

准备工作包括被评估单位需求分析，编制性能化分析工作方案和细则，明确工作内容、工作依据和工作原则，精心策划安排，充分利用现场和资料提供的各种信息，力求准确、客观和科学地得出相关结论和优化建议措施，供被评估单位决策参考。

(1) 明确工作内容。消防性能化评估的具体工作内容如下：

1）确定总体评估安全目标、评估原则及对相关区域的火灾安全性进行分析，确定可能发生的火灾场景和火灾规模。

2）针对不同区域发生火灾时，火灾的蔓延状况进行分析和评估。

3）针对不同区域发生火灾时，烟气在建筑内的蔓延状况进行计算机模拟分析评估。

4）根据客流分析数据，对各个区域内的人员数量、疏散方式和疏散路径进行评估，采用数学模型和计算机模拟软件对人员在各层的疏散情况进行分析，计算不同区域所需要的疏散时间，并结合烟气流动分析，评估人员疏散安全性。

5）结合建筑的使用功能和建筑特点，对建筑内消防系统的设置提出建议。

6）根据计算和分析结果，提出对建筑的性能化评估区域中防火分隔、防火防烟分区划分、疏散路径和疏散方式、消防救援、消防设施等方面的改进方案。

（2）明确工作依据。

1）消防性能化设计评估合同。

2）技术文件资料：建筑工程图纸和相关说明。

3）技术法规。

4）国内外权威文献资料。

（3）明确评估原则。对于建筑消防安全评估问题，将本着安全适用、技术先进、经济合理的原则，通过对建筑现有状况的分析和安全评估，使得制定的解决方案能更好地满足工程的消防安全要求。

2. 确定消防安全目标

建筑消防性能化评估目标如下：

（1）为使用者提供消防安全保障，为消防人员提供消防条件并保障其生命安全。

（2）将火灾控制在一定范围，尽量减少财产损失。

（3）尽量降低对建筑运营的干扰。

（4）保证火灾下结构安全。

3. 设定判定准则及判据

消防性能化评估的目标是减少人员伤亡和财产损失，尽量将火灾控制在一定范围内。所以人员疏散安全性判定和防止火灾蔓延扩大判定是性能化评估判定的主要内容。

4. 设计火灾与火灾场景

（1）火灾场景设置的一般原则。火灾场景是对一次火灾整个发展过程的定性描述，该描述确定了反映该次火灾特征并区别于其他可能火灾的关键事件。火灾场景设定要定义引燃阶段、增长阶段、完全发展阶段和衰退阶段，以及影响火灾发展过程的各种消防措施和环境条件。由于引燃阶段和衰退阶段对整个火灾过程的分析影响不大，通常在分析时被忽略不予考虑，而主要考虑火灾的增长阶段和完全发展阶段。火灾的增长阶段反映了火灾发展的快慢程度，完全发展阶段则反映了火灾可能达到的最高热释放速率，这两个阶段最能够反映火灾的特征及其危险性。

设定火灾场景是建筑物性能化消防设计评估中，针对设定的消防安全目标，综合考虑火灾的可能性与潜在后果，从可能的火灾场景中选择出用于分析的火灾场景的过程。火灾场景的选择要充分考虑建筑物的使用功能、建筑的空间特性、可燃物的种类及分布、使用人员的特征、人员密度以及建筑内采用的消防设施等因素。

设定火灾场景是建筑消防安全评估的一个关键环节，设置原则是所确定的设定火灾场景可能导致产生火灾的风险最大。在确定设定火灾场景时，主要确定火源位置、火灾发展速率和火灾的可能最大热释放速率、消防系统的可靠性等要素。

（2）危险源辨识及火灾危险性分析。采用预先危险性分析方法对建筑的危险源进行辨识。

（3）火灾荷载分析。火灾荷载是衡量建筑物室内所容纳可燃物数量多少的一个参数，是研究火灾初期发展阶段性的基本要素。在建筑物发生火灾时，火灾荷载直接决定着火灾规模的大小、燃烧持续时间的长短和室内温度的变化情况。建筑空间内火灾荷载越大，发生火灾的危险性和危害性越大，需要采取的防火措施越多。

（4）设计火灾。设计火灾是设定火灾场景开展性能化评估的关键环节。设定火灾曲线以时间为基础，通常在热释放速率和时间之间建立一种关系。设计火灾包括火灾规模和增长速率的确定。火灾的发生、发展一般包括引燃、轰燃发生前、轰燃、轰燃发生后和衰减等几个阶段。而设计火灾往往只考虑火灾增长直至轰燃发生的阶段，这取决于设计目标的确定。

设计火灾一般分为热释放速率随时间增长的火和热释放速率恒定的火。用于排烟量的确定，一般采用热释放速率恒定的火，而对于烟气流动的场模型分析，则设置热释放速率增长火（t^2火）。

对于热释放速率增长火，根据不同的可燃物火灾增长的时间常数不同，按热释放速率增长的快慢，通常将其分为四类，即超快、快速、中速和慢速火。

（5）火灾场景设置。确定设定火灾场景是指在建筑物性能化评估分析中，针对设定的消防安全目标，综合考虑火灾的可能性与潜在的后果，从可能的火灾场景中选择出用于分析的火灾场景。

评估将根据最不利的原则确定设定火灾场景，选择火灾风险较大的火灾场景作为设定火灾场景。如火灾发生在安全出口附近并令该安全出口不可利用，自动灭火系统或排烟系统由于某种原因而失效等。

5. 建立火灾模拟计算模型

建立模型：将建筑项目 CAD 图纸导入相关软件，建立评估模型。

划分网格：计算区域网格的划分将直接影响模拟的精度，网格划分越小，模拟计算的精度会越高，但同时所需要的计算时间也会呈几何级数增加；网格划分如果过大，尽管可以大大缩短计算时间，但计算精度可能无法得到保证。评估将在综合考虑经济性与保证满足工程计算精度的前提下进行网格划分。

6. 风险评估

根据划分的不同层次评估指标的特性，选择合理的评估方法，按照不同的风险因素确定风险概率，根据各风险因素对评估目标的影响程度，采用专用软件进行模拟分析计算，确定各风险因素的风险等级。

7. 确定评估结论，提出改进措施

评估结果应能明确指出建筑所对应的消防安全状态水平，提出消防安全可接受程度的意见。根据火灾风险分析和计算结果，遵循针对性、技术可行性、经济合理性的原则，提出消除或降低火灾风险的技术措施和管理对策。根据模拟结论，给出详细的防火分区与分隔设计、烟气控制策略、人员疏散策略、消防设施的设置及其他消防设计结果，优化消防设计方案，最后提出建议措施，编制评估报告。

（五）报告编制子流程

该流程包括以下事项：

1. 评估报告编制

报告编写组成员将各小组成果进行汇总、编辑、完善并最终完成报告。

2. 评估报告审核

评估报告由项目总工审核。

3. 评估报告批准

评估报告由项目负责人批准。

4. 提交评估报告

批准后的报告进行打印、封装，同时拷贝电子文件，份数及装订满足合同要求。并做好后续服务保障工作。

五、 消防安全评估方法

目前消防安全评估方法有很多种，每种评估方法都有其适用的范围和应用条件，有自身的优缺点。本书在分析比较国内外几十种消防安全评估方法的基础上，从定性、半定量、定量评估方法三个角度介绍了多种评估方法的特点。在实际工作中需针对具体的评估对象，选用合适的方法才能取得良好的评估效果。要根据评估目标的要求，选择几种评估方法进行消防安全评估，相互补充、分析综合和相互验证，以提高评估结果的可靠性。

（一） 定性评估方法

定性的分析方法具有操作简易且结果直观的特点，但对于不同种类对象的评估结果无法进行比较，因此难以给出火灾危险等级，且主观经验成分偏多，对风险的描述深度不够，无法量化表达，局限性较强。主要分为安全检查表法、预先危险性分析法、消防查验方法三种方法。

1. 安全检查表法

安全检查表法，是为检查某些系统的安全状况而事先制定的问题清单，是一种最基础、最简单的系统安全分析方法。它是用来实施安全检查和对火灾危险进行控制的，参照火灾安全的规范、标准，系统地对可能发生火灾的环境进行分析后，找出火灾危险源，再依据检查表中的各个项目把火灾危险源以清单的形式列出或者绘制成表格，便于安全检查和评估工程的火灾安全水平。

安全检查表的核心是表格设计和实施检查，必须包括系统里的全部主要检查点，尤其是不能忽视那些主要的、重点的、潜在的火灾危险因素，而且应从检查点中发现与之有关的其他危险源。所以安全检查表应列明所有可能导致发生火灾的不安全因素和岗位的全部职责，其内容包括分类、序号、检查内容、回答、处理意见、检查人和检查时间、检查地点、备注等。

2. 预先危险性分析法

预先危险性分析法，是对具体分析区域存在的危险进行识别，并对火灾出现的条件和可能造成的后果进行宏观概略分析的一种系统安全分析方法。其目的是早期发现系统的潜在危险因素，确定系统的危险等级，并提出相应的防范措施，以防止这些危险因素发展成为事故，从而避免考虑不周所造成的损失。预先危险性分析的步骤包括确定系统存在的危险、有害因素，及其触发条件、现象、形成事故的原因事件、事故类型、事故后果和危险等级，有针对性地提出应采取的安全防范措施。分析评价提前介入，提早预防，但容易受分析评价人员主观因素的影响出现偏差。

3. 消防查验方法

消防系统硬件设施（包括建筑防火、报警、警报、安全疏散、消防救援、供水和灭火、防烟排烟等主、被动消防设施）实际存在状态与设计和规范要求的符合性查验是消防安全评估的重要组成部分，有时也可作为独立的评估服务内容，为用户客观、准确了解消防设施存在状态提供可靠依据。主要查验内容包括查验对象的位置、数量、规格型号、性能指标、个体及系统联动功能等；查验依据：设计图纸、规范以及现场施工管理、检查和验收记录等；检查方法、查验比例、查验工具等执行现行《建筑消防设施检测技术规程》GA 503—2004 的相关规定。成果（评估报告）提交形式适用定性评估中的检查表法。为消防验收服务的现场查验评估工作通过系统和有针对性的检查、测试，落实现场实际状态与设计及规范要求的符合性程度，评估设施保障能力和可靠性，为项目整体竣工验收和消防专项验收提供专业的评估服务。

（二）半定量评估方法

半定量的分析方法用于评估确定可能发生的火灾的相对危险性，评估火灾发生的频率和后果，根据评估结果制定不同的预防控制方案。在评估过程中引入量的概念，将定性与定量相结合，以风险分级系统为基础，通过对指标参数的分析及赋值，再结合数学方法来确定评估对象的危险等级，具有较高的实用性，然而仍无法很具体地反映出火灾危险的实际情况。主要有层次分析法、火灾安全评估系统、FRAME 方法、火灾风险指数法、试验评估法等几种方法，其中层次分析法是消防安全评估工作中最常用的评估方法。

1. 层次分析法

层次分析法，是消防安全评估中最常用的方法之一，是美国运筹学家 T. L. Saaty 教授于 20 世纪 70 年代初期提出的一种简便、灵活而又实用的多方案或多目标的决策方法，是一种定性和定量相结合、系统化、层次化的分析方法，作为一种将定性分析与定量分析相结合的决策方法，可将决策者对复杂对象的决策思维过程系统化、模型化、数量化。其基本思想是：通过分析复杂问题包含的各种因素及其相互关系，将问题所研究的全部元素按不同的层次进行分类，标出上一层与下一层元素之间的联系，形成一个多层次结构。在每一层次，均按某一准则对该层元素进行相对的重要性判断，构造判断矩阵，并通过解矩阵特征值问题，确定元素的排序权重，最后再进一步计算出各层次元素对总目标的组合权重，为决策问题提供量化的决策依据。

针对建筑消防安全状况，层次分析法将定量与定性的决策合理地结合起来，进行层次化、数量化，根据消防安全评估的总目标，将消防安全分解成不同的组成要素，按照因素间的相互关系及隶属关系，将因素按不同层次进行聚集组合，形成一个多层分析结构模型，最终归结为最低层指标相对于最高层指标重要程度的权值或相对优劣次序的问题。层次分析法为相互关联、相互制约的众多因素构成的复杂而往往缺少定量数据的系统的决策和排序提供了一种新的简洁而实用的建模方法。运用层次分析法，大体上可按下面五个步骤进行：

（1）递阶层次结构的建立。应用层次分析法分析决策问题时，首先要把问题条理化、层次化，构造出一个有层次的结构模型，在这个模型下，复杂问题被分解为多元素的组成部分，这些元素又按其属性及关系形成若干层次，上一层次的元素作为准则对下一层次有关元素起支配作用。这些层次可以分为三类：

1）最高层：只有一个元素，一般是分析问题的预定目标或理想结果；

2）中间层：包括了为实现目标所涉及的所有中间环节，可以由若干个层次组成，包括所需要考虑的准则、子准则；

3）最底层：包括了为实现目标可供选择的各种措施、决策方案等。

各层次之间的支配关系不一定是完全的，即可以存在这样的元素：它并不支配下一层次的所有元素，而仅支配其中的部分元素，这种自上而下的支配关系所形成的层次结构称为递阶层次结构。其支配关系参见图 3-1。

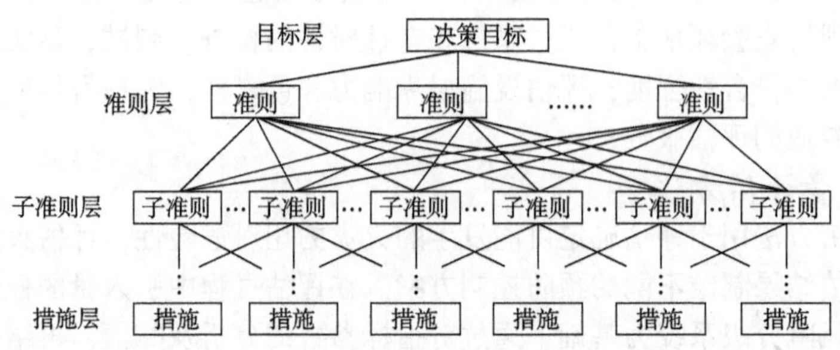

图 3-1　递阶层次支配关系图

递阶层次结构中的层次数与问题的复杂程度及需要分析的详尽程度有关。一般层次数不受限制。每一层次中各元素所支配的元素不超过 9 个，这是因为支配的元素过多会给两两比较带来困难。一个好的层次结构对于解决问题是极为重要的，因而层次结构必须建立在决策者对所面临问题有全面深入认识的基础上，如果在层次划分和确定层次元素间的支配关系上举棋不定，那么最好重新分析问题，弄清元素间的相互关系，以确保建立一个合理的层次结构。

递阶层次结构是层次分析法中最简单也最实用的一种层次结构形式。当一个复杂问题仅用递阶层次结构难以表示时，就要采用更复杂的形式，如内部依存的递阶层结构、反馈层次结构等，它们都是递阶层次结构的扩展形式。

（2）构造两两比较的判断矩阵。在建立递阶层次结构以后，上下层元素间的隶属关系就被确定了。假定以上层次的元素 C 为准则，所支配的下一层次的元素为 u_1，u_2，…，u_n，目的是要按它们对于准则 C 的相对重要性赋予 u_1，u_2，…，u_n 相应的权重，当对于 u_1，u_2，…，u_n，C 的重要性可以直接定量表示时（如利润多少、消耗材料量等），它们相应的权重量可以直接确定。但对于大多数社会经济问题，特别是比较复杂的问题，元素的权重不容易直接获得，这时就需要通过适当的方法导出它们的权重。层次分析法所用的导出权重的方法就是两两比较的方法。按式（3-1）中 1~9 的比例标度对重要性程度赋值，这样对于准则 C，n 个被比较的元素通过两两比较构成一个判断矩阵。

$$A = \begin{pmatrix} a_{11} & \mathrm{K} & a_{1n} \\ \mathrm{M} & O & \mathrm{M} \\ a_{n1} & \mathrm{L} & a_{nn} \end{pmatrix} \tag{3-1}$$

式中：a_{ij} ——元素 u_i 与 u_j 相对于准则 C 的重要性比例标度；

1~9 比例标度的含义为：

1——表示两个元素相比，具有相同的重要性；

3——表示两个元素相比，前者比后者稍重要；

5——表示两个元素相比，前者比后者明显重要；

7——表示两个元素相比，前者比后者强烈重要；

9——表示两个元素相比，前者比后者极端重要；

2，4，6，8——上述相邻判断的中间值。

若元素 u_i 与元素 u_j 的重要性之比为 a_{ij}，那么元素 u_j 与元素 u_i 重要性之比为 a_{ij} 的倒数。显然，判断矩阵具有如下性质：

1）$a_{ij} > 0$；

2）$a_{ji} = a_{ij}^{-1}$；

3）$a_{ii} = 1$。

这样的判断矩阵 **A** 称为正互反矩阵。由于判断矩阵 **A** 所具有的性质，我们对于一个 n 元素构成的判断矩阵只需给出其上（或下）三角的 $n(n-1)/2$ 个判断即可。若判断矩阵 **A** 的元素具有传递性，即满足等式：$a_{ij}a_{jk} = a_{ik}$ 时，则 **A** 称为一致性矩阵。

（3）权向量和一致性指标。通过两两成对比较得到的判断矩阵 **A** 不一定满足矩阵的一致性条件，于是找到一个数量标准来衡量矩阵 **A** 的不一致程度显得很必要。

设 $\boldsymbol{W} = (w_1, w_2, \cdots, w_n)^{\mathrm{T}}$ 是 n 阶判断矩阵 **A** 的排序权重向量，当 **A** 为一致性矩阵时，显然有：

$$\boldsymbol{A} = \begin{pmatrix} w_1/w_1 & w_1/w_2 & \mathrm{L} & w_1/w_n \\ w_2/w_1 & w_2/w_2 & \mathrm{L} & w_2/w_n \\ \mathrm{M} & \mathrm{M} & & \mathrm{M} \\ w_n/w_1 & w_n/w_2 & \mathrm{L} & w_n/w_n \end{pmatrix} = \begin{pmatrix} w_1 \\ w_2 \\ \mathrm{M} \\ w_n \end{pmatrix} \begin{pmatrix} \frac{1}{w_1} & \frac{1}{w_2} & \mathrm{L} & \frac{1}{w_n} \end{pmatrix} \tag{3-2}$$

这表明 $\boldsymbol{W} = (w_1, w_2, \cdots, w_n)^{\mathrm{T}}$ 为 **A** 的特征向量，且特征根为 n。也就是说，对于一致的判断矩阵，排序向量 **W** 就是 **A** 的特征向量。反过来，如果 **A** 是一致的正互反阵，则有以下性质：$a_{ii} = 1$，$a_{ij} = a_{ji}^{-1}$，$a_{ij} \cdot a_{jk} = a_{ik}$。

$$\boldsymbol{A} = (a_{ij})_{n\times x} = \begin{pmatrix} a_{11}^{-1} \\ a_{12}^{-1} \\ \mathrm{M} \\ a_{1n}^{-1} \end{pmatrix} (a_{11} \quad a_{12} \quad \mathrm{L} \quad a_{1n}) \tag{3-3}$$

因此

$$\boldsymbol{A}\begin{pmatrix} a_{11}^{-1} \\ a_{12}^{-1} \\ \mathrm{M} \\ a_{1n}^{-1} \end{pmatrix} = \begin{pmatrix} a_{11}^{-1} \\ a_{12}^{-1} \\ \mathrm{M} \\ a_{1n}^{-1} \end{pmatrix} (a_{11} \quad a_{12} \quad \mathrm{L} \quad a_{1n}) \begin{pmatrix} a_{11}^{-1} \\ a_{12}^{-1} \\ \mathrm{M} \\ a_{1n}^{-1} \end{pmatrix} = \begin{pmatrix} a_{11}^{-1} \\ a_{12}^{-1} \\ \mathrm{M} \\ a_{1n}^{-1} \end{pmatrix} n = n \begin{pmatrix} a_{11}^{-1} \\ a_{12}^{-1} \\ \mathrm{M} \\ a_{1n}^{-1} \end{pmatrix} \tag{3-4}$$

所以这表明 $\boldsymbol{W} = (a_{11}^{-1}, a_{12}^{-1}, \mathrm{L}, a_{1n}^{-1})^{\mathrm{T}}$ 为 **A** 的特征向量，并且由于 **A** 是相对向量 **W** 关于目标 **Z** 的判断矩阵，则 **W** 为诸对象的一个排序。

如果判断矩阵不具有一致性，则 $\lambda_{\max} > n$，并且这时的特征向量 **W** 就不能表示在目标

Z 中所占比重。衡量不一致程度的数量指标叫作一致性指标，定义为

$$CI = \frac{\lambda_{max} - n}{n - 1} \tag{3-5}$$

由于实际上 CI 相当于 $n-1$ 个特征根（最大的除外）的平均值，显然，对于一致性正互反矩阵来说，$CI=0$。

（4）层次分析法的计算。层次分析法计算的根本问题是如何判断矩阵的最大特征根及其对应的特征向量，下面给出最大特征根与特征向量精确计算和近似计算的方法。

1）将判断矩阵的每一列归一化：$\overline{a_{ij}} = \frac{a_{ij}}{\sum_{k=1}^{n} a_{kj}}$ $(i, j = 1, 2, L, n)$。

2）归一化后的矩阵按行相加：$\overline{w_i} = \sum_{j=1}^{n} \overline{a_{ij}} (i = 1, 2, L, n)$。

3）对向量归一化，即 $w_i = \frac{\overline{w_i}}{\sum_{j=1}^{n} \overline{w_j}}$ 为所求特征向量。

4）计算判断矩阵的最大特征根：

$$\lambda_{max} = \sum_{i=1}^{n} \frac{(A\overset{u}{w})_i}{nw_i} \tag{3-6}$$

上式中 $(A\overset{u}{w})_i$ 表示向量的第 i 个元素。

（5）层次分析法的总排序。计算同一层次所有因素对于最高层（总目标）相对重要性的排序权值，称为层次总排序。这一过程是从最高层次到最低层次逐层进行的，若上一层次 A 包含 k 个因素 A_1，A_2，L，A_k，其层次总排序的权值分别为 a_1，a_2，L，a_k，下一层次 B 包含 m 个因素 B_1，B_2，L，B_m，对于因素 A_j 的层次单排序的权值分别为 b_{1j}，b_{2j}，L，b_{mj}（当 B_k 与 A_j 无关时，取 b_{kj} 为0），此时 B 层次的总排序的权值由表 3-3 给出。

表 3-3 各层总排序权值一览表

层次 A / 层次 B	A_1	A_2	…	A_k	B 层次总排序数值
	a_1	a_2	…	a_k	
B_1	b_{11}	b_{12}	…	b_{1k}	$\sum_{j=1}^{k} a_j b_{1j}$
B_2	b_{21}	b_{22}	…	b_{2k}	$\sum_{j=1}^{k} a_j b_{2j}$
…	…	…	…	…	…
B_m	B_{m1}	B_{m2}	…	B_{mk}	$\sum_{j=1}^{k} a_j b_{mj}$

这一过程是从高层到低层进行的，如果 B 层次某些因素对于 A_j 单排序的一致性指标为

CI_j，相应地平均随机一致性指标为 RI_j，则 B 层次总排序一致性比率为：

$$CR = \frac{\sum_{j=1}^{k} a_j CI_j}{\sum_{j=1}^{k} a_j RI_j} \tag{3-7}$$

类似地，当 $CR < 0.10$ 时，认为判断矩阵具有满意的一致性，否则就需要调整判断矩阵的元素取值，使之具有满意的一致性。

2. 火灾安全评估系统

火灾安全评估系统，是20世纪70年代美国国家标准局火灾研究中心和公共健康事务局合作开发的。火灾安全评估系统相当于美国消防协会标准 NFPA 101《生命安全规范》，主要针对一些公共机构和其他居民区，是一种动态的决策方法，它为评估卫生保健设施提供了一种统一的方法。该方法把风险和安全分开，通过运用卫生保健状况来处理风险。五个风险因素是患者灵活性、患者密度、火灾区的位置、患者和服务员的比例、患者平均年龄，并因此派生了13种安全因素。通过 Dephi 调查法，让火灾专家给每一个风险因素和安全因素赋予相对的权重。总的安全水平以13个参数的数值计算得出，并与预先描述的风险水平做比较。

3. FRAME 方法

FRAME 方法，是在 Gretener 法的基础上发展起来的，是一种计算建筑火灾风险的综合方法，它不仅以保护生命安全为目标，而且考虑了对建筑物本身、室内物品及室内活动的保护，同时也考虑了间接损失或业务中断等火灾损失风险。FRAME 方法属于半定量分析法，用于新建或者既有建筑物的防火设计，也可以用来评估当前火灾风险状况以及替代设计方案的效能。

本方法基于以下五个基本观点：

（1）在一个受到充分保护的建筑中存在着风险与保护之间的平衡；

（2）风险可能的严重程度和频率可以用许多影响因素的结果来表示；

（3）防火水平也可以表示为不同消防技术参数值的组合；

（4）建筑风险评估是分别针对财产（建筑物以及室内物品）、居住者和室内活动进行的；

（5）分别计算每个隔间的风险及保护。

FRAME 法中火灾风险定义为潜在风险与接受标准和保护水平的商。需要分开计算潜在风险、接受标准和保护水平。主要用途有指导消防系统的优化设计，检查已有消防系统的防护水平，评估预期火灾损失，折中方案的评审和控制消防评估的质量。

4. 火灾风险指数法

瑞典 Magnusson 等人提出了另一种半定量火灾风险评估方法——火灾风险指数法。该方法最初是为评价北欧木屋火灾安全性而建立的，从“木制房屋的火灾安全”项目发展演化而来的，其子项目“风险评估”部分由瑞典隆德大学承担，目标是建立一种简单的火灾风险评估方法，可以同时应用于可燃的和不可燃的多层公寓建筑，此方法就是火灾风险指数法。火灾风险指数法可以用于评估各类多层公共用房的火灾风险。一般分为五级，火灾风险指数最大值为5，最小值为0；火灾风险指数越大，表明火灾安全水平越高。与

Gretener 法相比，火灾风险指数法还增加了对火灾蔓延路线的评估，且对评估人员的火灾安全理论要求相对较低。

5. 试验评估法

试验评估法可以作为火灾风险评估的重要手段，一般可以考虑对评价目标相关子系统的运行效果进行测试，如通风排烟系统，又如在地铁、隧道等大型公共建筑内进行通风效果的测试、人员流量的统计等。火灾试验方法可归纳为实体试验、热烟试验和相似试验等。

实体试验模拟研究在火灾科学的烟气流动规律、燃烧特性、统计分析以及数值模型验证等研究领域具有重要意义。对既有的评价目标进行实验测试是最为理想的研究方法。然而，由于许多大型公共建筑实体试验的复杂性、对安全的敏感性以及巨大实验投入的限制，火灾风险评估中实体试验的开展受到很大的制约。

实体试验尽管最为有效，但限于实体火灾试验往往具有破坏性，为达到近似的火灾效果，热烟试验得到更为广泛的应用。热烟试验是利用受控的火源与烟源，在实际建筑中模拟真实的火灾场景而进行的烟气测试。该试验是以火灾科学为理论基础，通过加热试验中产生的无毒人造烟气，呈现热烟由于浮力作用在建筑物内的蔓延情况，可用于测试烟气控制系统的排烟性能、各消防系统的实际运作效能以及整个系统的综合性能等。

火灾风险评价中，试验手段除了实体试验和热烟试验外，相似试验也是重要的技术途径之一。与原型相比，尺寸一般都是按比例缩小（只在少数特殊情况下按比例放大），所以制造容易，装拆方便，试验人员少，较之实体试验，能节省资金、人力和时间。

（三）定量评估方法

定量评估的方法精度高，但过程复杂，需要充足的数据、完整的分析过程、合理的判断和假设，需要较高的人力、财力和时间。随着计算机等辅助设备的大量应用以及人们对评估精确度要求的提升，进行定量的火灾风险评估是必然的趋势。

1. 风险矩阵法

风险矩阵法，是一种将定性或半定量的后果分级与产生一定水平的风险或风险等级的可能性相结合的评估方式。依据识别的危险程度与危险发生的可能性等维度绘制风险矩阵，根据其在风险矩阵中所处的区域，确定风险等级。风险矩阵可用来根据风险等级对风险、风险来源或风险应对进行排序。它通常作为一种筛查工具，以确定哪些风险需要更细致的分析，或是应首先处理哪些风险，这需要提到一个更高层次的管理。其局限性在于，可能性与严重性的定论过程中存在主观性，依赖于评估人员的专业经验。

2. 模糊综合评价法

模糊综合评价法是以收集的统计数据为基础，根据建筑火灾风险各影响因素确定其影响程度，并进行权重计算。分析各影响因素对于火灾发生的影响及其相互作用，进而对整个消防体系的安全性能进行评价。该评价方法适用于多因素影响情况，可以定性地描述系统情况，也可以通过主观评分进行量化，并经过模糊隶属度计算确定危险等级。该方法充分考虑到各建筑火灾影响因素的影响，并结合大量实际经验及统计资料综合判定建筑火灾的危险程度。

3. 事故树分析法

事故树分析法起源于故障树分析法（简称 FTA），是安全系统工程的重要分析方法之一。它能对各种系统的危险性进行辨识和评价，不仅能分析出事故的直接原因，而且能深入地揭示出事故的潜在原因。用它描述事故的因果关系直观、明了，思路清晰，逻辑性强，既可定性分析，又可定量分析。

（1）事故树的优点。

1）它提供了一种系统、规范的方法，同时又有足够的灵活性，可以对各种因素进行分析，包括人员行为和客观因素等。

2）运用简单的“自上而下”的方法，可以关注那些与顶事件直接相关故障的影响。

3）图形化表示有助于理解建筑消防安全影响因素的相互作用。

（2）事故树的局限。

1）要求分析人员必须非常熟悉所分析的建筑，能准确和熟练地应用分析方法，往往会出现不同分析人员编制的事故树和分析结果不同的现象。

2）对于建筑系统，编制事故树的步骤较多，编制的事故树也较为庞大，计算也较为复杂，给进行定性、定量分析带来困难。

3）事故树是一个静态模型，无法处理时序上的相互关系。

4）对建筑火灾进行定量分析，必须事先确定所有各基本事件发生的概率，否则无法进行定量分析。

4. 计算机模拟法

随着火灾科学的发展，现在人们常采用计算机对火灾进行动态模拟，对建筑进行消防安全评估。计算机模拟可以实现多工况分析，与其他方法相比，投资少，分析全面。通过建立火灾模型，模拟火灾发展过程、烟气运动规律、消防系统控制效果，计算火场温度、压力、气体浓度、烟密度等参数，分析火灾对人员及建筑的影响，评价出建筑的消防安全水平。通过模拟结果的对比分析，来完成对建筑消防安全的评估。评估结果的精确度和可靠性与模型的建立及模拟软件息息相关，需根据评估目的及建筑情况选择合适的软件，通常选用 FDS、fluent 等专业软件进行模拟评估。

第二节 航站楼消防安全评估

一、 消防安全评估要点

（一）建筑防火安全评估要点

（1）耐火等级：机场航站楼墙、柱、梁、楼板等主要构件的燃烧性能和耐火极限。

（2）平面布置：包括机场航站楼公共区、行李区、办公区的划分和商业、办公、休闲、设备等用房的平面布置情况，是否满足性能化报告和规范要求。

（3）防火分区：包括机场航站楼常规防火分区位置、防火分区面积，大空间连通区域防火控制分区的划分等。

（4）防火分隔：包括机场航站楼防火分区与平面布置涉及的防火墙、防火卷帘、防火门、防火窗、防火隔离带、防火玻璃等防火分隔设施设置的合理性。

(5) 防烟分区：包括防烟分区位置、防烟分区面积。

(6) 挡烟设施：主要是挡烟垂壁，包括检查挡烟垂壁的设置位置、外观及安装质量。

(7) 安全疏散设施：包括疏散走道、疏散楼梯等。

(8) 建筑保温及装修材料：航站楼建筑保温、外墙装饰及建筑内部装修情况。

(9) 消防救援：包括航站楼消防车道的设置位置、净宽度、净空高度以及转弯半径和场地的坡度。

(二) 消防设施消防安全评估要点

1. 消防给水及消火栓系统

(1) 消防水池：包括有效容积、消防用水量的保证措施。

(2) 消防水箱：包括消火栓系统有效容积、水箱补水及增压设施。

(3) 消防水泵：包括消火栓系统消防主泵和备用泵。

(4) 稳压系统：包括消火栓系统稳压泵、气压水罐。

(5) 室内消火栓：包括外观及组件的完整性，栓口的安装位置及出水方向。

(6) 消防软管卷盘：包括组件的完整性，输水软管、水枪、消火栓的匹配。

(7) 室外消火栓：包括安装位置、标志牌设置、外观。

(8) 水泵接合器：包括消火栓系统水泵接合器安装位置、各种阀门的安装情况、安装标志等。

2. 自动喷水灭火系统

(1) 消防水箱：包括自动喷水灭火系统消防水箱有效容积、水箱补水及增压设施。

(2) 消防水泵：包括自动喷水灭火系统消防主泵和备用泵。

(3) 稳压系统：包括自动喷水灭火系统稳压泵、气压水罐。

(4) 湿式报警阀：包括报警阀、延时器、水力警铃、供水总控制阀、压力开关的外观质量及安装位置。

(5) 预作用阀、干式阀、干湿两用阀、雨淋阀：包括检查阀组设备安装的整齐、规范性。

(6) 喷头：包括检查喷头的外观及设置情况、喷头间距。

(7) 管道安装：包括检查管道连接、管道安装、管道色标。

(8) 水泵接合器：包括自动喷水灭火系统水泵接合器安装位置、各种阀门的安装情况、安装标志等。

(9) 末端试水装置：包括检查外观质量及安装情况、标志设置等。

3. 消防水炮灭火系统

(1) 消防水炮：包括检查消防水炮的安装位置、间距、固定和标识等。

(2) 管道安装：包括检查管网形式、管道连接、管道安装、管道色标。

(3) 系统控制阀门及配件：包括检查各种阀门的安装情况、外观质量及安装标志等。

4. 气体灭火系统

(1) 灭火剂储存容器：包括检查储存容器安装质量及安装位置、压力表方向。

(2) 储瓶间：包括储瓶间的气体驱动装置、气动管路、电气连接线路、手动机械操作设备的安装质量、储存装置的布置。

(3) 喷头：包括喷头的安装质量及安装间距。

（4）防护区设置安装要求：包括防护区门窗及开口设置要求的检查，泄压口的设置。

（5）管道：包括安装质量及喷涂，楼板的管道安装质量。

5. 灭火器

（1）灭火器的类型、规格和配置数量。

（2）灭火器设置点的距离，使用环境。

6. 火灾自动报警系统

（1）报警系统布线：包括导线穿金属和非金属管路的防火保护。

（2）火灾探测器：包括探测器的安装位置，对探测器模拟测试观察其报警性能、报警地址反馈的正确性。

（3）手动报警按钮：手动报警按钮的安装位置。

（4）集中报警控制器功能：包括控制器的安装质量及安装位置，柜内布线质量、进线管的封堵，备用电源的设置。

（5）区域报警控制器：包括外观、安装位置和安装质量。

（6）消防联动控制柜：包括检查控制柜的安装质量及位置。

（7）消防通信：包括外观、安装位置和安装质量。

（8）火灾事故广播功能：包括检查音箱外观、安装位置和安装间距。

7. 电气防火

（1）消防电源及配电。

（2）电力线路及电气装置。

（3）火灾应急照明及疏散指示标志：包括检查外观、设置位置、间距和安装质量。

二、 消防安全评估问题难点分析

对建筑的消防现状进行安全评估，主要是运用科学的检查评估方法，对建筑消防安全管理体系、建筑防火现状、消防设施、消防救援条件等进行评估。通过评估，建立一套统一的消防安全评估指标体系。根据评估目标，划分评估单元，确立指标权重，通过现场检查综合评判评估对象的风险等级，并根据评估结果提出有针对性的提高消防安全等级的措施和建议。

（一）消防安全管理评估

消防安全管理评估主要是对建筑消防安全管理情况进行评估，可以包括调研建筑消防行政许可、消防安全责任人、消防安全管理人、专（兼）职消防管理员的确定及变更、灭火及应急疏散预案、消防培训及演练、消防安全“四个能力”（即检查消除火灾隐患能力、扑救初期火灾能力、组织疏散逃生能力、消防宣传教育培训能力）建设等情况。同时可对建筑消防安全管理体系，包括管理架构、管理人员、管理制度等方面进行评估。

消防安全管理评估通常采用访谈调研、实地踏勘和资料分析等方式进行，通过评估发现消防安全管理方面的问题。例如，对某机场航站楼开展消防安全管理评估，发现其主要存在消防管理制度不完善、消防安全职责落实不到位，消防巡查检查工作不到位等情况，并因此导致出现大量管理问题，相应的评估问题见表3-4。

表 3-4 某机场航站楼消防安全管理方面主要问题

内容	主要问题
消防安全管理	(1) 防火门无法自闭，闭门器失效； (2) 店铺喷头被遮挡； (3) 部分区域遮挡堵塞安全出口、疏散走道或疏散门锁闭； (4) 挡烟垂壁损坏； (5) 部分区域灯光疏散指示被遮挡； (6) 消防设备重点机房未设置消防安全重点部位标志； (7) 部分常开防火门无法保持常开状态； (8) 部分排烟手动开启装置被遮挡； (9) 防火门推杠损坏； (10) 防火卷帘下方未设置标识线； (11) 店铺喷头挡水板损坏； (12) 走道设置垃圾桶，影响人员疏散； (13) 部分前室、设备机房内堆放大量可燃物； (14) 喷头被格栅吊顶遮挡

(二) 建筑防火评估

为保证建筑物的安全，必须采取必要的防火措施，使之具有一定的耐火性能，这样即使发生了火灾也不至于造成太大的损失，通常用耐火等级来表示建筑物所具有的耐火性能。一座建筑物的耐火等级不是由一两个构件的耐火性能决定的，是由组成建筑物的所有构件的耐火性能决定的，即是由组成建筑物的墙、柱、梁、楼板等主要构件的燃烧性能和耐火极限决定的。通过划分防火分区这一措施，在建筑物一旦发生火灾时，可以有效地把火势控制在一定的范围内，减少火灾损失，同时可以为人员安全疏散、消防扑救提供有利条件。对建筑防火现状检查评估，主要包括耐火等级、平面布置、防火分区、防火分隔、防烟分区、挡烟设施、人员疏散设施及建筑装修材料等。

通过现场评估，机场航站楼在建筑防火方面存在的消防安全问题可以归纳为两种。第一种为隐患问题，即不满足建成时的标准规范要求，且可以通过整改加以消除的问题；第二种为风险问题，即与现行标准规范不符，但不违反建成时的标准规范要求，且近期整改难度较大的问题。对于机场航站楼的建筑消防安全评估来说，正确区分隐患和风险问题是问题分析的重点和难点。机场航站楼建筑规模大，设施全面，在评估后根据问题的严重性，分阶段、分步骤进行整改，对于提升其消防安全水平至关重要。某机场航站楼在建筑防火方面评估存在的主要问题见表 3-5。

表 3-5 某机场航站楼建筑防火方面主要消防安全问题

内容	主要问题
防火分区/防火控制分区/防火分隔	隐患： (1) 采用防火隔离带进行分隔的防火控制分区，现场未设置防火隔离带标识(所有区域)； (2) 管道穿地板处封堵不严密；

续表

内容	主要问题
防火分区/防火控制分区/防火分隔	（3）电气管廊中设置的防火门与周边墙体未封堵
	风险： 公共区地上与地下联通，地下一层布置了商业服务设施，不满足规范要求
平面布置/防火舱/燃料岛	隐患： （1）公共区设置的商业店铺面积大于 $20m^2$，未采用防火分隔设施与公共区进行分隔； （2）商业店铺防火玻璃门分隔不严密； （3）店铺两侧设置有双向平开门，密闭不严，无法自闭； （4）贵宾室与公共区未进行防火分隔； （5）店铺库房、公共区仓库未进行防火分隔； （6）设备机房与其他区域防火分隔不满足要求
	风险： 中庭周围 5m 范围内设置有商业服务设施，不满足规范要求
安全疏散	隐患： （1）疏散门开启方向错误，没有朝疏散方向开启； （2）安全出口或疏散出口处防火门/防火玻璃门缺乏顺序器或闭门器； （3）办公区房间走道放置垃圾桶，走道疏散宽度不够； （4）安全出口或疏散出口处防火门/防火玻璃门顺序器安装错误； （5）店铺/库房缺少疏散出口； （6）店铺/房间/公共区疏散指示标识设置错误（设置位置、方向）； （7）防烟楼梯间内设置检修口，没有封闭严； （8）常开防火门卡阻/无闭门器/无顺序器/无释放器（固定器）； （9）常开防火门/常闭防火门未有标识； （10）库房区内安全出口设置数量不足； （11）防烟楼梯间前室缺少防火门，无法形成防烟前室； （12）安全出口门为推拉门，非平开门； （13）通道疏散指示标志间距超长； （14）疏散指示图不准确
	风险：无
电气	隐患： （1）电缆桥架部分未跨接； （2）电气火灾监控器有报警未处理
	风险： （1）弱电机房内设置水冷空调有漏水风险； （2）消防报警阀间内设置有模块箱，模块箱 IP 等级不符合要求

续表

内容	主要问题
灭火救援	隐患：无
	风险： （1）消防电梯轿厢内部未设置专用消防对讲电话； （2）消防电梯合用前室面积为 $9m^2$，不足 $10m^2$
室内外装修	隐患： （1）贵宾休息室大空间就餐区、休息区设置的座椅、墙面木制装修和地毯，燃烧性能等级低于 B1 级； （2）办公区房间处走道两侧设置有可燃材料展览板； （3）大空间设置有皮制座椅、地毯、布展和儿童游乐场所，燃烧性能等级低于 B1 级； （4）公共区设置的广告牌燃烧性能等级低于 B1 级； （5）防烟楼梯间前室和楼梯间墙面贴有壁纸，装修材料不满足 A 级要求； （6）贵宾包间插座敷设在木质装修上； （7）店铺疏散门采用反光玻璃或镜面反光材料
耐火极限	风险：无 隐患：无
	风险：铝板装饰柱未刷防火涂料

（三）消防系统评估

对机场航站楼消防系统设备设施进行的评估，通常包括建筑中设置的所有消防系统，主要有火灾自动报警系统、消防给水及消火栓系统、自动灭火系统、防排烟系统、防火卷帘系统、应急照明及疏散指示系统等。

对于设备设施的评估，主要有两种评估方式：一种为现状评估，即对消防各系统的消防设计情况进行评估；另一种是对系统进行现状性能评估，即采用专业的仪器设备对消防设备设施进行性能检测，评估系统的运行情况。消防设备设施的运行状态是否正常，关乎着整个机场航站楼的消防安全及人员生命安全。根据以往的评估经验，机场航站楼通常都具有专业的消防设备设施维护保养团队进行日常的巡视和维保，因此设备设施的管理相对较好。但是考虑到对机场运营的影响，对于消防水炮的喷放试验，也就是系统运行的效果难以进行实际检验，无法判断喷放的准确性，并且考虑到规范更新和设备老化问题，消防设备设施的整改难度较大。因此，对于设备设施的评估原则，以满足性能需求为主要考虑的因素，隐患问题尽量整改，风险问题待升级改造时进行整改。某机场航站楼在消防设施方面评估时发现的主要问题见表 3-6。

表 3-6 某机场航站楼消防设施方面的主要消防安全问题

系统	主要问题
防排烟系统	隐患： （1）店铺内或公共区排烟设施（排烟口、排烟阀、挡烟垂壁）未设置明显标志； （2）部分商铺、公共区未见排烟口或排烟阀执行机构； （3）排烟口执行机构缺少盖板； （4）部分办公走道防烟分区未设置排烟口； （5）部分店铺内设置的排烟口被封闭在某一房间内，排烟口数量不足； （6）部分走道未划分防烟分区； （7）个别挡烟垂壁与周边墙体未封堵完全
	风险： （1）部分区域排烟口设置高度不满足要求； （2）个别通向楼梯间的防火门遮挡正压送风口； （3）排烟风机设置在空调机房内，未设置专用排烟机房； （4）中庭洞口未设置挡烟垂壁
火灾自动报警系统	隐患： （1）部分区域或房间未设置感烟探测器； （2）部分设备用房无消防专用电话； （3）部分烟感悬空设置； （4）吸气感烟探测器控制盘显示故障
	风险： （1）常开式防火门的信号模块未设置明显标识； （2）消防控制室消防报警主机处于手动状态； （3）走道安全出口标志与声光警报器设置在同一面墙上
气体灭火系统	隐患： （1）设置气体灭火系统的变电室无泄压阀； （2）信息小间泄压口未设置明显标志； （3）开闭站内设置有洞口，无法满足防护区密闭要求； （4）设置气体灭火系统的信息机房未有事故通风； （5）气体灭火系统控制盘显示故障； （6）气体灭火系统控制盘放置在箱内，未设置明显标识
	风险： （1）所有气体灭火控制器均打在手动状态； （2）气体喷头距顶棚距离超 0.5m； （3）启动瓶管道上未设置低泄高封阀； （4）钢瓶操作距离最窄为 0.8m； （5）气体控制操作盘设置在手动状态

续表

系统	主要问题
室内消火栓系统	隐患： (1) 库房区域仅有1个消火栓，不满足2股水柱同时到达的要求； (2) 消火栓箱开启受遮挡，开启角度不足120°； (3) 酒店前厅内消火栓设置在房间内
	风险：部分消火栓栓口设置在门轴侧
消防炮灭火系统	隐患： (1) 与大空间连通的敞开店铺，未设置自动灭火设施； (2) 部分区域消防水炮无法满足2股水柱同时到达； (3) 部分区域水炮被遮挡，有喷射盲区
	风险：水炮控制器设置在手动状态
消防应急照明和疏散指示系统	隐患： (1) 部分疏散门未向疏散方向开启，且未有安全出口标志； (2) 店铺/房间/设备用房/公共区/走道缺少灯光型安全出口或疏散指示标志； (3) 部分区域疏散指示标志设置错误； (4) 部分消防设备房间未设置应急照明； (5) 部分区域疏散指示标志与疏散指示图不符
	风险：公共区地面无疏散指示标识
自动喷水灭火系统	隐患： (1) 部分店铺未见直立喷头； (2) 部分自喷管道未涂刷成红色； (3) 个别喷头被涂覆； (4) 喷头设置不合理或安装有误
	风险： (1) 部分区域喷头局部缺失； (2) 部分区域或房间未设置有自动灭火系统； (3) 部分末端试水装置未设置压力表； (4) 部分末端试水装置未设置排水管
灭火器	隐患：部分设备机房未配置灭火器
	风险：无

三、 工程应用案例

本节以某大型国际机场航站楼消防安全评估为例，从管理及责任体系评估、消防系统评估、指标体系、汇总分析、措施对策等方面进行介绍。

（一）管理及责任体系评估

1. 评估目标

以符合法律法规和标准规范要求为出发点，以提升航站楼消防安全管理水平，打造国内领先的航站楼消防安全管理标杆为评估工作的落脚点，通过对航站楼消防工作任务进行分析，构建航站楼消防管理架构，从消防管理架构、责任体系、规章制度、消防管理能力四个维度，评估航站楼管理部消防管理工作与法律法规和国家强制性标准的符合情况、落实股份公司要求的情况、与航站楼消防工作实际需求的匹配情况，分析航站楼管理部消防管理工作存在的问题，提出改进建议。

2. 评估范围与主要内容

对航站楼的消防安全管理工作现状进行评估，包括以下内容：

（1）对消防安全管理架构进行评估。根据消防安全法律法规、股份公司要求，梳理航站楼消防工作任务，对工作任务进行分解，构建航站楼消防安全管理架构，对架构的完整性进行评估。

（2）对航站楼消防安全管理责任进行评估。梳理消防安全法规、股份公司要求，确定航站楼消防安全管理责任划分原则，以航站楼消防安全管理架构为主线，分析和评估航站楼管理部在航站楼消防安全管理工作中的法定要求的主体责任和监管责任的履行情况。

（3）对航站楼管理部消防安全管理规章制度进行评估。包括管理制度、程序文件和预案文件的合法合规情况、对接股份公司消防管理文件情况以及合理性。

（4）对航站楼消防安全管理能力进行评估。通过调研访谈、资料查阅、现场踏勘，对航站楼管理部、消防服务单位的消防安全管理能力进行评估。

3. 存在的主要问题

（1）消防管理架构评估。航站楼管理部按照股份公司的要求，结合航站楼实际，建立了基本健全的消防安全管理架构，现行消防管理能够涵盖项目组构建的消防安全管理架构的一级要素，但仍存在二级管理要素缺失、未文件化，以及管理要素内容不完善的问题。

（2）消防安全管理责任体系评估。根据消防有关法律法规要求及公司的有关制度规定，对航站楼管理部三类区域的履职情况进行了评估，航站楼管理部负有主体责任的有65项，负有监管责任的有77项，主体责任缺失的有7项，监管责任缺失的有13项。

（3）消防安全管理规章制度评估。航站楼管理部制定了《消防安全管理规定》及其附件为核心的消防安全管理规章制度，总体上航站楼规章制度文件制定全面，基本涵盖了航站楼消防安全管理工作任务，内容要求非常具体，动火动电等危险作业活动的审批和管理实现了流程化，具有较强的实操性；主要问题是消防安全管理制度文件不成体系，管理流程需要进一步优化，制度内容复杂且相同内容在多个制度重复出现的情况较多，部分管理程序的发起人不够明确，造成出现问题时不能及时发起管理程序，减弱了制度的执行力。

（二）消防系统评估

航站楼消防系统包括总平面布局及建筑防火、消防给水及消火栓系统、自动喷水灭火系统、消防水炮灭火系统、气体灭火系统、火灾自动报警系统、防排烟系统、电气防火和消防救援九个部分。

通过对各系统进行检查评估发现的问题，介绍如下：

（1）商店、休闲、餐饮场所和设备房防火分隔措施、防排烟设施消防设施不到位。

（2）局部公共区内缺少灯光型疏散指示标识、自动灭火设施和防排烟设施。

（3）部分贵宾休息室安全出口数量不足。

（4）公共区4层登机桥利用扶梯作为疏散楼梯不合理。

（5）已有消防设施故障未及时修复。包括消防水泵房内$2^{\#}$消防水炮泵故障；消防水泵房内稳压泵不能主备泵互投；消防水炮控制系统处于故障瘫痪状态，主机黑屏，不能操作；部分空气采样报警主机处于关闭停用状态等。

（6）部分设置天然气设备场所和部分气体灭火保护房间未设置独立的机械排风装置。

（7）部分电气设备未设置电气火灾监控系统。

（8）消防标识不完善。

（9）存在孔洞和开口防火封堵不到位的情况。

（三）指标体系

根据该大型国际机场航站楼的评估范围和工作内容，在评估指标体系建立过程中，采用综合评价法作为基本的评估方法。

（1）通过消防管理评审、现场消防核查、设施设备检测等方式，找出对航站楼消防安全影响较重要的因素，并将其确定为“一级指标”“二级指标”“三级指标”。“一级指标”为影响单位消防安全的基本方面，每个“一级指标”由若干个“二级指标”组成，例如“消防安全管理”是影响单位消防安全的一个基本方面，构成一个消防安全评估体系中的“一级指标”；“二级指标”为组成“一级指标”的基本评估项目，同时“二级指标”是对“一级指标”的细化，每个“二级指标”又由若干个“三级指标”构成；“三级指标”为组成“二级指标”的具体评估内容和要求，“三级指标”包含了对消防安全的具体要求，即为评估体系中的“底层指标”，是直接评估的内容。

（2）采用改进的层次分析法计算各级指标的权重。Saaty提出的1~9的标度虽然对定性问题进行定量分析提出了一种可行的方法，但由于一般的打分人员对“稍微重要”“明显重要”“强烈重要”“极端重要”这些模糊概念把握不准，往往根据自己在日常生活中对这些概念的理解来打分。同时可能对“层次分析法”中这些概念的特殊含义也理解不透，特别是对这些模糊概念对应的最后量化权重的理解也各不相同。因此提出一种改进的层次分析法：即把判断矩阵a_{ij}由原来的1、3、5、7、9改成$a_{ij}=w_i/w_j$，即用两指标的权重比代替原来的1，3，5，7，9的标度。这样用层次分析法的计算公式算出的权重改进理论经证明是成立的。

（3）利用变权重法和风险指数的方法将权重设置为变权重或常权重。当某单项评分显著偏低，即该项存在较多问题或较大风险，但由于该项权重较小，就会出现对总分影响偏小的情形，不易引起相关单位和部门重视，即出现“权重淹没”情况。为了避免常权重评价的“权重淹没”现象，基于惩罚性变权原理，采用创新的变权重法来解决此类问题。将评估指标体系中“一级指标”和“二级指标”的权重设置为变权重，“三级指标”的权重设置为常权重，这样评估指标体系对评价值较低或不正常的指标因素项反应灵敏，而对评价较高的指标因素项反应迟钝，解决了重要问题被“权重淹没”的问题。

在管理体系评估、建筑防火评估、消防设施及器材评估中既有定量指标，也有定性指标，通过建立评估指标体系，将定性与定量相结合，以定性分析为主，辅以定量分析，对定性指标进行量化评估计算，最后根据管理体系评估、建筑防火评估、消防设施及器材评估分析的数据，得到了一个统一的、相对科学合理的评估结果。依据以往大型国际机场航站楼消防安全评估经验，结合该大型国际机场航站楼消防安全评估的主要工作，建立了该大型国际机场航站楼消防安全评估指标体系，具体见表3-7所示。同时将消防安全以风险指数 R 划分为“好”“一般”和“差”三个等级。消防安全等级划分见表3-8。

表3-7 航站楼消防安全评估指标体系

一级指标			二级指标		
序号	内容	权重	序号	内容	权重
1	基本情况	0.04	1	合法性	—
			2	消防违法行为改正	0.30
			3	火灾历史	0.70
2	消防安全管理	0.15	4	制度及规程	0.18
			5	组织及职责	0.14
			6	消防安全重点部位	0.12
			7	防火巡查和防火检查	0.20
			8	火灾隐患整改	0.08
			9	消防宣传教育、培训和演练	0.15
			10	易燃易爆危险品、用火用电和燃油燃气管理	0.08
			11	共用建筑及设施	0.05
3	建筑防火	0.14	12	耐火等级	0.10
			13	防火间距	0.13
			14	平面布置及防火防烟分区	0.25
			15	内部装修	0.20
			16	建筑构造	0.22
			17	通风和空调系统	0.10
4	安全疏散避难	0.19	18	安全出口、疏散通道及避难设施	0.40
			19	火灾应急照明和疏散指示	0.25
			20	火灾警报和应急广播	0.20
			21	疏散引导及逃生器材	0.15
5	消防控制室和消防设施	0.22	22	消防控制室	0.18
			23	消防设施的设置和功能	0.67
			24	消防设施维护保养	0.10
			25	消防设施年度检测	0.05

续表

一级指标			二级指标		
序号	内容	权重	序号	内容	权重
6	电气防火	0.07	26	产品质量及选型	0.30
			27	运行状况	0.25
			28	防雷、防静电	0.25
			29	电气火灾预防检测	0.20
7	消防标识	0.05	30	主要出入口消防标识及消防安全告知书	0.15
			31	消防车通道、防火间距、消防登高操作面及消防安全重点部位标识	0.25
			32	消防设施设备标识	0.30
			33	制度标识和其他提示标识	0.30
8	灭火救援	0.10	34	专职、志愿消防队	0.50
			35	灭火救援设施	0.50
9	其他消防措施	0.02	36	采取电气火灾监控等措施	0.40
			37	自动消防设施日常运行监控	0.30
			38	单位消防安全信息户籍化管理	0.30
10	保险	0.02	39	火灾公众责任险投保	0.70
			40	投保额度	0.30

表 3-8 消防安全等级划分

R	[100, 360]	(360, 1 000]	(1 000, 5 000]
消防安全等级	好	一般	差

在查阅该航站楼各项资料的基础上，综合变权重法、缺陷分度法、访谈调研、建筑实地核查、设施设备功能检测等方法，对机场航站楼消防管理体系、建筑防火、安全疏散、消防设备设施等多方面内容进行全面系统评估，经综合评定，该单位消防安全风险指数为 438.5，等级为“一般”，评估结果详见表 3-9。

表 3-9 航站楼消防安全评估指标体系评估结果

单项	要素数目	航站楼评估结果				单项得分	风险	风险指数
		符合	有缺陷	不符合	不适用			
基本情况	5	5	0	0	0	100	低	4
消防安全管理	38	36	2	0	0	90.78	低	15
建筑防火	24	17	0	4	3	82.19	低	14
安全疏散避难	14	9	1	1	3	78.56	中	123.5

续表

单　　项	要素数目	航站楼评估结果				单项得分	风险	风险指数
		符合	有缺陷	不符合	不适用			
消防控制室和消防设施	12	8	0	4	0	70.16	中	143
电气防火	13	11	1	0	1	81.99	低	7
消防标识	12	3	6	1	2	53.30	高	70
灭火救援	9	7	0	0	2	82.10	低	10
其他消防措施	6	3	0	2	1	25.21	极高	50
保险	2	2	0	0	0	100	低	2
合计	135	101	10	12	12	—	—	438.5

（四）汇总分析

机场航站楼消防安全体系的构建，主要包含火灾预防与可燃物控制、火灾探测报警与灭火、火灾应急管理和处置三部分的内容，贯彻“预防为主，防消结合”的方针和指导思想，为了真正做到居安思危、防患未然，消防评估也须从这三个方面入手，对机场航站楼的消防安全水平和状况进行全面客观地分析和评价。

在整个评估过程中，第一，通过调研访谈和咨询法律专家的方式对航站楼的消防管理体系和消防责任体系进行评估；第二，依据消防产品标准规范，采取现场检测和联动测试的方式对消防设施设备进行功能检测、联动测试，掌握航站楼消防设备设施的完好情况及存在的隐患，并同时对消防维保和消防检测单位的服务质量进行客观评价；第三，通过采取现场排查、图纸分析和规范对标的方式，对航站楼在建筑防火、消防系统及消防救援等方面设计和施工的规范符合性进行全面评估，确定航站楼现有消防条件是否满足标准规范和安全运行的要求；第四，在总结前三部分检查成果的基础上，根据评估目标划分评估单元，综合运用安全检查表法、层次分析法及专家打分法等评估方法，建立科学的消防安全评估指标体系，对航站楼的总体消防安全水平进行量化打分，从而确定航站楼的消防安全水平，并根据评估结果有针对性地提出提高消防安全等级的措施和建议。

（五）措施对策

消防安全评估在减少火灾事故，特别是重特大恶性火灾事故方面取得了巨大效益。本次评估利用科学原理，吸收国内外先进经验和方法，不断创新评估方法，从而有效地对机场航站楼消防安全评估进行定性定量分析，发现了机场航站楼消防安全方面存在的一些不足，提出了相应的改进措施，为进一步提高机场航站楼消防安全水平提供决策参考。

总体来说，对该机场航站楼消防安全水平的建议从消防安全的软硬件两方面同时入手，按照“专业管控，双管齐下，统筹兼顾，责任到人，先主后次，分步实施”的原则进行逐步完善。首先，在软件方面，通过增岗增编、强化管理技术培训和引进专业技术机构，建立健全消防安全管理和责任体系，加强消防安全制度和能力建设；其次，在硬件方面，通过对标建成时的规范和现行规范，衡量问题导致的后果严重程度，将现场检查检测和评估发现的问题根据重要性、紧迫性和整改难易程度进行分类，提出立即整改、专项整改和升级改造等三种有针对性的整改措施建议，供业主部署整改计划时参考。

第三节　铁路站房消防安全评估

一、消防安全评估要点

铁路站房消防安全评估应当依据消防法律法规、国家工程建设消防技术标准和涉及消防的建设工程竣工图纸、消防设计审查意见，对建筑物防（灭）火设施的外观进行现场抽样查验；通过专业仪器设备对涉及距离、高度、宽度、长度、面积、厚度等可测量的指标进行现场抽样测量；对消防设施的功能进行抽样测试、对消防设施的系统功能、联动功能进行联调联试等。铁路站房消防安全评估的评估要点归类如下：

（1）建筑类别与耐火等级，跨站台高架候车大厅地面楼板的设计耐火极限高于主站房设计耐火等级条件下该处楼板的相应耐火极限要求，这是当前高铁站房特殊消防设计结构防火加强措施的一种普遍选择。现场评估时应关注其结构耐火的设计符合性。

（2）总平面布局，应当包括防火间距、消防车道、消防车登高面、消防车登高操作场地等项目。

（3）平面布置，应当包括消防控制室、消防水泵房等建设工程消防用房的布置，国家工程建设消防技术标准中有位置设置要求的场所（如站厅大空间内商业服务设施等）相应设施的位置设置是否符合设计和规范要求等项目。

（4）建筑外墙、屋面保温和建筑外墙装饰。

（5）建筑内部装修防火，应当包括墙、地、顶装修材料的防火性能情况，窗帘、家具、广告牌及其他材料的防火性能，用电装置发热情况和周围材料的燃烧性能以及防火隔热、散热措施，对消防设施的影响，对疏散设施的影响等项目。

（6）防火分隔，应当包括防火分区之间防火墙、防火单元（舱）之间防火隔墙、防火封堵、防火门、防火窗、竖向管道井、其他有防火分隔要求的部位等项目。

（7）防爆，应当包括泄压设施，以及防静电、防积聚、防流散等措施。

（8）安全疏散，应当包括安全出口、疏散门、疏散走道、避难走道、避难间、准安全区认定条件，消防应急照明和疏散指示标志等项目。

（9）消防电梯，应包括围护构造和供电安全，按消防电梯要求设计的非消防电梯等项目。

（10）消火栓系统，应当包括供水水源、消防水池、消防水泵、管网、室内外消火栓、系统及联动功能等项目。

（11）自动喷水灭火系统，应当包括供水水源、消防水池、消防水泵、报警阀组、喷头、系统及联动功能等项目。

（12）火灾自动报警系统，应当包括系统形式、火灾探测器的报警功能、系统功能以及火灾报警控制器、联动设备和消防控制室图形显示装置等项目。

（13）防烟排烟系统及通风、空调系统防火，包括系统设置、排烟风机、送风机、管道、系统及联动功能等项目。

（14）消防电气和电气消防，应当包括消防电源、柴油发电机房、变配电房、消防配电、用电设施、线缆火灾监控等项目。

（15）建筑灭火器，应当包括种类、数量、配置等项目。

（16）气体/泡沫灭火系统，应当包括灭火系统防护区、储存及释放装置、报警、警报、灭火以及系统联动功能等项目。

（17）特殊消防设计要求落实的其他消防安全措施（包括运营设施的消防安全功能符合性查验）。

（18）其他国家工程建设消防技术标准强制性条文规定的项目，以及带有“严禁”“必须”“应”“不应”“不得”要求的非强制性条文规定的项目。

二、消防安全评估问题难点分析

（1）新建铁路站房特殊消防设计作为消防验收依据的重要组成部分，其各项安全措施在施工图和施工现场的符合性响应程度也是消防安全评估（验收前）的重要内容，该项评估工序跨度大（设计、施工、运行管理），涉及内容广（材料、设备、施工过程管理和运行维护管理等），需要评估机构有较强的专业技术能力和对政策的理解、把握能力。

（2）铁路站房作为现代城市交通枢纽的核心组成，其安全疏散功能的实现通常会关联多个涉及不同管理机构的安全设施，消防安全的现状评估在完成相关设施功能及状态测评的同时，需要特别关注设施的联动功能和保障联动可靠的组织及管理措施。如何合理确定关联方影响因素的权重，可能会因项目或评估机构的不同而存在差异。

（3）高空安装的自动化程度高、构造复杂、涉及专业较多的设备设施（如消防炮、屋顶排烟窗等），功能测试及状态检查难度较大，需要关注模拟测试的可靠性，必要时（设定的时间周期）应进行实景功能现场测评。

三、工程应用案例

本节以某铁路站房消防设计现场符合性评估为例，对其消防安全评估流程、评估方法、措施对策等进行分析。

（一）工程概况

1. 基本情况

站房为高架式候车站房，总建筑面积为49 999m^2（不包含出站层城市通廊和高架夹层旅服用房面积），建筑高度为33.960m。站房地下1层，为出站层；地上主体2层，局部设有夹层，分别为地面层/地面层夹层、高架层/高架夹层。

该站为高速铁路与城际铁路客站，高峰小时发送量为8 100人（其中，高速铁路高峰小时发送量为3 500人，城际铁路为4 600人），最高聚集人数为4 500人（其中，高速铁路最高聚集人数为2 500人，城际铁路为2 000人）。

该站设计规模为7台16线，其中高速铁路站场为5台12线，设450m×12m×1.25m岛式站台5座；远期规划城际站场为2台4线，设210m×14m×1.25m岛式站台2座。车站设行包地道1座。

2. 总平面布局（消防车道）

（1）总平面布局。该站站房分为线侧站房和高架候车室两部分。线侧站房主体面宽174m，进深30m，高架候车室面宽115m，进深约250m。车站南、北两侧均设置有进站口与车行高架匝道，其中北进站口及北侧高架匝道暂缓开放。南、北两侧高架层旅客活动平台人员可通过室外楼梯到达地面层。

在南广场东南角地块规划设有铁路专用停车场，面积约 30 000m²，停车位 750 个。在铁路专用停车场北侧规划布置 7 栋站区生产生活房屋（信号楼、单身宿舍、垃圾转运站、公安派出所、10kV 配电所、给水加压站、污水处理站）。在站房西侧距站房中心里程 275m 处，设 5.5m 宽行包地道 1 座。

（2）消防车道。该工程在地面层沿南、北站房周围设置环形消防车道。高架层南、北两端高架道路满足消防车道的设计要求。站房与周边停车场的防火间距不小于 6m。

3. 平面布置

（1）出站层（-10.650m）。出站层建筑面积为 15 600m²，地面标高为-10.650m。中部为城市通廊，宽度为 24m；两侧设置出站厅及卫生间、设备用房。

城市通廊两端连接南、北广场地下空间。广场地下空间地面标高为-7.000～-10.410m，设有地下人行通道、地下停车库、出租车蓄车库、公交站场、商业及换乘大厅等功能区。

（2）地面层（±0.000m）。地面层建筑面积为 11 160m²，其中南、北两侧站房建筑面积均为 5 580m²。站房地面标高均为±0.000m。

南站房设置进站集散厅、旅服用房、商务候车区、售票厅及设备办公用房。

北站房设置进站集散厅、旅服用房、售票厅及设备办公用房。

（3）高架层（9.300m）。高架层建筑面积为 30 132m²，地面标高为 9.300m。高架层南、北两端设置进站广厅、自动售票厅、商务候车区、重点旅客候车区、儿童娱乐候车区、军人专用候车区、旅服用房及办公用房；高架层中部为候车区，两侧布置进站检票口、母婴候车室、旅服用房和设备办公用房。

（4）高架夹层（15.900m）。高架夹层建筑面积为 14 845m²，地面标高为 15.900m，主要为旅服用房及设备办公用房。

4. 竖向布置

该站站房地下 1 层，地上主体 2 层，局部设夹层。室外地坪标高为-0.360m，建筑高度为 33.960m。

出站层地面标高为-10.650m；地面层地面标高为±0.000m；高架层地面标高为 9.300m，高架夹层地面标高为 15.900m。

5. 建筑类别和适用规范

该站为高速铁路与城际铁路客站，高峰小时发送量为 8 100 人，最高聚集人数为 4 500 人。按照《铁路旅客车站设计规范》TB 10100—2018 第 3.2.1 条关于高速铁路与城际铁路客站的分类表，该工程属于大型铁路旅客车站。

高架层候车厅地面（标高 9.300m）与室外地面（标高-0.140m）高差不大于 10m，根据《铁路工程设计防火规范》TB 10063—2016 第 6.1.8 条规定，该工程可按《建筑设计防火规范》GB 50016—2014（2018 年版）中多层民用建筑进行防火设计。

该工程地下建筑耐火等级为一级，地上建筑耐火等级为一级，站台雨棚耐火等级为二级。

6. 主要消防安全问题

（1）防火分区/分隔。地面层南、北两侧进站集散厅与高架层进站广厅、候车厅及高架夹层作为一个扩大的防火分区，面积约为 44 882m²，超过《铁路工程设计防火规范》

TB 10063—2016 第 6.1.2 条规定的铁路旅客车站候车区及集散厅防火分区面积不应大于 10 000m²的要求。

（2）疏散距离。该工程高架层候车厅最远疏散距离约为 60m，不能满足《铁路工程设计防火规范》TB 10063—2016 第 6.1.10 条的规定。

（3）疏散准安全区认定。地面层南、北有楼板和高架匝道桥覆盖的架空区三面开敞面向室外区域，为半室外空间，具有火灾风险低、与室外空间连通性较好的特点，将上述区域作为人员疏散的准安全区。但由于进深较大（约 40m），如何采取有效技术措施保障准安全区条件的成立是该工程需要论证分析的问题。

（二）消防安全符合性现场查验

1. 现场查验工作依据、范围和内容

（1）现场查验工作依据。该项目依据相关技术标准及规范、消防设计文件、特殊消防设计安全评估报告、特殊消防设计专家评审意见、委托单位提供的相关图纸等资料进行现场查验。

1）技术标准及规范：《铁路工程设计防火规范》TB 10063—2016，《铁路旅客车站设计规范》TB 10100—2018，《建筑设计防火规范》GB 50016—2014（2018 年版），《建筑防烟排烟系统技术标准》GB 51251—2017，《消防给水及消火栓系统技术规范》GB 50974—2014，《自动喷水灭火系统设计规范》GB 50084—2017，《火灾自动报警系统设计规范》GB 50116—2013，《消防应急照明和疏散指示系统技术标准》GB 51309—2018，《交通建筑电气设计规范》JGJ 243—2011，《建筑内部装修设计防火规范》GB 50222—2017，其他适用于本工程的有关国家规范和国家标准。

2）《某站站房工程消防设计文件》。

3）《某站站房工程特殊消防设计安全评估报告》。

4）专家评审意见书及相关单位答复：《某站站房工程特殊消防设计专家评审意见》，《针对某站站房工程特殊消防设计专家评审意见的答复》。

5）图纸资料（施工图）。

（2）现场查验工作范围。该项目现场查验工作范围为某站站房公共区部分（与特殊消防设计范围一致）。

1）出站层（-10.650m）。中部城市通廊，两侧出站厅及卫生间、设备用房。

2）地面层（±0.000m）。南、北站房进站集散厅以及集散厅公共区内旅服用房、设备办公用房等。

3）高架层/高架夹层。高架层南、北两端进站广厅、候车大厅以及公共区内重点旅客候车区、儿童娱乐候车区、军人专用候车区、旅服用房及办公用房等；高架夹层公共区内旅服用房、设备办公用房等。

（3）现场查验工作内容。该项目从建筑防火、消防设施两个方面开展现场查验工作，现场查验的工作内容为：

1）建筑防火措施落实情况，包括建筑外部消防救援、总平面布局、平面布置、防火分区/分隔、安全疏散、内装修及可燃物控制、防烟分区及防排烟设施设置。

2）消防设施措施落实情况，包括消防给水及消火栓系统、自动喷水灭火系统、火灾自动报警系统、防排烟系统、应急照明及疏散指示系统、消防广播、消防电话、灭火器等消防设施设置，以及与公共区消防系统相关的消防水泵房、消防控制中心等主要设备用房内的设备设施布置及功能测试。

2. 建筑防火特殊消防设计实施情况现场踏勘

（1）总平面布局。

1）消防设计要求：该工程在地面层沿南、北站房周围设置环形消防车道；高架层南、北两端高架道路满足消防车道的设计要求；站房与周边停车场的防火间距不小于 6m。

2）现场状态。经现场查验，该工程地面层沿南北站房周围车道已成环形，车道正进行施工，路面施工未完成。

高架层南、北两端高架道路与站房南、北平台相连接，车道的宽度和高度能够满足消防车道的要求。

站房与周边停车场的防火间距不小于 6m，防火间距满足要求。

3）存在问题。环形消防车道的路面施工未完成，消防车道相关标识设置未完成。

（2）出站层（-10.650m）。

1）平面布置。

①消防设计要求。出站层建筑面积为 15 632m^2，地面标高为-10.650m。中部为城市通廊，宽度为 24m；两侧设置出站厅及卫生间、设备用房。城市通廊两端连接南北广场地下空间。

②现场情况。地下通廊、出站厅装修施工进行中，已完成的工程包括通廊安全出口、出站厅与城市通廊的分隔设施、出站厅通往站台层的疏散楼梯、分布在通廊东西两侧的设备、办公用房、通往扩大防火分区的垂直电梯等内容，平面布置符合消防设计和特殊消防设计安全评估报告要求。

2）防火分区/分隔。

①消防设计要求。

a）出站层城市通廊和出站厅作为一体空间，仅作为人员通行和集散功能，不设置商业设施，根据《铁路工程设计防火规范》TB 10063—2016 第 6.1.11 条，可按照《建筑设计防火规范》GB 50016—2014（2018 年版）中城市交通隧道的相关规定进行防火设计。

b）无独立疏散条件的办公、设备用房（卫生间、值班检补票室等火灾荷载较小的房间除外）按防火单元设计，即采用耐火极限不低于 2.00h 的不燃性防火隔墙和耐火极限不低于 1.50h 的不燃性顶板与室内空间进行防火分隔，在隔墙上开设门窗时，采用甲级防火门窗，防火单元消防设计按规范执行。

②安全评估特殊消防设计报告要求。

a）城市通廊南、北两端在国铁设计红线范围内设置通向地面层旅客活动平台的敞开楼（扶）梯，城市通廊与广场地下空间交界面处设置耐火极限不低于 3.00h 的防火卷帘、防火墙和甲级防火门。

b）无独立疏散条件的办公、设备用房按防火单元的要求进行设置可行。防火单元设计要求合理。

c）垂直电梯与室内公共空间采用耐火完整性不小于 1.00h 的构件进行分隔。

③现场情况。

a）出站层城市通廊和出站厅为一体空间，未布置商业设施，符合设计。

b）按防火单元设计的通廊两侧的办公、设备用房，防火分隔措施符合消防设计和特殊消防设计安全评估报告要求。

c）城市通廊南端与广场地下空间交界面处设置的防火卷帘已安装，耐火极限不低于3.00h；北端为实体挡土墙，符合消防设计和特殊消防设计安全评估报告要求。

d）垂直电梯结构施工已完成，其防火玻璃围护未完成。

④存在问题。通廊两侧的办公、设备用房的防火门均缺少防火门永久性标牌。设备间防火门开启方向与设计不一致。配电间等设备间管线穿越隔墙、楼板处未进行防火封堵。垂直电梯与室内公共空间防火玻璃分隔未安装。

3）关于疏散设计。

①特殊消防设计安全评估报告要求。出站层和出站厅作为一体空间，仅作为人员通行和集散功能，根据《铁路工程设计防火规范》TB 10063—2016 第 6.1.11 条，本项目按照《建筑设计防火规范》GB 50016—2014（2018 版）中城市交通隧道的相关规定进行防火设计，同时应满足下列要求：

公共区采取不燃装修材料。

城市通廊和出站厅内设置火灾自动报警系统、消火栓系统、消防广播、消防应急照明和疏散指示。其中消防应急照明和疏散指示设计应满足《消防应急照明和疏散指示系统技术标准》GB 51309—2018 关于集中控制型系统的相关设计要求，疏散照明地面水平最低照度不低于 5.0 lx；消防备用电源连续供电时间不小于 90min；在主要疏散路径的地面上增设能保持视觉连续的灯光疏散指示标志或蓄光疏散指示标志。

人员疏散路径上的闸机和控制门应具有消防联动开启功能。出站闸机两侧设置活动式栅栏或疏散平开门，严禁落锁，火灾时应处于可开启状态。地面设置明显的疏散指示标志。

②专家评审意见及回复。专家意见：出站通道南北两端设置满足疏散宽度的下沉广场或敞开楼梯。消防设计和评估单位回复：城市通廊设计拟增大两端敞开楼梯宽度，每部敞开楼梯疏散宽度为 4.3m，总疏散宽度为 17.2m，满足疏散宽度要求。出站厅通向站台的楼梯疏散宽度为 22.6m，满足疏散宽度要求。

③现场情况。出站层和出站厅作为一体空间，仅作为人员通行和集散功能。出站通道南北两端各设置 2 部敞开楼梯，处于装修施工中，现场测量每部楼梯宽度为 4.3m，满足设计及评估报告要求。东、西出站厅各设置 5 部敞开楼梯通往站台层，处于装修施工中，现场测量每部楼梯宽度为 2.84m，共 28.4m，满足设计及评估报告要求。

④存在问题。出站厅闸机及两侧的活动式栅栏或疏散平开门未安装。闸机的消防联动测试未完成。公共区地面设置有地面疏散指示标志。目前仅预留灯具安装孔，未完成灯具安装施工。

4）关于内装修与可燃物控制。

①消防设计要求：

a）公共区（不包括房间）顶棚、墙面和地面装修材料燃烧性能为 A 级。

b）垃圾桶、线缆套管材料燃烧性能为 A 级。

c）导向标志、售检票机等固定服务设施的材料燃烧性能不低于 B_1 级。

d）广告灯箱主体框架燃烧性能为 A 级，敷膜及其他材料燃烧性能不低于 B_1 级。

②特殊消防设计安全评估报告要求：

a）公共区采取不燃装修材料。

b）《特殊消防设计文件》关于内装修的设计要求合理。

c）广告灯箱设置不得影响消防系统的有效性，并不得影响人员疏散路径的畅通。

d）电线电缆：消防设备供电及控制线路选择，应符合《民用建筑电气设计规范》JGJ 16—2008 中第 13.10.4 条的要求。

e）其他电线电缆应采用低烟无卤阻燃电缆，且广告灯箱及商业设施的电线电缆燃烧性能不应低于 B_1 级。

③专家评审意见及回复。站房内电线电缆应采用不低于 B_1 级低烟无卤阻燃电缆。

④现场情况。公共区顶、墙和地面装修材料燃烧性能为 A 级，垃圾桶、售票机等运营设施未安装。线缆燃烧性能指标符合消防设计及特殊消防设计安全评估报告要求。广告灯箱预留安装位置，不影响人员疏散和遮挡消防设施，预留广告位总面积 246m^2，符合消防设计及特殊消防设计安全评估报告要求。

⑤存在问题。目前处于装修阶段，垃圾桶、售票机等运营设施未安装，广告灯箱未完成安装，相关材料燃烧性能待验证。

（3）地面层（±0.000m）。

1）平面布置。

①消防设计要求。地面层建筑面积为 11 162m^2，其中南、北两侧站房建筑面积均为 5 581m^2。站房地面标高均为±0.000m。南站房设置进站集散厅、旅服用房、商务候车区、售票厅及设备办公用房。北站房设置进站集散厅、旅服用房、售票厅及设备办公用房。

②现场情况。现场已完成结构/构造施工，正在进行建筑内部装修。现场已完成工程包括集散厅扩大防火分区公共空间内的旅服用房、设备办公用房、微型消防站、公共卫生间等功能区或功能用房以及作为独立防火分区的商务候车区、售票厅、设备办公用房等平面布置（相对位置、形状、大小等直观检查）符合消防设计和特殊消防设计安全评估报告要求。

2）防火分区/分隔。

①消防设计要求。

a）南、北站房进站集散厅与高架层、高架夹层公共区作为一体空间，不进行防火分隔，作为一个扩大防火分区。

b）南、北站房进站集散厅两侧集中布置的商务候车区、售票厅、旅服用房和设备办公区按规范划分防火分区。

c）进站集散厅内靠近站台一侧有独立疏散条件的设备用房独立划分防火分区。

d）扩大防火分区内分散布置的无独立疏散条件的办公、设备用房按防火单元设计。

e）扩大防火分区内靠近站台一侧预留的旅服用房的防火设计要求执行《铁路工程设计防火规范》TB 10063—2016 第 6.1.4 条的相关规定。

f）南、北有楼板和高架匝道桥覆盖的架空区最大进深约 40m，高约 9.3m，具有火灾风险低、与室外空间连通性较好的特点，可作为人员疏散的准安全区。

②特殊消防设计安全评估报告要求。

a）《特殊消防设计文件》将南、北站房进站集散厅与高架层、高架夹层公共区作为一个防火分区考虑是合理的。

b）独立划分防火分区的商务候车区、售票厅、旅服用房和设备办公区，与进站集散厅采取防火墙和甲级防火门分隔。

c）扩大防火分区内分散布置的无独立疏散条件的办公、设备用房按防火单元的要求进行设置可行。

d）扩大防火分区内靠近站台一侧预留的旅客服务用房按《铁路工程设计防火规范》TB 10063—2016 第 6.1.4 条的相关规定进行设计合理。

补充了如下设计方案：

——零售类商铺按防火舱进行设计。

——餐饮店铺为无明火作业，厨房按防火单元设计，面积不大于 100m^2；就餐区按防火舱进行设计，家具主体框架为不燃材料制作时，就餐区可开敞布置，面积不大于 300m^2。

——餐饮和零售类商铺设施连续布置总面积不应大于 500m^2，每组连续布置的商业设施之间应保持 8m 的间距或采取宽度不小于 8m 的楼梯间、卫生间或设备机房等进行分隔。

——垂直电梯与室内公共空间采用耐火完整性不小于 1.00h 的构件进行分隔。

——南、北有楼板和高架匝道桥覆盖的架空区最大进深约 40m，高约 9.3m，具有火灾风险低、与室外空间连通性较好的特点，在满足以下要求时，可作为人员疏散的准安全区。

——采用不燃装修材料，不得进行商业经营活动。

——南、北进站集散厅正面进深 40m 区域，仅作为人员集散功能，平时不应停放、通行车辆。

——周围功能区不应向该空间排烟。

——站房各功能区面向旅客活动平台一侧的围护结构耐火完整性不低于 1.0h，可以采用 C 类防火玻璃（包括门窗）的形式。

——设置室外消火栓系统、灭火器、消防广播、应急照明系统。

③现场情况。南、北站房进站集散厅与高架层、高架夹层公共区相连通，未进行防火分隔，同为一个扩大防火分区。南、北进站集散厅与高架层之间各设置两部敞开楼梯。南、北站房集散厅两侧与相邻防火分区（商务候车区）之间防火墙分隔已完成墙体装修施工，防火门未安装。

现场评估确认：南、北站房集散厅邻高架盖板下准安全区的防火玻璃窗已安装，围护结构（包括防火门窗）耐火完整性不低于 1.00h（防火性能参数待验证）。准安全区装修工程进行中，装修材料设计均选用不燃材料，周围功能区未发现设有向该空间排烟设施。该区域作为疏散准安全区，建筑防火措施符合消防设计和特殊消防设计安全评估报告要求。

④存在问题。南、北站房集散厅与相邻防火分区（商务候车区）之间防火门未安装。南、北站房集散厅旅客服务中心（防火单元）防火玻璃门未安装、吊顶上部未封堵。站房集散厅站台侧配电间为独立防火分区，防火门未贴铭牌标识，与公共区联通的防火门开启方向不符合消防设计要求。防火门、防火玻璃隔墙等装修构件的防火性能需补充验证资料。线缆施工基本完成，桥架、线管穿隔墙、楼板处防火封堵有缺陷。

3）关于疏散设计。

①消防设计要求。

a）有楼板和高架匝道桥覆盖的架空区作为人员疏散准安全区。通向盖下架空区的出口作为疏散安全出口。

b）进站集散厅人员可向盖下架空区疏散，并形成双向疏散条件。该层公共区疏散设计控制指标如表 3-10 所示。

表 3-10　公共区疏散设计控制指标

消防设计类别	设计方案/控制指标	实施依据/要求
疏散宽度	每 100 人可用疏散净宽度不低于 0.65m	GB 50016—2014（2018 年版）
	疏散楼梯梯段与疏散楼梯间门净宽度均不得小于 1.6m	TB 10063—2016
疏散距离	任一点至最近安全出口的直线距离不应大于 37.5m	TB 10063—2016

②特殊消防设计安全评估报告要求。

a）《特殊消防设计文件》提出的疏散路径和疏散控制指标合理可行。

b）对本该层扩大防火分区的设计疏散宽度进行校核，结果如表 3-11 所示，扩大防火分区的设计疏散宽度满足要求。

c）人员疏散设施在火灾状态下处于开启状态。

表 3-11　本层扩大防火分区疏散宽度核定

扩大防火分区	需疏散人数（人）	每 100 人最小疏散净宽度（m/100 人）	所需疏散净宽度（m）	设计疏散净宽度（m）	设计疏散宽度满足率（%）
地面层	907	0.65	5.9	16.5	280

③现场情况。经现场查验，南、北站房进站集散厅各有 3 处通往架空区（疏散准安全区），现场测量了各出口的疏散宽度，如表 3-12 所示。

表 3-12　各出口的疏散宽度（m）

进站集散厅	东侧出口	中间出口	西侧出口	南出口	总计
北侧	2.3	13.7	2.3	1.5×2	18.3
南侧	2.3	13.7	2.3	1.5×2	21.3

南、北进站集散厅通往盖下准安全区的疏散出口各 3 处，通往站台侧安全出口各 2 处，净宽超 1.6m 的疏散出口南、北各 5 处。南、北进站集散厅疏散总宽均为 21.3m，符合双向疏散和设计疏散净宽要求。

④存在问题。与疏散安全相关的运营设施未做消防联动测试。

4）关于内装修与可燃物控制。

①特殊消防设计要求。

a）公共区（不包括房间）顶棚、墙面和地面装修材料燃烧性能为 A 级。

b）垃圾桶、线缆套管材料燃烧性能为 A 级。

c）导向标志、售检票机等固定服务设施的材料燃烧性能不低于 B_1 级。

d）广告灯箱主体框架燃烧性能为 A 级，敷膜及其他材料燃烧性能不低于 B_1 级。

②特殊消防设计安全评估报告要求。

a）《特殊消防设计文件》关于内装修的设计要求合理。

b）广告。广告的内装修材料设计要求合理。广告灯箱设置不得影响消防系统的有效性，并不得影响人员疏散路径的畅通。控制广告灯箱总量，其总面积不宜大于相应公共区面积的 5%。

c）电线电缆。消防设备供电及控制线路选择，应符合《民用建筑电气设计规范》JGJ 16—2008 中第 13. 10. 4 条的要求。其他电线电缆应采用低烟无卤阻燃电缆，且广告灯箱及商业设施的电线电缆燃烧性能不应低于 B_1 级。

③现场情况。公共区顶、墙和地面装修材料燃烧性能为 A 级，垃圾桶、售票机等运营设施未完成安装，线缆套管选材符合消防设计文件。广告灯箱、导向标识未安装，选材应符合设计要求，广告位预留面积符合特殊消防设计和特殊消防设计安全评估报告要求，电线电缆选材阻燃性指标符合设计和评估报告要求。

④存在问题。未完工程中广告灯箱材料及做法应经设计确认。与运营相关的设备、设施未安装，后期需补充该产品/材料的燃烧性能验证资料。预留广告位面积符合特殊消防设计安全评估报告要求，结构及面层选材需满足特殊消防设计安全评估报告要求。

（4）高架层/高架夹层（9. 300m /15. 900m）。

1）平面布置。

①特殊消防设计要求。高架层建筑面积为 30 132m^2，地面标高为 9. 300m。高架层南、北两端设置进站广厅、自动售票厅、商务候车区、重点旅客候车区、儿童娱乐候车区、军人专用候车区、旅服用房及办公用房；高架层中部为候车区，两侧布置进站检票口、母婴候车室、旅服用房和设备办公用房。

高架夹层建筑面积为 14 845m^2，地面标高为 15. 900m。主要为旅服用房及设备办公用房。

②现场状态。高架层、高架夹层公共区内现场已完工的各功能区功能用房相对位置、形状、大小与设计一致（直观检查），平面布置符合特殊消防设计及特殊消防设计安全评估报告要求。

2）防火分区/分隔。

①特殊消防设计要求。

a）高架层、高架夹层公共空间与地面层南、北两侧进站集散厅作为一个扩大的防火分区，不进行防火分隔。

b）集中布置的办公区、旅服区、商务候车区和售票厅等按规范划分防火分区。

c）设置防火隔离带将进站广厅及候车区划分为若干个防火控制分区，防止火灾大范围水平蔓延及用于消防系统的分区控制。

d）候车区座椅为主体框架材料燃烧性能为 A 级的普通座椅，候车区每个防火控制分区的面积不大于 5 000m^2，控制分区之间采用宽度不小于 6m 的防火隔离带进行划分。

e）公共空间内分散布置的无独立疏散条件的办公、设备用房（卫生间、值班室等火灾荷载较小的房间除外）、母婴候车室按防火单元的要求进行设计。

f）重点旅客候车区、儿童娱乐候车区、军人专用候车区采用耐火极限不低于2.00h的不燃性防火隔墙和耐火极限不低于1.50h的不燃性顶板与室内空间进行防火分隔，局部采用耐火极限不低于2.00h的A类防火玻璃（包括门）进行分隔。上述各候车区内部消防设计按规范执行。

g）扩大防火分区内靠近站台一侧预留的旅服用房的防火设计要求执行《铁路工程设计防火规范》TB 10063—2016第6.1.4条的相关规定。

②特殊消防设计安全评估报告要求。

a）《特殊消防设计文件》将高架层、高架夹层公共区与南、北站房进站集散厅作为一个防火分区考虑是合理的。

b）独立划分防火分区的办公区、旅服区、商务候车区和售票厅，与候车厅采取防火墙和甲级防火门分隔。

c）《特殊消防设计文件》提出在高架层进站广厅及候车区设置防火隔离带，将进站广厅和候车区划分为若干个防火控制分区方案可行。防火隔离带应做明显标记，且不得设置固定可燃荷载。

d）扩大防火分区公共空间内分散布置的无独立疏散条件的办公、设备用房、母婴候车室按防火单元的要求进行设置可行。

e）重点旅客候车区、儿童娱乐候车区、军人专用候车区的防火分隔方案可行。

f）高架层和高架夹层扩大防火分区内设置的旅服用房按《铁路工程设计防火规范》TB 10063—2016第6.1.4条的相关规定进行设计合理。

本报告补充了如下消防设计方案：

——零售类商摊，按燃料岛进行设计。

——零售类商铺和餐饮设施按防火舱进行设计。

——零售类商铺按防火舱进行设计，餐饮店铺为无明火作业，厨房按防火单元设计，面积不大于100m²；就餐区按防火舱进行设计，家具主体框架为不燃材料制作时，就餐区可开敞布置，面积不大于300m²。

——餐饮和零售类商铺设施连续布置总面积不应大于500m²，每组连续布置的商业设施之间应保持8m的间距或采取宽度不小于8m的楼梯间、卫生间或设备机房等进行分隔。

——垂直电梯与室内公共空间采用耐火完整性不小于1.00h的构件进行分隔。

——站台区域上方高架层楼板的耐火极限提高0.50h，即到2.00h。

③现场查验情况。南、北站房进站集散厅与高架层、高架夹层公共区相连通，未进行防火分隔，同为一个扩大防火分区。已完成结构及防火分区/分隔施工，装修施工进行中。

进站广厅及候车区防火隔离带设置未完成，座椅未进场。

按防火单元的要求进行设计的公共空间内分散布置的无独立疏散条件的办公、设备用房（卫生间、值班室等火灾荷载较小的房间除外）、母婴候车室等，已完成了防火隔墙施工。玻璃隔断及玻璃防火门未安装，装修施工进行中。防火分隔措施符合消防设计和特殊消防设计安全评估报告要求。

④存在问题。

a）进站广厅及候车区防火隔离带设置未完成，座椅未进场。

b）按防火单元的要求进行设计的无独立疏散条件的办公、设备用房（卫生间、值班室等火灾荷载较小的房间除外）、母婴候车室等的防火隔断及防火门未安装。

c）重点旅客候车区、儿童娱乐候车区、军人专用候车区的防火隔断及防火门未安装。

d）防火封堵发现多处封堵不规范或漏封现象，需要落实，整改。

e）防火门无标识（共性问题）。

3）关于疏散设计。

①特殊消防设计要求。

a）公共区的敞开楼梯、通向站台区的楼梯作为疏散安全出口。

b）高架夹层公共区人员先向高架层疏散，再进一步向室外疏散，或者通过楼梯间直接疏散到地面层。目前设计方案中，高架夹层人员疏散至室外的最远行走距离约为85m。

c）高架层公共区人员可直接向南、北两端室外平台疏散，或者通过敞开楼梯向地面层进站集散厅疏散，然后疏散到室外，或通过敞开楼梯向站台区域疏散。

d）公共区疏散设计控制指标如表3-13所示。

表3-13 公共区疏散设计控制指标

消防设计类别	设计方案/控制指标	实施依据/要求
疏散宽度	每100人可用疏散净宽度不低于0.65m	GB 50016—2014（2018年版）
	疏散楼梯梯段与疏散楼梯间门净宽度均不得小于1.6m	TB 10063—2016
疏散距离	高架层商业夹层任一点至最近安全出口的直线距离不应大于37.5m	TB 10063—2016

②特殊消防设计安全评估报告要求。

a）《特殊消防设计文件》提出的疏散路径和疏散控制指标合理可行。

b）对扩大防火分区的设计疏散宽度进行校核，结果如表3-14所示，扩大防火分区各层设计疏散宽度满足要求。

c）人员疏散路径上的闸机和控制门应具有消防联动开启功能。

d）安检区分隔栏板和闸机两侧应设置活动式栅栏或疏散平开门，严禁落锁，火灾时应处于可开启状态，地面设置明显的疏散指示标志。

表3-14 扩大防火分区疏散宽度核定

扩大防火分区	需疏散人数（人）	每百人最小疏散净宽度（m/100人）	所需疏散净宽度（m）	设计疏散净宽度（m）	设计疏散宽度满足率（%）
高架层	8 165	0.65	53.1	65.7	123
高架夹层	1 633	0.65	10.7	19.6	183

③现场情况。高架层通往南、北站房集散厅敞开楼梯各两部，单部宽 $1.8\times2\times2=7.2$（m），符合消防设计及特殊消防设计安全评估报告。高架层通往高铁站台层楼梯宽度2.6m，符合消防设计及特殊消防设计安全评估报告。高架进站广厅主入口施工中，未能取得现场实测疏散宽度数据。高架层疏散宽度除进站广厅主入口和城际预留站台梯未取得实测数据外，其余各处现场查验符合消防设计及特殊消防设计安全评估报告。高架夹层通往高架层敞开楼梯东西侧各4部，单宽1.77m，4个角部楼梯间，疏散宽度1.65m。高架夹层通往高架层疏散宽 $1.77\times8+1.65\times4=20.76$（m），疏散宽度符合消防设计和特殊消防设计安全评估报告要求。

④存在问题。人员疏散设施未安装，消防联动测试未完成。高架层疏散宽度现场查验数据不完整。

4）关于内装修与可燃物控制。

①特殊消防设计要求。

a）公共区（不包括房间）顶棚、墙面和地面装修材料燃烧性能为A级。

b）垃圾桶、线缆套管材料燃烧性能为A级。

c）导向标志、售检票机等固定服务设施的材料燃烧性能不低于B1级。

d）候车厅座椅主体框架材料燃烧性能为A级。

e）广告灯箱主体框架燃烧性能为A级，敷膜及其他材料燃烧性能不低于B1级。

②特殊消防设计安全评估报告要求。

a）《特殊消防设计文件》关于内装修的设计要求合理。

b）广告：广告的内装修材料设计要求合理。广告灯箱设置不得影响消防系统的有效性，并不得影响人员疏散路径的畅通。控制广告灯箱总量，其总面积不宜大于相应公共区面积的5%。

c）电线电缆：消防设备供电及控制线路选择，应符合《民用建筑电气设计规范》JGJ 16—2008中第13.10.4条的要求。其他电线电缆应采用低烟无卤阻燃电缆，且广告灯箱及商业设施的电线电缆燃烧性能不应低于 B_1 级。

③现场情况。公共区顶、墙和地面装修材料燃烧性能为A级，垃圾桶、售票机等运营设施未完成安装。线缆套管选材符合消防设计文件。已完工程装修用料相关产品及材料燃烧性能指标符合设计及评估报告要求。广告灯箱预留安装位置，不影响人员疏散和遮挡消防设施，预留广告位总面积 $98m^2$。

④存在问题。未完工程中广告灯箱材料及做法应经设计确认。与运营相关的设备、设施未安装，后期需补充相关产品/材料的燃烧性能验证资料。预留广告位面积符合特殊消防设计安全评估报告要求，结构及面层选材需满足特殊消防设计安全评估报告要求。

3. 消防设施特殊消防设计实施情况现场踏勘

（1）消防给水及消火栓系统。

1）消防水源及消防泵房。

①消防设计要求（施工图给排水设计说明）。根据消防设计要求，室内消防给水系统为临时高压制，消防水源为室外消防水池，室内外消火栓系统合设消防给水加压设施。站房内设地下式消防泵房，消防泵房内设消火栓用消防水泵、自喷用消防水泵、水炮用消防水泵各2台，均按1用1备设置。另设消火栓系统、自喷系统、消防水炮稳压装置各1套。

站房右侧高架夹层屋面上方25.5m标高钢筋混凝土结构板处设有效容积不小于18m^{3}成品不锈钢消防水箱1座。消防水箱设置就地水位显示装置，并在消防控制中心或值班室设置显示消防水池、消防水箱水位的装置，同时设置最高和最低水位报警。高位消防水箱人孔及进出水管的阀门等应采取锁具或阀门箱等保护措施，且高位消防水箱与基础应牢固连接。

消防水泵不应设置自动停泵的控制功能，停泵应由具有管理权限的工作人员根据火灾扑救情况确定，消防水泵应能手动启停和自动启动。

②现场情况。经现场查验，该项目消防水源、给水形式及消防泵房、消防水箱位置与设计一致，目前泵房内安装有消火栓消防水泵、自动喷水灭火系统消防水泵、自动跟踪射流灭火系统消防水泵各2台，均按照1用1备设置。另设置相应系统稳压设备各1套，消防管道已铺设完毕。

③存在问题。消防水泵的部分零部件（吸水管和出水管的压力表、消防水泵流量及压力测试装置）未安装，不能进行消防水泵的手动启停和自动启动等功能测试。

2）室内消火栓。

①特殊消防设计要求。南、北站房进站集散厅与高架层、高架夹层公共区作为一体空间，不进行防火分隔，作为一个扩大防火分区。扩大防火分区公共区（不包括房间）设置室内消火栓和消防软管卷盘、配置灭火器。

②消防设计要求（施工图给排水设计说明）。根据消防设计要求，站房内各楼层均设消火栓进行保护。按照楼层和防火分区布置，其布置保证室内任何一处均有2股水柱同时到达。水枪的充实水柱经计算确定且不小于13m，栓口距楼地面1.1m。高架候车室和交通厅高度超过8.0m，消火栓栓口动压不小于0.35MPa。消火栓布置间距不超过30m。

每个消火栓箱内均配置*DN*65mm消火栓一个、口径*DN*65mm且长度为25m麻质衬胶水带一条、*DN*65×19mm直流水枪一支、消防按钮和指示灯各一只、自救消防卷盘一套。9.30m标高高架层以下各层均采用减压稳压型消火栓。消火栓箱尺寸采用1 800×700×200mm（厚）。

③现场情况。经现场查验，站房内各楼层均安装有消火栓，能够保证室内任何一处均有2股水柱同时到达。消火栓间距不超过30m，满足设计要求。消火栓箱内设有栓口、消火栓按钮。

④存在问题。消火栓箱体均未安装箱门、未配备消防水带、消防水枪及软管卷盘，箱内也未放置灭火器。

3）室外消火栓及水泵接合器。

①特殊消防设计安全评估报告意见。南、北有楼板和高架匝道桥覆盖的架空区最大进深约40m，高约9.3m，具有火灾风险低、与室外空间连通性较好的特点。在满足以下要求时，可作为人员疏散的准安全区。设置室外消火栓系统、灭火器、消防广播、应急照明系统。

②消防设计要求（施工图给排水设计说明）。根据设计要求，室外消火栓系统与室内消火栓系统合用消防加压设施，室外消火栓设计水量40L/s，南、北有楼板和高架匝道桥覆盖的架空区作为人员疏散的准安全区，应设置室外消火栓系统、灭火器。

地面层设地上式水泵接合器2套、地上式自动喷水灭火系统水泵接合器4套、地上式固定式消防水炮系统水泵接合器 3 套。

③现场情况。经现场查验，在地面层按照设计要求安装有室外消火栓、消防水泵接合器。

④存在问题。室外消火栓未设置标识。消防水泵接合器未设置永久性标志铭牌，并应标明供水系统、供水范围和额定压力。

（2）自动喷水灭火系统。

1）消防设计要求。进站集散厅、高架层/高架夹层一体空间设置大空间自动喷水灭火系统；进站集散厅净高不大于 12m 的区域、高架夹层楼板下方净高小于 12m 的区域设置自动喷水灭火系统，其中公共区商业设施应设置自动喷水灭火装置。

2）特殊消防设计安全评估报告意见。

①扩大防火分区公共区的消防系统原则上应遵守《建筑设计防火规范》GB 50016—2014（2018 年版）及《铁路工程设计防火规范》TB 10063—2016，《特殊消防设计文件》提出的安全措施合理可行。

②自动喷水灭火系统采用快速响应喷头。

3）现场情况。经现场查验，净高超过 12m 的进站集散厅、高架层/夹层一体空间均安装有消防水炮。

4）存在问题。地面层南、北进站集散厅中间吊顶部位及无直接疏散出口的旅服用房、高架层儿童娱乐候车区（西北）、重点旅客候车区（东南）、两侧旅服用房均未安装喷头。湿式报警阀组压力开关未接线。

（3）消防排烟系统。

1）消防设计要求。

①南、北站房进站集散厅。南、北站房进站集散厅利用高大空间自然排烟系统进行排烟，采取自然补风方式。

②高架层、高架夹层及地面层进站集散厅。高架层、高架夹层及地面层进站集散厅作为一体空间，采取自然排烟方式，自然补风。大空间内按规范采用镂空吊顶，镂空率大于 25%，净空高度大于 9m，按不大于 2 000m^{2}划分防烟分区，且长边不大于 75m。采取高侧窗+顶窗进行自然排烟，采用下悬外开，开启角度 45°。排烟窗总有效开启面积为 1 777.28m^2，按《建筑防烟排烟系统技术标准》GB 51251—2017 表 4.6.3 的要求，单个防烟分区自然排烟窗有效开启面积不低于 59m^2。自然排烟窗设置在蓄烟仓内（即 19.27m 及以上），在站房外墙和屋面均匀布置，防烟分区内任一点与最近排烟口之间的水平距离不大于 37.5m。自然排烟窗开启方向应有利于烟气排出。

③公共区商业设施。公共区商业设施应设置排烟设施，当商业设施连续设置且总建筑面积大于 100m^{2}时，不具备自然排烟条件的情况下应设置机械排烟装置。

自然排烟窗应具有防失效保护功能、与火灾自动报警系统联动功能、远程控制开启功能和手动开启功能。

④站台。站台有楼板覆盖区域与半室外空间的雨棚相连，属于半室外空间，不需设排烟系统。

2）特殊消防设计安全评估报告意见。

南、北站房进站集散厅：《特殊消防设计文件》提出的烟控系统设计方案合理可行。

高架层、高架夹层及地面层进站集散厅：

①《特殊消防设计文件》提出高架层、高架夹层及地面层进站集散厅连通，作为一体空间，采取自然排烟方式合理，排烟设计方案可行。

②按《建筑防烟排烟系统技术标准》GB 51251—2017 表 4. 6. 3 的要求，单个防烟分区自然排烟窗有效开启面积不应低于 59m^2。

该报告根据实际设计火灾规模情况核算公共区自然排烟窗有效开启面积如下：单个防烟分区自然排烟窗有效开启面积不应低于 59m^2，且地面层进站集散厅上方的防烟分区平均每个防烟分区自然排烟窗有效开启面积不应低于 85m^2，其他防烟分区平均每个防烟分区自然排烟窗有效开启面积不应低于 65m^2。

目前设计方案中扩大防火分区内自然排烟窗总有效开启面积满足规范要求。

③自然排烟窗应具有防失效保护功能、与火灾自动报警系统联动功能、远程控制开启功能和手动开启功能。商业设施防火设计要求：连续设置且总建筑面积大于 100m^{2}时，不具备自然排烟条件的情况下应设置机械排烟装置。

3）现场情况。该工程地面层（±0. 000m）南北进站集散厅、高架层（9. 300 0m）/高架夹层（15. 900m）一体空间按规范采用镂空吊顶，屋顶及四面外墙均设置高位自然排烟窗，采用自然补风。高位排烟窗位置及面积符合设计要求，城市通廊及地下出站厅均设置有机械排烟设施。

4）存在问题。排烟风机已安装完毕，但地面层、高架层旅服用房未安装排烟阀，地面层设备办公用房排烟口未安装手动开启装置。

（4）消防电气。

1）消防供配电。该项目的消防负荷属于一级负荷，来自变电所不同低压母线段的两路电源，一主一备。消防水泵、排烟风机等供电设备均在各自最末一级配电箱内设置主备电源自动切换装置。

2）火灾自动报警系统。

①特殊消防设计要求。扩大防火分区公共区（不包括房间）净空不大于 12m 区域采用点型感烟火灾探测器；净空大于 12m 区域采用线型光束图像感烟火灾探测系统、空气采样系统或其他适合大空间的火灾自动报警系统。

②特殊消防设计安全评估报告意见。商业设施防火设计要求：公共区商业设施应设置火灾自动报警装置。

③现场情况。消防控制室设置在站房首层，其安全出口直通室外。消防控制室设置有火灾报警控制器（联动型）、图形显示装置、防火门监控器、电气火灾监控系统、消防电源监控器、应急照明疏散指示监控器。目前消防控制室还未安装消防主机、控制室内未安装应急照明与备用照明。

净空高度超过 12m 的进站厅、候车厅、高架夹层公共区等场所设置了线型光束感烟探测器。净空不大于 12m 区域采用点型感烟火灾探测器。

④存在问题。目前消防控制室还未安装火灾报警及联动控制器。地面层旅服用房（防火舱）、地面层商务候车区（南）、高架层儿童娱乐候车区（西北）、高架层军人专用候车区（东北）、高架层重点旅客候车区（东南）、高架层旅服用房（防火舱）未安装火灾探测器、手动报警按钮、声光警报器、消防广播组件；高架夹层预留开敞用餐区未设置火灾探测器。火灾自动报警及其联动测试还不具备条件。

3）消防应急照明及疏散指示系统。

①消防设计要求。该工程地面层（±0.000m）南北进站集散厅、高架层（9.300 0m）/高架夹层（15.900m）一体空间应设置消防应急照明和疏散指示。消防应急照明和疏散指示设计应满足《消防应急照明和疏散指示系统技术标准》GB 51309—2018 关于集中控制型系统的相关设计要求。在疏散走道和主要疏散路径的地面上增设能保持视觉连续的灯光疏散指示标志或蓄光疏散指示标志。其他按现行防火设计规范和其他专业设计规范执行。

②现场情况。应急照明和疏散指示设计为集中控制型系统。集中控制室设置在首层消防控制室内，地面层（±0.000m）南北进站集散厅、高架层（9.300 0m）/高架夹层（15.900m）一体空间设置消防应急照明和疏散指示。

③存在问题。地面层进站集散厅、旅服用房、高架层进站厅、候车区、高架层儿童娱乐候车区（西北）、高架层军人专用候车区（东北）、高架层重点旅客候车区（东南）、高架夹层均未安装应急照明与疏散指示标志。建筑内均未安装视觉连续型疏散指示标志（地面留有安装孔口）。

4）消防应急广播系统。

①消防设计要求。该工程地面层（±0.000m）南北进站集散厅、高架层（9.300 0m）/高架夹层（15.900m）扩大防火分区公共区（不包括房间）设置应急广播。

②特殊消防设计意见。扩大防火分区公共区的消防系统原则上应遵守《建筑设计防火规范》GB 50016—2014（2018 年版）及《铁路工程设计防火规范》TB 10063—2016，《特殊消防设计文件》提出的安全措施合理可行。

③现场情况。该项目采用总线制消防广播系统，客运广播系统与消防共用广播，发生火灾时，公共区通过消防广播切换模块切换为消防广播。

④存在问题。地面层进站集散厅、旅服用房、高架层进站厅、候车区、高架层儿童娱乐候车区（西北）、高架层军人专用候车区（东北）、高架层重点旅客候车区（东南）、高架夹层均未安装消防广播。

5）消防专用电话。

①设计要求（施工图 FAST 设计）。设置一套独立的消防专用电话网络，电话回路采用总线制连接，主机设在消防控制室 FAS 操作台。在消防水泵房、主要通风和空调机房、排烟机房和综合变电所等处设置壁挂电话分机（壁挂电话设置在消防水泵房、通风机房、排烟机房内靠近出入口的地方），手动报警按钮自带消防电话插孔，分机通过插入电话插孔与分机或主机之间构成一个良好通话环境。在消防控制室内均设置一台直接报警的外线电话。

②现场情况。主机设在消防控制室 FAS 操作台，消防控制室内未见外线电话。

③存在问题。消防控制室外线电话设置未完成。

（5）其他（消防救援设施）。

1）微型消防站。房间布局完成，设施配备待验证。

2）消防救援电梯。结构施工完成，设施配备待验证。

（三）评估结论和建议

1. 评估结论

（1）建筑防火。

总平面布局：现场按设计图纸要求，已完成通道和救援场地结构施工，平面位置和空间尺寸符合消防设计和特殊消防设计安全评估报告要求。

平面布置：出站层、进站层、高架层及高架夹层公共区内包括微型消防站、为消防救援服务的垂直电梯等消防救援设施及其他各功能用房、功能分区平面布置完成，平面布置符合消防设计和特殊消防设计安全评估报告要求。

防火分区/分隔：公共区与相邻独立防火分区之间防火墙分隔以及扩大防火分区内防火舱或防火单元与公共空间的防火分隔均已完成围护结构施工，防火门、玻璃隔断未完成，已完防火分区/分隔符合消防设计和特殊消防设计安全评估报告要求。

安全疏散：除高架进站厅因受工程进度限制、站台层受运营管理限制未能取得现场实测数据外，出站层出站厅、城市通廊，南北进站集散厅、高架夹层疏散出口数量、宽度均符合消防设计和特殊消防设计安全评估报告要求。

内装修与可燃物控制：公共区装修材料选用符合设计要求，与运营相关的设备设施进场检验应按设计要求提供相应燃烧性能指标核验依据。现场依据的施工图有关材料选用的防火性能指标限定符合消防设计和特殊消防设计安全评估报告要求。

消防救援：救援通道、救援设施（微型消防站、垂直电梯）已完成的部分符合消防设计和特殊消防设计安全评估报告要求。

防排烟：防排烟方式、排烟窗面积、分布方位等与设计图纸一致，符合消防设计和特殊消防设计安全评估报告要求。

（2）消防设施。该工程公共区已完成的消防给水及消火栓系统、自动喷水灭火系统、火灾自动报警系统、防排烟系统、应急照明及疏散指示系统、消防广播、消防电话、灭火器等消防设施设置，符合消防设计和特殊消防设计安全评估报告要求。竣工验收前，应确保消防系统设施完备，功能测试、系统调试、联动测试正常。

2. 存在的主要问题

（1）建筑防火。现场查验期间，大面积装修施工正在进行，站台区因为运行安全需要，未能进入。公共区建筑防火符合性查验发现现场存在的问题，主要集中在以下方面：

1）消防车道未施工完成，未设置消防车道标识。

2）玻璃围护、玻璃隔断、防火门等防火分隔设施未完成施工。

3）管线穿越防火隔墙、楼板处存在防火封堵缺陷，建筑防火封堵有遗漏。

4）已到场安装的防火门未设置铭牌标识。

5）影响疏散效果的运营设施——闸机、维护栏杆等需待安装就位后进行消防联动测试。

6）防火玻璃、防火门等防火分隔设施和产品需要提供与设计和评估报告要求一致的耐火性能证明资料，座椅、灯箱广告、售票机等仍未进场的产品和材料，需要提供与消防设计和特殊消防设计安全评估报告要求一致的耐火和阻燃性能证明资料。

（2）消防设施。经对消防设施进行现场查验，特殊消防设计区域按照消防设计和特殊消防设计安全评估报告要求设置消防设施。当前，查验记录显示末端设施不完善，功能性测试和联动控制测试没能完成等缺陷项主要属于进度问题。后期施工继续坚持严格按图纸施工，按程序验收，待验证项（缺陷项）的符合性验证也可以通过专业验收、分部分项验收、检测调试记录等不同形式的质量验收记录获得验证依据。

3. 整改意见及措施落实

（1）建筑防火。

1）按照设计要求完成消防车道、防火隔墙、防火门等未完工程的施工。

2）针对防火门无铭牌问题，建议按照《防火门》GB 12955—2008要求在明显位置设置永久性标牌。

3）确保入场产品和材料的耐火或阻燃性能符合设计和评估文件要求。

4）隐蔽验收全覆盖、无死角，确保公共区防火分隔措施规范、完整、可靠，符合消防设计及特殊消防设计安全评估报告要求。

（2）消防设施。经现场查验，该工程存在的消防问题主要为消防系统末端设备（消火栓、喷头、火灾探测器、手动报警按钮、火灾警报器、消防专用电话、消控室外线电话、应急照明及疏散指示标志灯具、灭火器等）未完成安装。建议加快进度，确保验收前，按设计要求完成全系统设备设施安装工作，确保系统单机测试、系统调试、联动测试正常。

第四节 地铁车站消防安全评估

一、消防安全评估要点

伴随我国城市化进程的加快、人们生活水平的提升，地铁快捷、方便、性价比高及能耗低等优势对于城市功能的合理布局如城市规划、交通、经济乃至社会环境等，均起到十分重要的作用。地铁在缓解城市交通压力等方面发挥着无可替代的作用，我国许多大中城市陆续开展了新一轮的地铁项目建设高潮。与此同时，虽然地铁建设和运营给居民及城市带来诸多益处，但由于地铁属于人员高度密集的公共场所且内部建筑结构复杂，机电设备种类多，且多位于地下空间，随着近年来站城一体化融合发展，地铁站与商业等城市要素联系紧密，都可能会成为重大安全隐患的导火索。一旦发生重大火灾事故，很容易导致严重的人员伤亡以及不良的社会影响。

消防安全评估是城市轨道交通消防安全工作的基础，是城市轨道交通消防设施设备改建的基础。消防安全评估结论能有效指导城市地铁运营单位优先解决制约地铁火灾扑救和抢险救援的基础性、瓶颈性问题，从而提高交通防灾减灾的能力。

地铁消防安全是一个复杂的系统工程，消防安全评估指标构成因素众多且错综复杂，其中部分因子是难以定量或不可定量的。地铁工程不同于航站楼、火车站等其他交通建筑，内部空间相对较小，且位于地下空间，疏散路径少，区间隧道防控难度大，并且现行地铁防火设计规范设防要求不同于其他防火规范，针对站厅准疏散安全区定性、站台敞开楼梯疏散等特殊要求也是地铁建筑设计的重点，同时对后期地铁运营管理水平也提出了较高的要求。

地铁轨道交通区域内的消防风险因素是较为广泛的。针对地铁消防安全评估，应遵循“人—机—环—管”安全系统工程学原理，采取全面系统、定量定性相结合的方式，针对地铁各环节、各系统、各因素开展针对性的梳理、分析、评估，并结合地铁不同类型、不同定性、不同条件、管理模式等建立适用于地铁的消防安全评价指标体系。所以，开展地铁消防安全评估时，应重点关注以下相关因素。

（一）建筑防火评估要点

（1）耐火等级：地铁车站墙、柱、梁、楼板等主要构件的燃烧性能和耐火极限。

（2）平面布置：包括地铁车站站台区、站厅区、设备集中区、通道出入口、区间隧道、内部配套商业设施以及与周边商业、办公、休闲、设备等用房的平面布置情况，是否满足规范和性能化报告要求。

（3）防火分区：包括地铁站常规防火分区划分、防火分区面积，并应重点关注性能化报告中的划分要求。

（4）防火分隔：包括地铁站防火分区与平面布置涉及的防火墙、防火卷帘、防火门、防火窗、防火玻璃等防火分隔设施设置的合理性。

（5）防烟分区：包括防烟分区位置、防烟分区面积。

（6）挡烟设施：挡烟垂壁、活动挡烟垂帘、挡烟板，包括检查挡烟设施的设置位置、外观及安装质量、联动情况。

（7）安全疏散设施：包括疏散走道、疏散楼梯、进出入通道、扶梯等。

（8）建筑及装修材料：建筑保温、外墙装饰及建筑内部装修情况，采用装修材料是否满足规范要求。

（9）消防救援：消防车通道是指火灾时供消防车通行的道路，是消防人员实施营救和被困人员疏散的通道，即实施灭火救援的“生命通道”。同样地，地铁地上车站建筑的周围应设置环形消防车道，确有困难时，可沿车站建筑的一个长边设置消防车道；针对地下车站应关注救援出入口周边消防车道可到达的道路情况。

（二）消防设施评估要点

1. 消防给水及消火栓系统

（1）消防供水：包括供水方式、系统类型以及消防水池的有效容积，消防用水量的保证措施。

（2）消防水泵：包括消火栓系统中消防主泵和备用泵。

（3）稳压系统：包括消火栓系统稳压泵、气压水罐。

（4）室内消火栓：包括外观及组件的完整性，栓口的安装位置及出水方向，水带现状、水枪配置情况以及减压措施。

（5）室外消火栓：包括安装位置、标志牌设置、外观。

（6）水泵接合器：包括消火栓系统、自动喷水灭火系统的水泵接合器安装位置，各种阀门的安装情况、安装标志等。

2. 自动喷水灭火系统

（1）消防水泵：包括自动喷水灭火系统的消防主泵和备用泵。

（2）稳压系统：包括自动喷水灭火系统稳压泵、气压水罐。

（3）湿式报警阀组：包括报警阀、延时器、水力警铃、水源控制阀、压力开关等外观质量及安装位置。

（4）预作用、干式阀、干湿两用阀、雨淋阀组：包括检查阀组设备安装的整齐、规范性。

（5）喷头：包括检查喷头的外观及设置情况、喷头间距。

（6）管道安装：包括检查管道连接、管道安装、管道色标。

（7）末端试水装置：包括检查外观质量及安装情况、标志设置等。

3. 消防水炮灭火系统

（1）消防水炮：包括检查消防水炮的安装位置、间距、固定和标识等。

（2）管道安装：包括检查管网形式、管道连接、管道安装、管道色标等。

（3）系统控制阀门及配件：包括检查各种阀门的安装情况、外观质量及安装标志等。

4. 气体灭火系统

（1）灭火剂储存容器：包括检查储存容器安装质量及安装位置、压力表方向。

（2）储瓶间：包括储存间的气体驱动装置、气动管路、电气连接线路、手动机械操作设备的安装质量、储存装置的布置。

（3）喷头：包括喷头的安装质量及安装间距。

（4）防护区设置安装要求：包括防护区门窗及开口设置要求的检查、泄压口的设置。

（5）管道：包括安装质量及喷涂、管道穿墙、穿楼板处套管封堵、固定措施。

5. 灭火器

（1）灭火器的类型、规格和配置数量。

（2）灭火器设置点的位置、数量、使用环境。

6. 火灾自动报警系统

（1）报警系统布线：包括导线穿金属和非金属管路的防火保护。

（2）火灾探测器：包括探测器的安装位置、模拟功能测试观察其报警性能、报警地址反馈的正确性。

（3）手动报警按钮：包括手动报警按钮的安装位置、高度、距离。

（4）集中报警控制器功能：包括控制器的安装质量及安装位置、柜内布线质量、进线管的封堵、备用电源的设置。

（5）区域报警控制器：包括外观、安装位置和安装质量。

（6）消防联动控制柜：包括检查控制柜的安装质量及位置。

（7）消防通信：包括外观、安装位置和安装质量。

（8）火灾事故广播功能：包括检查扬声器外观、安装位置和安装间距。

7. 电气防火

（1）消防电源及配电情况。

（2）电力线路及电气装置。

（3）火灾应急照明及疏散指示标志：包括检查外观、设置位置、间距和安装质量检查。

（4）电气火灾监控系统：电气火灾监控器运行情况、探测器类型、安装位置等。

（三）消防管理评估要点

地铁消防管理是确保地铁安全、降低消防隐患的重要环节和工作，在开展消防安全评估时，应对地铁消防安全管理制度、机制、消防安全责任落实等情况开展系统的分析和现场调研，应结合地铁运营管理特点，重点关注以下消防安全管理因素：

（1）地铁站制定的消防安全管理章程和操作规范是否完善、操作流程是否存在缺陷（如可能造成设施安全隐患等）；地铁网格化消防安全管理架构体系是否完善，责任是否明确。

（2）从应急救援机制上来看，地铁运营管理体系和机制应包括总调度、线路、站点等不同的层级，应重点关注是否建立统一协调的机制和方案，火灾应急预案、应急疏散方案是否具有完整性，应急响应分级是否清晰、有效衔接。

（3）针对车站出入口、联系通道与周围建筑的连通界面，是否管理到位，责任有无划分清晰等。

（4）信息化因素应重点关注。包括地铁站火灾报警系统、地铁运营信息系统之间的衔接联动关系以及地铁站内火灾安全信息提示等。

信息化建设水平是确保地铁行车安全、提高运载效率的重要环节，承担着城市所有地铁线路安全、高效运营的职责。只有在高层次的信息化地铁运营中，才能最大可能地使地铁列车进行相对安全、有效的监控与管理。经调研可知，近年来地铁系统内部信息传递不畅、与外部沟通不及时均容易造成安全事故，增加管理部门与消防人员处理事故的难度，所以信息化因素必须作为重要的影响因素进行考量。

二、 消防安全评估问题难点分析

对地铁车站进行消防安全评估，在相关因素梳理分析的基础上，识别分析可能诱发地铁车站运行系统火灾风险的影响因素，并运用科学的检查评估方法，对建筑环境因素、内部火灾危险源、建筑防火、消防设施、消防救援条件、消防安全管理体系等进行评估。应建立统一的消防安全评估指标体系，根据评估目标，划分评估单元，确立指标权重，通过现场检查情况经综合评判给出评估对象的风险等级，并提出有针对性、可操作性的提高消防安全等级的措施和建议。

（1）火灾危险源。地铁内部有大量的电气系统、设备设施及电缆，很容易引发火灾。通常采用现场调研、测试的方式，评估发现现场电气火灾隐患、故障等情况，地铁线路火灾危险源主要在于电线电缆使用周期长、电气元件老化、施工造成电缆破损、UPS 设施缺乏安全监测装置等。电缆设施老化是导致整个地铁容易发生火灾及其他安全事故的重要原因。一些地铁使用品质不同、耐压不同的电缆，但都会堆放在一起，隐患风险较大。在实际的使用过程中往往会由于电缆设施负荷过高，导致电线表皮裸露等情况，极易引发火灾事故。如果其中的一条电缆出现问题，可能会影响整个电缆设施，从而导致更加严重的地铁火灾安全事故。另外，地铁内部的一些基础设施，如排风机和空调机及灯光照明等设备，长期的高负荷运转后，在电气火灾监控系统缺失或失效情况下，很容易导致地铁隧道内部火灾。

此外，在地铁站内由于安检不到位、管理巡查不及时，站内出现吸烟引发垃圾桶火灾等情况也比较普遍；或有汽油等危险化学品进站，人员点燃造成较大的影响。地铁站厅内设置配套商业设施，也是一类火灾危险源，此类火灾目前已呈快速增长态势。典型的地铁火灾危险源见表 3-15。

表 3-15 地铁火灾危险源识别

内容	常见主要消防问题
火灾危险源	（1）电气设备元件老化； （2）电线电缆使用周期超 20 年； （3）电线电缆绝缘层破损； （4）电气线路回路三相不平衡，剩余电流较大； （5）无电气火灾监控系统，或监控系统误报率高而关闭状态； （6）存在人员抽烟等不安全行为； （7）站内 UPS 电池设备异常未处理

（2）建筑防火。为保证建筑物的安全，必须采取必要的防火措施。建筑防火措施可有效控制火灾延烧和烟气蔓延范围。通过控制火灾风险较高的功能区，采取必要的防火分隔措施，划分防火分区，设置相应排烟防烟设施，建筑物一旦发生火灾，可以有效地把火势控制在一定范围内，减少火灾损失，同时可以为人员安全疏散、消防救援提供有利条件。对建筑防火现状检查评估主要包括总体平面布置、防火分区、防火分隔、防烟分区、挡烟设施、人员疏散设施及内部装修等。

地铁车站建筑按照规范设计，耐火等级应不低于二级。总体平面布置主要包括车站类型、与周边商业联通等。防火分区大小可控制火灾最大延烧的范围，普通站、换乘站根据其功能，防火分区控制大小有所区别，尤其大型换乘站站厅一般会通过性能化评估论证方法分析评估并论证防火分区面积扩大问题。防火分隔措施主要包括防火墙、防火隔墙、防火门、防火卷帘、电线电缆封堵等设施。地铁安全疏散不同于其他一般建筑，地铁的疏散路径、安全出口的设防要求不同，地下楼梯间相对较少，一般情况下，地铁有3~6个安全出口，数量上相对有限，但地铁内的乘客密度却非常大，如果发生火灾，其乘客中人员年龄、心理承受能力不同，较容易出现恐慌、疏散混乱现象，影响疏散效率，甚至造成踩踏伤亡事故。安全疏散是地铁火灾时重要因素，针对不同的车站和设计情况应重点评估其疏散路径、疏散设施、安全出口类型以及现客流下的人员疏散能力。

通过现场评估和调研检查，地铁车站在建筑防火方面存在的消防安全问题主要有两类。第一类为新旧规范带来的风险问题，即满足建筑设计时的规范要求，但随着新旧规范修编，其可能会造成不满足现行规范技术。根据现场整改难度大小，又可分为近期整改难度较大而无法整改的，如结构防火、疏散楼梯等涉及结构整改难度较大；以及近期整改难度不大，可通过整改，提高建筑整体消防安全水平的，如排烟设施的更新、设备更新、增加必要的应急设备等相关机电设备类的问题；第二类为隐患问题，现状不满足建筑设计时的规范标准，或因后期施工、管理等问题，造成违反建筑设计规范，应进行整改消除的问题。所以针对不同建设时期的车站，应采用不同时期的标准进行隐患识别，正确区分隐患和风险问题是分析的重点和难点，并根据问题重要性和风险大小，分阶段分步骤进行问题整改，对提升消防安全水平至关重要。地铁车站建筑防火方面常见主要问题见表3-16。

表3-16 建筑防火方面常见问题

内容	常见主要消防问题
防火分区/防火分隔	隐患： （1）值班室常闭防火门被椅子阻挡而常开； （2）地铁站厅与商业连接通道防火分隔的防火卷帘无法联动降落，防火卷帘下放置物品； （3）连接通道内设置商业店铺，并采用普通门分隔； （4）共用大厅采用大量的防火卷帘，卷帘与柱之间无有效防火封堵； （5）设备机房与其他区域防火分隔不满足要求； （6）后期增设配套商业且无有效分隔，店铺无自动灭火系统
	风险： 商业店铺距离通道连接口过近

续表

内容	常见主要消防问题
电气	隐患： （1）电缆桥架部分未跨接； （2）电气火灾监控器误报率高，监测剩余电流达 2 553mA，有报警未处理停止使用； （3）配电柜箱电缆夹层无有效封堵
	风险： （1）风机配电柜电器元件老化； （2）配电箱内无电路线路示意图； （3）电线电缆使用时间 20 年以上，老化严重
安全疏散	隐患： （1）附属用房的防火分区无直通室外的楼梯口； （2）安全出口或疏散出口因管理需要被锁闭，火灾时无法自动打开； （3）应急照明灯损坏，电压不稳； （4）地面疏散导流指示标志个别方向错误
	风险： （1）电缆夹层无应急照明、疏散指示标识； （2）进站通道设置过多安检设施，疏散通道宽度不够

（3）消防设施系统。对地铁车站消防系统设备设施和系统进行评估，通常包括建筑中设置的所有消防设施和系统，主要有火灾自动报警系统、消防给水及消火栓系统、自动灭火系统、防排烟系统、应急照明及疏散指示系统等。对于设备设施的评估，主要有两种评估方式：一种为现状评估，即对消防系统中各设备设施的设计条件和管理状态进行分析评估；另一种是对系统进行性能可靠性评估，即采用专业的仪器设备对消防设备设施系统进行性能检测，主要通过系统设备运行和控制模式，如自动联动、手动方式等进行性能检测和可靠性分析。消防设备设施的运行状态是否正常关乎整个车站的消防安全及人员生命安全。根据以往评估经验和消防安全管理规定，地铁车站通常聘请第三方具有专业资质的消防设备设施维护保养团队进行日常的巡视和维保，一定程度上可确保消防设备设施具有良好的状态。以往由于管理机制、社会服务机构市场环境的影响，日常维护保养、消电检也只是对设备进行抽检，抽检数量有限，甚至检测工作流于表面，是无法保障整个系统处于完好状态。尤其针对开展过特殊消防设计的、建筑规模大的地铁站，往往无法保障特殊消防设计方案在日常管理中处于可靠状态。而且对建设早、运行时间长的地铁站，现行消防标准体系针对某一些设备使用周期无明确的规定，也造成一些设备老化严重、性能降低。再者，考虑到规范更新和设备老化问题，消防设备设施整改难度较大，地铁站运营特点也造成消防设备隐患整改难度加大。因此对于地铁站消防设备设施的评估原则，在考虑新旧规范更新因素上，应以满足使用和安全性能需求为主要因素，针对隐患、风险问题提出相应隐患整改、风险控制、风险消减等针对性措施，以保证地铁车站处于相对安全状

态。地铁车站在消防设施系统方面评估中出现的主要问题见表 3-17。

表 3-17 消防设施系统方面常见问题

内容	常见主要消防问题
消防水系统	隐患： 消火栓泵联动未启动，电子元件损坏
	风险： (1) 水泵接合器无明显标识； (2) 水泵配电柜设置在管道下方，顶部无挡水设施； (3) 管道夹层存在跑冒滴漏现象
防排烟系统	隐患： 站台至站厅敞开楼扶梯东楼断面风速 1.2m/s
	风险： 站台防烟分区的挡烟垂壁间存在拼接缝
火灾自动报警系统	隐患： (1) UPS 蓄电池间未设置可燃气体探测器； (2) 电缆夹层未设置火灾探测器； (3) 站厅增加的配套商业店铺无火灾自动报警系统
	风险： 站台层个别点式感烟探测器距离空调送空口过近，不足 1.5m
气体灭火系统	隐患： 气体灭火系统模拟测试无法自动联动
	风险： (1) 气体灭火钢瓶间内缺少控制分区标识； (2) 预制式气体灭火装置喷嘴前 2.0m 内有阻碍释放的障碍物； (3) 气体灭火控制器打在手动状态； (4) 部分电气设备房间未设置气体保护
应急照明及疏散指示系统	隐患： 疏散楼梯间无安全出口标志
	风险： (1) 个别地面引导疏散指示标志损坏； (2) 地下区间道床面疏散照明的最低水平照度小于 3.0 lx
灭火器	隐患： (1) 配电间附近未配置灭火器； (2) 灭火器配置点仅设置 1 具灭火器

（4）消防救援条件。消防车通道是消防人员实施营救和被困人员疏散的通道。消防车道从使用、管理上也不能被占用、堵塞、封闭，由于地铁站形式和地下车站未明确消防车道设

置要求，往往地下车站的消防救援通道容易被忽略。而地铁车站以地下车站为主，是地下人员聚集的场所，地铁车站、区间隧道的消防救援和安全疏散问题仍是救援难题，初期火灾的救援尤为重要，而通过大量地铁车站的调研，由于地面市政道路处于日常空白管理问题，地铁站地面周围消防车通道往往会被大量自行车占用堵塞，严重影响消防员快速救援通达性。

在开展地铁车站消防救援条件评估时，应根据地铁站形式和规模，重点分析评估地面消防救援通道、地下消防救援出入口与消防救援站的距离等主要因素，其中与消防救援站的距离远近也在一定程度上决定了消防救援快速响应水平，距离越近，消防车到达的时间越快，越有利于初期火灾扑救，人员救援的第一黄金时间也会得到提高。

（5）消防安全管理体系。消防安全管理评估主要是对车站消防安全管理情况进行综合评估，包括消防安全管理制度完备性、落实情况，可划分为建筑消防行政许可、消防安全组织体系［如消防安全责任人、消防安全管理人、专（兼）职消防管理员的确定及变更］以及消防安全管理规范化（灭火和疏散应急预案及演练、消防安全培训及演练、消防档案规范管理、消防安全标识规范等）、消防安全“四个能力”（即检查消除火灾隐患能力、组织扑救初期火灾能力、组织疏散逃生能力、消防宣传教育能力）建设、消防安全隐患整改落实等情况。

具体需调研查阅、检查的消防安全管理情况应包括消防机构签发的各种法律文书、消防设施定期检查记录、自动消防设施全面检查测试报告以及维修保养的记录、火灾隐患及其整改情况记录、防火检查、巡查记录、有关易燃易爆物品、电气设备检测（包括防雷、防静电）等记录资料、消防安全培训记录、灭火和应急疏散预案的演练记录、火灾情况记录、消防奖惩情况记录等。

消防安全管理评估通常采用访谈调研、实地踏勘和资料分析等方式进行评估，通过评估发现，主要存在消防管理制度不完善、消防安全职责落实不到位，消防巡查检查工作不到位等情况，因此导致出现较多的管理问题。一般地铁站在消防安全管理方面存在的主要问题如下：消防控制室人员未持证上岗、值班、巡查，检查记录未按时填写，记录要素不完整，无消防安全重点部位的标识，灭火器被遮挡，控制室内存放大量的可燃物等。

（6）环境条件。消防安全评估是识别分析火灾风险水平的过程，车站能够承受的火灾风险水平除车站本身火灾风险、消防安全状况以外，还受该地区经济水平、区域敏感程度、周边不利条件的影响。在开展不同地区、区域的地铁车站的消防安全评估时，应综合考虑周边环境条件，如是否位于政治敏感区、环境脆弱区等。通常，政治敏感区、周边环境比较脆弱区域受地铁车站的影响也较大，地铁车站可接受的火灾风险水平也较低，相应地，对地铁消防安全水平、车站本质安全要求也较高。

三、 工程应用案例

本节以某城市综合性交通换乘地铁站消防安全评估为例，对其消防安全评估步骤流程、评估方法、措施对策等进行分析。

1. 项目概况

地铁车站为地下二层岛式车站，埋深 12.3m，有效站台宽度为 14m，主体为三跨二层矩形框架结构形式，有效站台长度 140m。地下一层为国铁与地铁出站及换乘大厅，换乘大厅建筑面积约 1.0 万 m^2。地铁车站设有 4 部直通室外的出入口通道，换乘大厅作为疏散安全区，通过性能化评估方式进行设计。地下一层换乘大厅与国铁之间采用防火卷帘进行分隔，在卷帘旁侧设置紧急疏散门。靠近进入口通道设置了2处服务商业，单个商业店铺面积10m^2。

地铁车站设有室内消火栓、自动灭火系统、气体灭火系统、机械排烟系统、火灾自动报警系统等。

2. 评估内容和范围

以符合法律法规和标准规范要求为出发点，提升车站消防安全管理水平为目标，通过对车站消防工作任务进行分析，评估地铁车站管理部消防管理工作与现行国家法律法规、管理规定的符合情况、落实情况，评估与地铁线路、车站实际需求的匹配情况，分析地铁车站消防管理工作存在的问题，提出改进建议。

评估内容包括火灾危险性、总平面布局、建筑防火、消防给水及消火栓系统、自动喷水灭火系统、气体灭火系统、火灾自动报警系统、防排烟系统、电气防火和消防救援、消防安全管理等十个部分。

该换乘地铁站位于地下，站厅规模大、客流较大，电气设备较多、需勘查的火灾风险因素多，工作量大、涉及面广。该换乘地铁站与国铁站房进出站融合联通，采用了城市通廊、通道等不同的分隔方式，涉及多方管理运营单位，存在连通、交叉、空白的区域，设施管理运营状态有效性应重点关注。

3. 评估步骤流程

该综合性交通换乘地铁站消防安全评估工作包括两部分的内容，一是消防安全评估，包括对地铁站建筑消防安全管理现状、建筑防火现状、消防设施系统、消防救援条件、火灾危险源、周围环境条件进行评估；二是开展定量性能评估分析，该地铁站以火车站客流换乘为主，与国铁站房融合建设，设计阶段开展性能化设计评估，包括对车站火灾烟气模拟、人员安全疏散、不同功能区防火分隔的消防方案进行再评估。

开展地铁消防安全评估工作，应在针对该车站概况、周边关系了解的基础上，制定符合建筑特点的步骤流程。该步骤流程按照工作阶段和内容可划分成5个独立而又密切相关的子步骤流程，详见表3-18。

表3-18　各阶段流程内容

序号	流程	工 作 内 容
1	评估启动和策划阶段	（1）组建评估工作小组，制定工作方案； （2）召开项目启动会，明确工作任务和工作机制； （3）对实施方案进行细化和完善； （4）与被评估单位的沟通，初步了解被评估建筑设计建设、审查等基本信息； （5）明确评估依据、标准和方法
2	项目评估调研沟通	（1）开展与被评估单位的沟通协调，相关资料收集； （2）确定各专业现场调研、系统检测工作安排； （3）制定现场调研评估检查记录单

续表

序号	流程	工作内容
3	实地现场调研、检测评估	（1）开展现场调研、部门访谈； （2）分组针对建筑防火、消防设施、消防救援、火灾危险性和周边环境条件、消防安全管理开展现场调研或检测
4	性能化评估工作流程	（1）收集相关资料，调研现场客流统计情况，确定疏散人数和疏散路径； （2）烟气控制、人员疏散、商业增加或改造情况等分析评估
5	量化评估计算报告编制	（1）根据被评估车站规模和特点，确定评估量化标准和分级依据； （2）分析现场调研风险、隐患问题，形成整改建议； （3）量化评估计算，确定车站消防安全水平
6	提出风险防控建议对策	针对消防安全水平，隐患风险清单情况，从风险防控、风险消减、隐患消除等多方面提出整改建议和对策

4. 评估方法

针对地铁车站的建筑特点，可采用基于层次分析法的半定量评估方法对地铁建筑的消防安全水平进行评估，确定地铁建筑的火灾风险等级。层次分析的评估方法原则上是把一个系统分为多个层次，一般取为二层或三层，每个层次的单元根据需要进一步划分为若干因素，再从火灾可能和火灾危害等方面来分析各因素的火灾危险度。各个组成因素的危险度是进行系统危险分析的基础，在此基础上确定评估对象的火灾风险等级。针对评估指标因素的量化计算，可在模糊数学理论的基础上，基于系统分析及熵权模糊综合评价法，采用定量与定性相结合的分析方式，提出地铁消防安全状况评估计算模型。

针对该地铁站的消防安全评估，应根据地铁管理特点、安全主要影响因素、火灾危险源等进行全面、系统的评估，针对其运营过程中存在的消防隐患，提出相应的整改措施。首先，重点关注地铁火灾发生时的特点及危险性，识别地铁相关火灾危险源和消防安全隐患。其次，通过专家量化、既有数据统计分析，构建出地铁消防安全特征的安全评价指标体系以及量化评价标准。最后，根据最终评估结果和安全水平，针对不同消防安全隐患、火灾危险源、消防安全管理现状提出针对性的整改完善措施。

（1）层次分析法。层次分析法是一种定性与定量分析相结合的多因素决策分析方法，将决策者的经验判断进行量化，在因素结构复杂且缺乏必要数据的情况下非常实用。层次分析法把复杂问题分解为不同的要素，并将这些要素归并为不同的层次，从而形成多层次结构，在每一层次可按某一规定准则，对该层要素进行逐次对比，建立判断矩阵，通过计算判断矩阵的最大特征值和对应的正交化特征向量，得出该层要素对于该准则的权重。在这个基础上计算出各层次要素对于总体目标的组合权重。

1）构造体系层次。

①建立递阶层次结构模型，模型通常分为目标层、准则层和措施层。

②采用专家打分法进行因素指标的重要度排序处理，并采用 1~9 比例标度的判断方

法进行两两对比分析，汇总于构造的判断矩阵中进行权重系数的处理。

③构造判断矩阵。计算各指标权重系数，首先要构造判断矩阵。判断矩阵的元素值反映人们对各因素相对重要性的认识，是将上一层次的某个元素作为评判准则，对同一层次的各个元素重要性进行两两比较，将比较的评判结果用数值表示。一般采用 Saaty 的 1~9 比率标度法，将两两比较后得出的数值写成矩阵形式，即判断矩阵。若判断矩阵是以上一层某个元素 Z_i 作为评判准则，对下一层 n 个元素进行两两比较，构成 $m \times n$ 阶判断矩阵，如下：

$$\mathbf{Z} = \begin{bmatrix} z_{11} & \cdots & z_{1n} \\ \vdots & \ddots & \vdots \\ z_{n1} & \cdots & z_{nn} \end{bmatrix} \tag{3-8}$$

以上判断矩阵 $\mathbf{Z}=(Z_{ij})$ 具有如下特征：$z_{ij}=1/z_{ji}(i=1, 2, \cdots, n)$。

2）计算各指标的权重系数。由于构造的判断矩阵是正矩阵，故可求出最大特征根 $\lambda_{\max}$ 所对应的特征向量 $\boldsymbol{W}$。根据方程 $\boldsymbol{ZW}=\lambda_{\max}\boldsymbol{W}$，求出特征向量 $\boldsymbol{W}$，经过归一化处理后得到各指标的权重系数。计算权重向量和特征根 $\lambda_{\max}$ 的常用方法有“和积法”“方根法”和“幂法”。此处选用“和积法”进行计算，具体计算步骤如下：

①对判断矩阵 $\mathbf{Z}$ 按列进行规范化。

$$\overline{z_{ij}} = \frac{z_{ij}}{\sum_{k=1}^{n} z_{kj}} (i, j=1, 2, \cdots, n) \tag{3-9}$$

②对正规化后的判断矩阵再按行进行相加。

$$\overline{W_{ij}} = \sum_{j=1}^{n} \overline{Z_{ij}} (i, j=1, 2, \cdots, n) \tag{3-10}$$

③将按行相加得到的和向量进行正规化计算所得到的特征向量即为权重向量。

$$W_i = \frac{\overline{W_i}}{\sum_{j=1}^{n} \overline{W_j}} (i, j=1, 2, \cdots, n) \tag{3-11}$$

计算所得到的特征向量 $\boldsymbol{W}=(w_1, w_2, \cdots, w_n)$，$\boldsymbol{ZW}=(w_1, w_2, \cdots, w_n)^{\mathrm{T}}$ 即为权重向量。

④根据方程 $\boldsymbol{ZW}=\lambda_{\max}\boldsymbol{W}$，计算矩阵最大特征根 $\lambda_{\max}$。

$$\lambda_{\max} = \sum_{i=1}^{n} \frac{(\boldsymbol{ZW})_i}{nW_i} = \frac{1}{m}\sum_{i=1}^{n} \frac{(\boldsymbol{ZW})_i}{W_i} \tag{3-12}$$

3）一致性检验。由于人们对客观事物认识的多样性，所给出的判断矩阵并不一定完全保持一致。为了判断构造的判断矩阵所求出的特征向量是否合理，还需对判断矩阵进行一致性检验，计算一致性比率公式如下：

$$CR = \frac{\lambda_{\max} - n}{(n-1)RI} \tag{3-13}$$

式中：CR——一致性比率；

n——为判断矩阵的阶数；

RI——平均随机一致性比率，其取值如表 3-19 所示。

表 3-19 *RI* 值

矩阵阶数	1	2	3	4	5	6	7	8	9	10
RI 值	0. 00	0. 00	0. 58	0. 90	1. 12	1. 24	1. 32	1. 41	1. 45	1. 49

当 $CR<0.1$ 时，表示构造的判断矩阵通过了一致性检验，则认为该判断矩阵具有满意的一致性。否则，就需调整判断矩阵，重新计算权重，直到取得满意的一致性为止。

（2）熵权模糊评价。实际操作中，许多因素都是难以量化的，只能用模糊的概念来进行评判比较。针对地铁消防安全现状的影响因素来说，有的是可以量化的，而有的则又是模糊的，这就需要对这些模糊的概念进行科学的量化处理，以此进行科学分析。熵反映了一个系统的无序化程度，具有不确定性度量的特点。一个系统的熵值随着外部环境的变化而变化，当熵为状态函数时，系统的不确定性随着熵值的增大而增大，反之，熵值越小，系统越趋于稳定。采用熵权法赋权，可根据决策中获得信息的数量及质量来决定精度，以此排除指标赋值时的主观任意性，从而提高评价结果的科学性和客观性。

利用上式的标准化矩阵可计算出第 i 个指标的熵值 e_i：

$$\mathrm{e}_i = -k\sum_{i=1}^{n}(\overline{Z_{ij}}\cdot\ln\overline{Z_{ij}})(i,\ j=1,\ 2,\ \cdots,\ n) \tag{3-14}$$

其中，$k>0$，取 $k=\dfrac{1}{\ln n}$，$\mathrm{e}_i\in[0,\ 1]$，如果 e_i 趋于1，表示在第 i 指标下各方案的贡献度基本相同，则该指标在决策时不起作用；相反，若在第 i 指标下各方案的贡献度差别较大，表明该指标提供的信息较大，其权重值也较大。则可以得到各指标的熵值权重 w_i 为：

$$w_i = \frac{1-\mathrm{e}_i}{\sum_{i=1}^{n}(1-\mathrm{e}_i)} = \frac{1-\mathrm{e}_i}{n-\mathrm{e}_i}(i=1,\ 2,\ \cdots,\ n) \tag{3-15}$$

（3）指标因素量化方法。

1）国家法律法规标准。针对已经建立相关法律法规标准的部分指标，此类因素分级标准结合法律法规标准、火灾危险性、火灾影响后果等因素，并考虑有无的情况，进行级别划分。

2）基于统计分析法分级。针对因素基础数据收集较为全面，量化等级划分有数据可依的因素，通过基础数据统计分布特点、类聚性特性、模糊数学理论，确定每个风险水平的分值区间，经无量纲处理确定每级风险水平分值。

3）打分赋值分级。主要针对因素尚无相关法律法规、标准可依据，或基础数据获取难度较大，因而无法以此完全定量化的因素，但该类指标对火灾风险防控起重大作用。进行有或无两个等级划分，并根据其目前建设状况和条件，分级别进行专家打分赋值，并进行数据模糊熵权计算，降低专家打分聚类误差。

（4）消防安全水平分级。目前常用的消防安全水平等级划分一般为 4 个或 5 个等级。风险等级划分越细越能体现风险水平差异性的特点，综合考虑个体火灾风险水平、各因素之间的相互影响，参考《火警和应急救援分级规定（试行）》中将火警划分为五级的分类划分标准，将地铁车站消防安全状况划分为 5 个等级，具体如表 3-20 所示。

表 3-20 等级划分

等级	评分范围	评语	分级说明
Ⅰ级	[20，0)	低安全水平	风险水平不可接受，存在重大安全隐患，极有可能造成重大伤害，应及时整改，加强建筑防火，消除消防隐患，加强风险水平管控
Ⅱ级	[40，20)	较低安全水平	风险水平不可接受，存在较大安全隐患，极有可能造成较大伤害，加强整改和火灾风险管控能力的建设
Ⅲ级	[60，40)	中等安全水平	风险水平基本不可接受，存在较多安全隐患，极有可能造成较大伤害，加强消防设施系统维护管理，加大日常消防安全管理，提高风险管理水平
Ⅳ级	[80，60)	较高安全水平	风险水平基本可以接受，存在一般性安全隐患，加大消防安全管理，加强风险水平管控
Ⅴ级	[100，80)	高安全水平	风险水平可以接受，安全隐患较少，安全风险较小，加强管理，持续改进

注：分值越低风险越高，安全水平越低。

5. 评估指标体系构建

(1) 指标体系。评估指标分为一级指标和二级指标。

一级指标包括火灾危险源、建筑防火性能、安全疏散、消防设施及系统、内部消防管理、消防救援条件、周围环境条件。

二级指标包括电气火灾、火灾历史、商业服务设施、易燃易爆危险品、吸烟不安全行为、车站形式、车站类型、建筑面积、人员荷载、消防扑救条件、防火分隔、防火分区、疏散通道、消防给水、灭火器材配置、防排烟系统、疏散诱导系统、火灾自动报警系统、自动灭火系统、消防设施维护、消防安全制度完备性、消防安全责任制、消防应急预案、消防培训与演练、隐患整改落实、消防组织管理、区位特性、周边建筑联通类型等。

具体的消防安全评估指标详见表 3-21。

表 3-21 地铁车站消防安全评估指标体系

一级指标			二级指标		
序号	内容	权重	序号	内容	权重
1	火灾危险源	0.15	1	电气防火	0.30
			2	火灾历史	0.15
			3	商业服务设施	0.20
			4	易燃易爆危险品	0.25
			5	吸烟不安全行为	0.10

续表

一级指标			二级指标		
序号	内容	权重	序号	内容	权重
2	建筑防火	0.15	6	车站形式	0.10
			7	车站类型	0.15
			8	建筑面积	0.25
			9	防火分区	0.20
			10	防火分隔	0.30
3	安全疏散	0.25	11	人员荷载	0.12
			12	安全出口、疏散通道	0.35
			13	火灾应急照明	0.10
			14	火灾警报和应急广播	0.15
			15	疏散指示、引导设施	0.28
4	消防救援	0.10	16	专兼职消防救援队	0.50
			17	灭火救援设施	0.25
			18	消防救援站距离	0.25
5	消防安全管理	0.25	19	合规性	0.10
			20	消防设施和电气年度检测	0.10
			21	规章制度完备性	0.15
			22	组织管理体系	0.10
			23	灭火应急预案及疏散	0.12
			24	防火巡查和防火检查	0.15
			25	火灾隐患整改	0.10
			27	消防安全标识规范化	0.08
			28	四个能力建设	0.10
6	周围环境条件	0.10	29	区域敏感性	0.50
			30	周边脆弱性	0.15
			31	联通建筑特性	0.35

（2）热烟试验测试。目前对于地铁车站防排烟系统有效性分析来说，现场试验是一种比较好的解决方案。这种方法真实可靠，试验效果直观，因而受到广泛的应用。现场试验又分为冷烟试验和热烟试验。但是我国并没有形成统一的现场试验标准规范，而且现场测试可能会对建筑造成不同程度的污染，目前一般利用热烟测试方法来评估建筑物烟气控制系统的有效性。通常根据站台形式和疏散路径，针对站台、展厅确定火灾位置，重点测试站台、站厅排烟效果，以及站台通向站厅楼扶梯洞口 1.5m/s 风速是否可形成。

1）站台中部火灾。

工况 1：站台中部火灾，站厅排烟口关闭，站台排烟口全部开启。火灾场景见图 3–2。

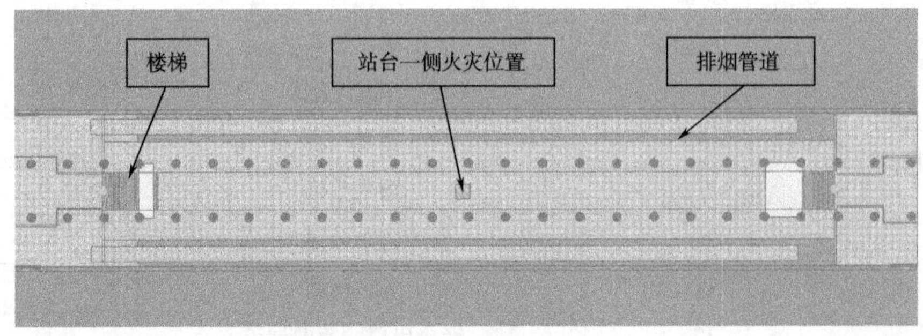

图 3–2 火场场景 1

2）站台一侧火灾。

工况 2：站台一侧火灾，站厅排烟口关闭，站台排烟口全部开启。火灾场景见图 3–3。

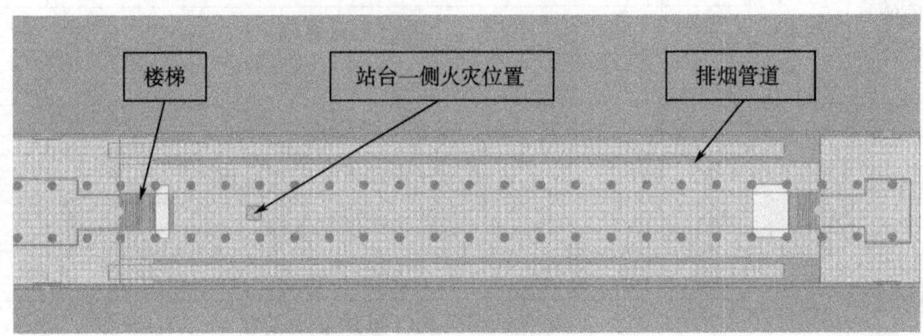

图 3–3 火场场景 2

3）站厅火灾。

工况 3：站厅火灾，站厅排烟口开启，近火源一侧站台排烟口开启。

工况 4：站厅火灾，站厅排烟口开启，远火源一侧站台排烟口开启。火灾场景见图3–4。

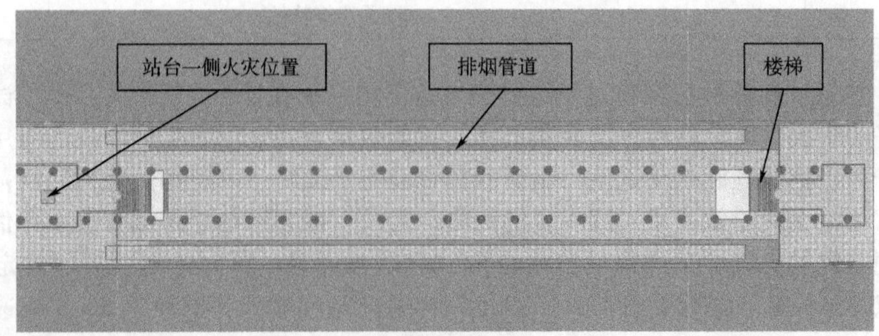

图 3–4 火场场景 3

（3）模拟计算评估。

1）烟气模拟。利用火灾动力学软件 FDS 对车站排烟模式、效果进行模拟，给出验证结果和模拟结论。根据 CAD 图纸，结合现场勘查情况，建立 FDS 模型，如图 3-5 所示。

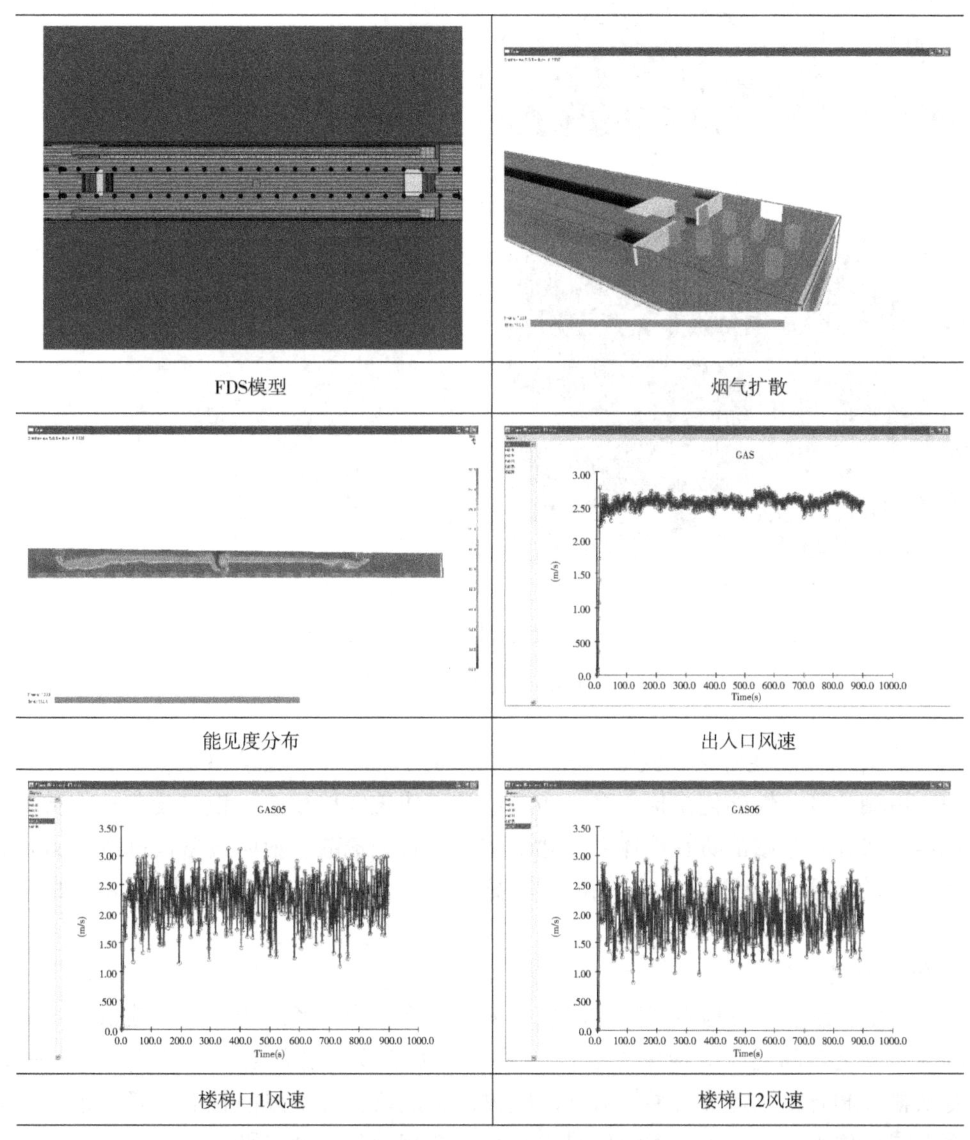

图 3-5　FDS 烟气模拟示意图

2）疏散模拟。人员疏散模型建立是基于车站提供的图纸，对 CAD 图纸的必要简化与组合，然后将 DXF 格式的文件导入 PyroSim2010、STEPS、Evacuator、Pathfinder 软件，增加疏散关键影响要素、相关连接和参数。开展现状评估时，由于地铁运行特点，一般可结合实际导流设施的情况，进行疏散情景的再构建，更加真实模拟分析日常运营状态的疏散情况，该地铁 STEPS 软件模型如图 3-6 所示。

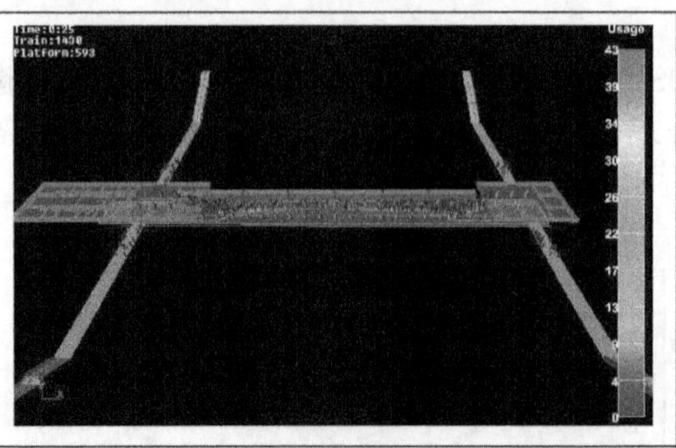

疏散模型1

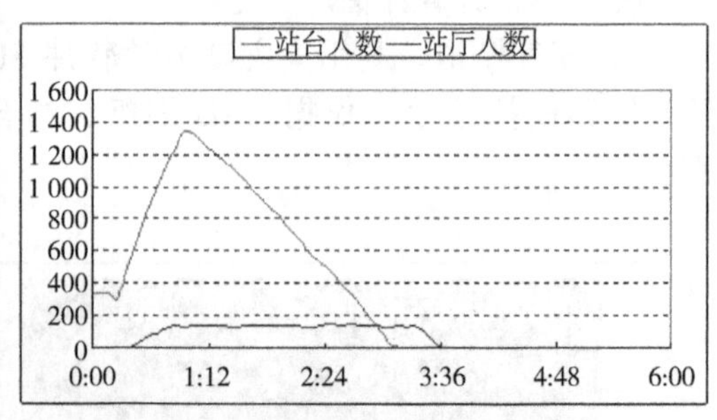

场景1疏散模拟人数变化

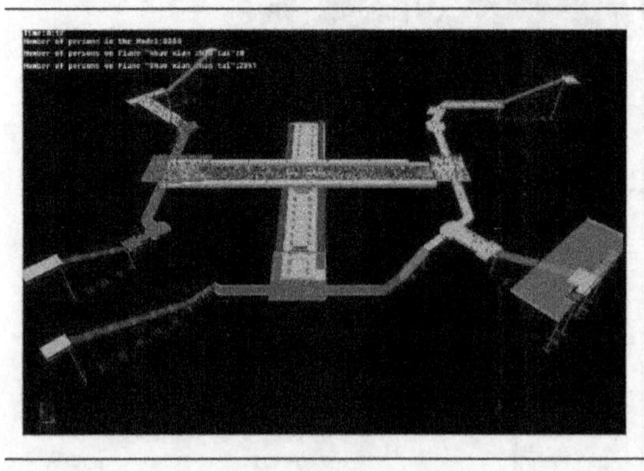

疏散模型2

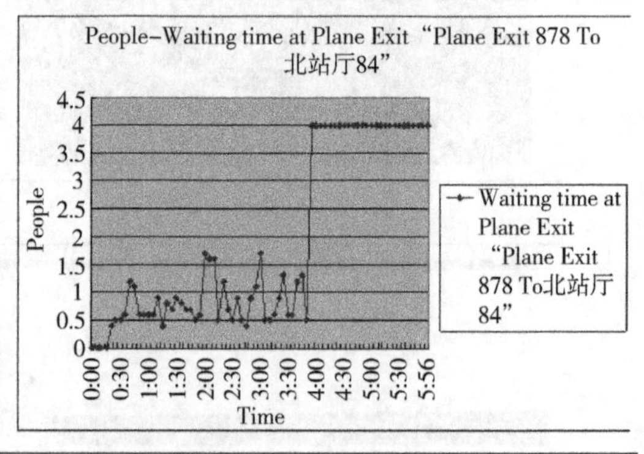

场景2站台某楼梯人员等待时间

图 3-6　疏散模型示意图

（4）计算结果。在对该地铁车站各项资料查阅的基础上，综合现场调研、专家判定打分、熵变模糊计算、性能化模拟仿真、访谈记录、建筑实地核查、设施设备功能检测和系统测试等方法，对车站消防管理体系、建筑防火、安全疏散、消防设备设施等多方面进行全面系统评估。经综合评定，该单位消防安全风险指数 79.6，消防安全水平处于较高水平。

6. 建议对策

根据评估结果和现场检查发现的隐患、火灾风险类型，考虑既有建筑改造难度问题和设计标准新旧更新问题，应根据重要性、紧迫性和整改难易程度进行分类，提出立即整改、专项整改和升级改造等三种针对性的整改措施建议，并从风险控制、隐患消除、风险消减等不同措施手段，最大程度降低风险水平，提高消防安全水平。

（1）隐患。

1）Ⅰ类隐患。此类问题主要不满足原设计规范要求，但消防系统整体故障类问题，可立即整改的。

①现场测试站台至站厅敞开疏散楼梯 1 断面风速为 1.4m/s，不满足规范 1.5m/s 的要求。

建议对策：应聘请第三方机构进行通风系统排查，包括风机、管道等现状，检查管道漏风情况、风机选型，应进行专项整改，进行管道或风机更换。

②地铁站厅与国铁联通通道内防火卷帘无法联动下降。

建议对策：立即整改，系统排查防火卷帘联动控制系统，更换相关驱动部件。

③电线电缆使用周期超 25 年，个别配电柜内电气元件老化。

建议对策：按照新规范要求立即整改，更换电线电缆和配电柜，满足现行规范相关要求。

④电气火灾监控器误报率高，有报警未处理停止使用。

建议对策：立即整改，建议聘请第三方专业机构，对电气回路剩余电流、配电回路情况进行系统检测，选择合适的探测器进行检测。

2）Ⅱ类隐患。此类问题主要为不满足原设计规范要求，但整改难度较大，主要涉及结构改动问题，短期内无法整改，但应采取必要的其他技术措施或管理措施降低风险。

隐患：铁路站房的融合，客流量超原客流预测高峰客流量，造成人员疏散时间超规范要求。

建议对策：应制定车站中远期整改计划，结合车站后期改造提升疏散条件。近期应做好疏散流线规划，应确保各进出站口、疏散楼梯畅通，采取必要客流统计预测手段并加强日常管理，确保人员安全疏散。

（2）风险。

1）地铁站厅内增加配套商业店铺 $10m^2$，距离通道连接口过近。

建议对策：立即整改，按照现行规范要求调整商业配套布置位置，保证店铺固定分隔，门窗洞口保持一定安全距离。

2）消防控制室、消防泵房等无消防重点部位标识。

建议对策：立即整改，按照相关管理规范要求，设置重点部位标识。

第四章 大型交通建筑风险控制关键技术研究

与其他公共建筑相比，大型交通建筑空间高大、人员密集，作为城市的地标建筑，往往较多地采用了各种新材料、新工艺和新构造，因此其火灾危险源及使用的建筑材料均呈现出不同的特点。新型材料的开发应用，必然带来新的火灾风险隐患，在工程应用上，需通过试验研究确立适当的防火安全保障指标，从根本上提高建筑的防火安全水平。机场航站楼、铁路站房和地铁车站及上盖等大型交通建筑灭火救援困难，发生火灾事故初期主要依靠自防自救，因此其消防设施数量较多，设计复杂，设施维护较为困难，但实际工程发现消防给水设施的可靠性和耐久性难以保证，也缺少相应的评价方法。此外地铁火灾事故极易导致严重后果，烟气是地铁火灾中导致人员死伤的关键因素，对地铁站台进行防排烟系统大断面风速测试显得尤为重要。地铁车辆基地上盖开发的上盖结构整体抗火安全受构造做法及判定方法的影响，目前尚无科学的评价方法。为此，大型交通建筑火灾风险控制需要从源头入手，并对当前实际工程中发现的消防给水设施可靠性、地铁火灾烟气控制、地铁车辆基地抗火评估等方面进行诊断并提出解决方法。

第一节 火灾危险源及燃烧性能研究

大型交通建筑作为经济社会发展的代表性产物，是支持所在地区经济和社会发展的重要基础设施，已建成的大型交通建筑有很多类型，常见的包括机场航站楼、铁路站房、地铁车站及地铁车辆基地上盖开发等。它们均呈现出空间大、跨度大、投资高、人流密度大等特点，一旦着火，往往控制难度很大，可能发生重大的伤亡事故和造成巨大的财产损失，并可能导致交通瘫痪甚至影响到社会稳定。在科学技术迅猛发展的现代社会，大型交通建筑还往往作为城市的名片，并成为美化城市的一种艺术品和城市的地标性建筑，采用了许多新材料、新技术、新设备，也因此给建筑的防火安全提出了更高的要求。

一、火灾危险源

（一）火灾的成因与发展

所谓的火，基本上是指一种快速的氧化过程，并伴随有热、光、焰的产生，同时也会发出声音，是一种极其复杂的物理化学现象。

通常认为，火的形成必须具备三个基本条件，即可燃物、助燃剂（一般是氧气）和火源（如火焰或高温作用），它们构成了所谓的“火三角”，见图 4-1。这三个条件必须同时存在并且相互接触才能发生燃烧现象，三者缺一不可。

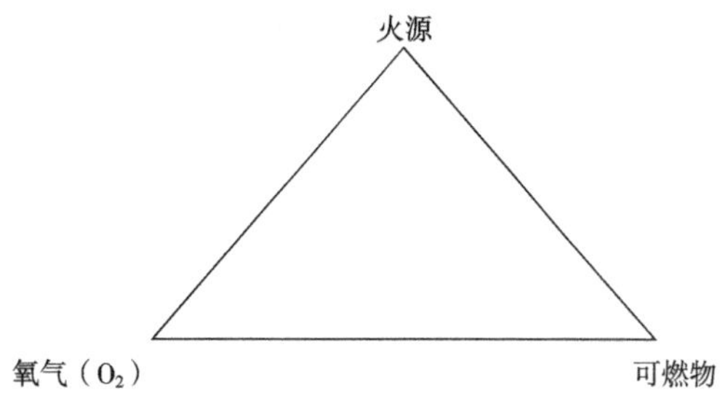

图 4-1 火三角形

从火灾发展的微观角度看，可将其分为以下六个阶段。

第一阶段，吸热阶段。当材料周围有热源或火源存在时，接近热源或火源的材料表面的结构分子吸收外界能量，分子运动加剧，分子间的间距加大，表现出来的宏观现象是材料的表面温度升高。这一过程中在周围热源或火源的作用下，材料表面结构分子的热物理运动不断加剧。当这种热物理运动达到一定程度时，燃烧转入第二阶段。

第二阶段，热解阶段。材料表面结构分子运动的加剧导致了其表面温度的升高。当材料表面温度上升到一定程度时，被加剧运动的表面分子在继续吸收能量后，将导致组成分子的各原子之间的引力平衡被破坏，各原子之间开始重新组合，形成新的更小的分子。材料表面开始经历热解过程，伴随产生的是材料自身开始放热，并引发材料自表及里、自近及远的吸热和热解过程。材料热解时将产生 CO、CO_2、HCl、H_2O、HCN 等多种热解产物，对于含有有机物的材料来说，还将释放出甲醛、丙烯酸、醇类及醚类等有机易挥发的可燃性物质。

第三阶段，发烟阶段。随着材料热解运动的加剧，其热解范围逐渐扩大，材料本身将分解出更多的气体，所分解出的气体分子聚合成大直径的芳香烃或多环高分子化合物，并进而形成炭颗粒。由于气体分子的热对流作用，使得有机物气化后表面残留的炭颗粒也随之挥发。这种大直径的气化产物和炭颗粒开始产生人的视觉可以观察到的有色烟雾。烟雾的颜色根据材料所含物质分子结构的不同而由白至黄直至变黑。这一过程中材料表面的温度继续升高。

第四阶段，火焰扩散阶段。随着材料热解运动的加剧、热解范围的扩大以及其表面温度的升高，气化产物越来越多，烟雾越来越浓。伴随这一过程产生的是气化产物的二次分解过程，形成包括 CO 在内的可燃性气体。当可燃性气体的浓度达到一定的程度并且材料表面达到一定的温度时，可燃性气体与环境中的氧气发生剧烈的反应，开始形成火焰，引发材料发生轰燃。由此火焰开始扩散，材料表面温度急剧升高。

第五阶段，全燃阶段。当扩散的火焰引燃周围所有的可燃物质时，材料的燃烧将达到平衡状态。这时材料的热释放以及燃烧产生的烟雾和气体将维持在一定的速度水平。此时材料的燃烧温度达到极限，燃烧产物中 CO 的含量相对降低，CO_2的含量相对增加。

第六阶段，火灾衰减阶段。随着燃烧区域内可燃物的持续燃烧，其总量将逐步减少。当材料气化所产生的可燃性气体总量开始减少时，标志着可燃物质即将耗尽，火焰强度开始衰减，直至形成阴燃或熄灭。这一过程中，由于火焰的衰减或材料阴燃的发生，燃烧产物中 CO 的含量相对增加、CO_2的含量相对降低。

上述六个阶段过程是典型的可燃性材料的对火反应过程。每一过程的进程都取决于材料本身的防火性能。其中，第一、第二、第三阶段属于材料对火反应的初起阶段，此时尚未形成火灾，一般对生命财产不构成危害，但对火灾报警却至关重要。而第四、第五、第六阶段，材料的燃烧毁灭了物质，产生的大量烟雾和有毒气体将危及人身安全，造成财产损失。

(二) 建筑材料的分类

一座建筑物的火灾危险性大小，火灾发生后对该建筑物的破坏程度，都与建筑中所用的材料有着密切的关系。这里的建筑材料指的是所有在建筑中使用的材料，它是建筑工程的基本组合。在历史的发展中，建筑技术的需求不断向建筑材料工业提出新的要求，而建筑材料的发展又根本性的影响和推动了建筑体系及建筑型式的变革。广义上讲，建筑材料不仅包括了构成建筑物或构筑物本身所使用的材料，而且还包括水、电、燃气等配套工程所需设备和器材，以及在建筑施工中使用和消耗的材料如脚手架、组合钢模板、安全防护网等。

按照材料的应用历史，可将其分为传统建材和新型建材两类。最早使用的建筑材料是石材、木材和泥土，后来发展为使用石、灰、砖、瓦等，再到后来有了钢材、混凝土和玻璃等。近几十年来，随着材料及化学工业的发展，各种新型的建筑材料不断涌现。新型建材是相对于传统的砖、瓦、灰、沙、石而言的，是以多种多样的原材料，用先进的加工方法，制成适用于现代建筑要求，具有轻质、高强、多功能等主要特征的现代建筑材料。新型建材主要包括墙体材料、装饰材料、门窗材料、保温材料、防水材料、黏结和密封材料以及与其配套的各种五金件、塑料件和辅助材料等。采用新型建材不但使房屋功能大大改善，还可以使建筑物更具现代气息，满足人们的审美要求；有的新型建材可以显著减轻建筑物的自重，为推广轻型建筑结构创造了条件，推动了建筑施工技术现代化，大大加快了建房速度，同时还具有节地、节水、节约和综合利用资源的优点。但由于新型建材大多采用了化学合成材料，其防火问题相对较多。

按照材料的化学组成，可将其分为有机材料、无机材料和复合材料三类。无机材料又分为金属材料和非金属材料，金属材料有钢、铁、铝、铜等及其合金，非金属材料包括天然石材、烧结与熔融制品（烧结砖、陶瓷、蛭石、岩棉及其制品等）、胶凝材料及制品（白水泥、石膏及制品、水玻璃等）、玻璃、无机纤维材料等。有机材料包括植物材料（木材、竹材、植物纤维等）、沥青材料（煤沥青、石油沥青及其制品）、高分子材料（塑料、橡胶、纤维）等，有天然的，也有人工合成的。复合材料包括有机与无机非金属复合材料（聚合物砂浆、玻璃纤维增强塑料）、有机与金属复合材料（涂塑钢板、塑钢复合门窗、铝塑复合板等）、金属与无机非金属复合材料（钢筋混凝土、钢纤维混凝土、钢管混凝土等）。通常来说，有机材料和有机复合材料的防火问题较为突出，需重点关注。

近年来，随着建筑技术的发展和人民生活水平的提高，为了改善建筑物的功能和装饰美化室内环境，为人们提供一个美观、舒适或符合各种功能要求的室内空间，常用各种材料实现功能需求或进行装饰装修。因此，这就使得建筑中各种功能材料和装饰装修材料的应用日益增多。虽然满足了人们在建筑中生活、工作和出行的各种需要，却也在建筑室内空间里引入了各种可燃和易燃材料，使得建筑火灾发生的频率增高。一旦建筑物发生火灾，火势极有可能失去控制，随着室内家具、装饰装修材料及各种室内布置物而发展蔓延，甚至导致建筑结构的破坏和房屋的倒塌。因此，这种应用情况也给建筑的防火安全研究带来了新的课题。

（三）建筑材料的燃烧性能

1. 建筑材料的燃烧性能及分类

建筑材料的燃烧性能，是指其燃烧或遇火时所发生的一切物理和化学变化，是材料的固有特性。它包括材料着火的难易程度、火焰传播的速度和范围、热释放速率和总放热量、发烟量和发烟速率以及烟的浓度和组成、有毒气体的生成量和释放速度及组成、材料熔融和滴落或碳化的特性、燃烧失重和体积变化等特性。

按照建筑材料的燃烧性能，通常可将其分为不燃性建筑材料、难燃性建筑材料、可燃性建筑材料和易燃性建筑材料四类。不燃性建筑材料在空气中受到火焰或高温作用时，不起火、不微燃、不碳化，对火灾发生和发展的作用很小。难燃性建筑材料在空气中受到火焰或高温作用时，难起火、难微燃、难碳化，当火源移走后，燃烧或微燃立即停止，对火灾发生和发展的作用较小。可燃性建筑材料在空气中受到火焰或高温作用时，立即起火或微燃，而且火源移走以后仍继续燃烧或微燃，对火灾发生和发展的作用较大。易燃性建筑材料在空气中受到火焰或高温作用时，立即起火，且火焰传播速度很快，对火灾发生和发展的作用极大。

除不燃性建筑材料以外，其余三类材料都可归并为可燃类材料，具有不同程度的燃烧倾向。

各种常见建筑材料的燃烧性能分类见表 4–1。

表 4–1 常见建筑材料的燃烧性能

材料类别	材料名称
不燃性材料	砖、石材、混凝土、钢筋混凝土、黏土制品、石膏板、玻璃、瓷砖等
难燃性材料	纸面石膏板、纤维石膏板、水泥刨花板、水泥木丝板、矿棉板、难燃密度板、玻璃棉吸声板、难燃木材、难燃玻璃钢板、阻燃人造板、氯丁橡胶地板、聚氯乙烯塑料、酚醛塑料、经阻燃处理的纺织品、阻燃壁纸等
可燃和易燃性材料	各类天然木材、人造板、竹制品、纸制装饰品、塑料壁纸、无纺贴墙布、薄木贴面板、氯纶地毯、聚乙烯板材、聚苯乙烯泡沫板、玻璃钢、化纤织物、纯毛制品、纯麻制品、纯棉制品、人造革等

2. 有机材料的燃烧特性

有机材料虽然具有诸多优良的物理—机械性能，但由于其分子结构中均含有大量的碳、氢元素，因此普遍属于可燃或易燃性材料，并且一旦发生火灾便很难扑灭。因此探讨有机材料燃烧的过程及其特点就显得极为迫切，这对于改进有机材料的燃烧性能至关重要。

一般认为，有机材料的燃烧是从其受到外来热源的作用后发生分解产生挥发性可燃物质开始的。当可燃物的浓度和体系的温度足够高时，可燃物与空气中的氧气混合后将发生着火燃烧。有机材料的燃烧可分为热氧降解和正常燃烧两个阶段，是在固相、液相和气相中综合发生的一种极其复杂的物理和化学变化。其燃烧的主要过程如图 4–2 所示。

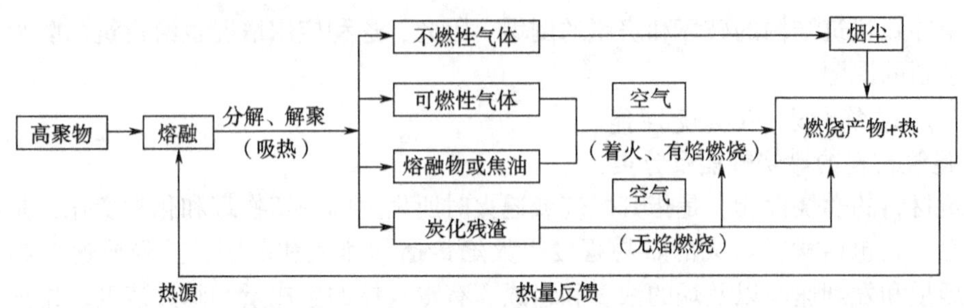

图 4–2 有机材料的主要燃烧过程

总的来说，有机材料燃烧具有如下特性：

（1）发热量大。大多数有机材料燃烧时的发热量都比较高。例如软质聚乙烯的燃烧热为46.61MJ/kg，聚苯乙烯的燃烧热为40.18MJ/kg，丁苯橡胶的燃烧热为42.20MJ/kg。

（2）火焰温度高。有机材料的燃烧热大，燃烧时的火焰温度也就必然要高，大多数合成有机材料燃烧的火焰温度都在2 000℃左右，因而热辐射强，易于造成火势的迅速蔓延。

（3）燃烧速度快。大多数有机材料的燃烧热大，火焰温度高，因而燃烧速度快，火灾发展猛烈。

（4）烟多且燃烧时会释放有毒物质。有机材料燃烧时，一般烟雾都比较大，并且烟雾中充满了大量有毒的热分解产物和燃烧产物。烟雾中含量最多的物质是二氧化碳和一氧化碳。此外，有些材料燃烧时还会产生氯化氢、氨气、氰化氢等气体。这些气体具有强烈的刺激性、腐蚀性和毒性。烟的存在还会降低火场中的可见度，影响消防救援和人员疏散；并且，大量的烟雾阻断了新鲜空气的供给，还会使人陷入缺氧状态。

此外，热塑性有机材料燃烧时还会产生大量熔滴，容易带来火灾的二次蔓延，造成火灾的进一步扩大。

3. 使用可燃、易燃性建筑材料的危害

建筑中使用可燃、易燃性建筑材料的火灾危险性主要表现在以下5个方面。

（1）使建筑失火的概率增大。建筑内采用可燃、易燃材料多、范围大，被火源接触的机会多，因而引发火灾的可能性增大。

（2）传播火焰，使火势迅速蔓延扩大。建筑物一旦发生火灾时，可燃、易燃性材料在被引燃、发生燃烧的同时，会把火焰传播开来，造成火势迅速蔓延。火势在建筑内部的蔓延可以通过顶棚、墙面和地面的可燃、易燃材料从房间蔓延到走道，再由走道蔓延到竖向孔洞、竖井等，从而进一步引起火灾向上、下层蔓延。在建筑外部，火势可以通过窗、洞口等外墙开口引燃上一层的窗帘、窗纱、窗帘盒等可燃装修材料，从而使火灾蔓延扩大。

（3）造成室内轰燃提前发生。建筑物发生轰燃的时间长短除与建筑物内可燃物品的性质、数量有关外，还与建筑物内是否进行装修及装修的材料关系极大。装修后建筑物内更加封闭，热量不易散发，加之可燃性装修材料大多导热性能差，热容小、易积蓄热量，因此会促使建筑物内温度上升，缩短轰燃前的酝酿时间。室内火灾一旦达到轰燃进入全面猛烈燃烧阶段，则可燃装修材料就成为火灾蔓延的重要途径，造成火灾蔓延扩大、人员和物资的疏散无法进行，火灾也不易扑救。因此，内装修对火灾的影响主要表现在火灾初起阶段。

（4）增大了建筑内的火灾荷载。建筑物内的火灾荷载增大，则火灾持续时间长，燃烧更加猛烈，且会出现持续性高温，因而造成的危害更大。

（5）严重影响人员安全疏散和扑救。可燃性建筑材料燃烧时产生大量烟雾和有毒气体，不仅降低了火场的能见度，而且会使人中毒，从而使人从火场中逃生发生困难，也影响消防人员的扑救工作。大量的火灾实例说明，火灾中伤亡的人员大多数都是因烟雾中毒和缺氧窒息造成的。

特别是随着建筑高度和空间的不断加大，新材料不断得到开发应用，其产品燃烧性能参差不齐，在火灾中的对火反应现象不明，还需进行专门的试验研究以评价其火灾风险。例如，大型交通建筑中的贵宾休息区、餐饮服务区、零售商业区、候机候车区、儿童娱乐区、吸烟区以及唱吧、售卖机、广告灯箱、巨幅广告等一些新业态、新装置的火灾荷载通常较大且底数不明，并且它们大多内部电气线路复杂，火灾隐患大，容易助长火势蔓延从而导致火场失控。有鉴于此，本书以新型广告材料的燃烧性能试验研究为例，探讨在大型交通建筑中对新型建筑材料建立附加的防火安全保障指标和措施，以从根本上提高建筑的防火安全水平。

二、 新型广告材料的燃烧性能研究

（一）广告材料应用现状

在国民经济持续高速增长和城市化进程不断加快的过程中，大型交通建筑应运而生。作为一种重要的基础设施，它们在地区和城市交通中发挥着极其重要的作用。绝佳的地理位置、超大的室内空间、庞大的客流密度，这些都给大型交通建筑内的广告制作提供了巨大的市场机会，也因此提出了更高的性能要求。

随着广告行业的不断发展，目前对广告材料的要求也越来越高，如色彩更加鲜艳逼真、图像解析度更高、画面表现性更佳等。因此，除金属板、亚克力、PVC 板、PC 板等传统广告制作材料之外，广告布、灯箱片、广告贴等新型广告材料在大型公共交通建筑场所的应用越来越广泛，且大多采用各种灯具进行照明。目前广告已变得越来越大、越来越高、越来越醒目，其宽度和高度往往可达十余米甚至数十米，面积动辄几十平方米甚至可达上百或两三百平方米。从防火角度讲，其火灾控制难度更大。一旦广告装置的某个部位起火，就极易迅速蔓延并形成立体燃烧，产生较大烟雾、引起恐慌，严重时还会造成交通瘫痪，导致大量旅客滞留，往往还会带来严重的社会影响。

近年来，大型交通建筑的广告火灾屡屡见诸报道，因此笔者对广告布、灯箱片、广告贴等三类新型广告材料的燃烧性能进行试验研究，比较分析相关的燃烧特性参数，提出对新型广告材料的燃烧性能控制指标，以期为今后大型广告牌的材料选择提供借鉴和参考，减少类似火灾的发生。

（二）燃烧性能试验

1. 试验方法

根据新型广告材料的特性，选择氧指数试验、燃烧热值试验、烟密度试验以及 SBI 单体燃烧试验和可燃性试验对材料的燃烧性能进行评价研究，以分析其燃烧性能控制指标。相关的试验方法见表 4-2。

表 4-2 燃烧性能评价及试验标准

试验项目	试验目的	试验标准
氧指数	测定材料的极限氧指数，对比材料的燃烧性能	《塑料用氧指数法测定燃烧行为 第2部分：室温试验》GB/T 2406.2—2009
燃烧热值	测定材料的燃烧热值，确定材料燃烧的火灾荷载	《建筑材料及制品的燃烧性能 燃烧热值的测定》GB/T 14402—2007
烟密度	测定材料在燃烧或分解条件下所释放烟的烟密度等级（*SDR*），以评价材料的产烟性	《建筑材料燃烧或分解的烟密度试验方法》GB/T 8627—2007
SBI 单体燃烧	在 20min 的连续过程中，同时测定材料的放热性、蔓延性、发烟性和滴落性	《建筑材料或制品的单体燃烧试验》GB/T 20284—2006
可燃性	测定材料在小火源作用下的点燃性和滴落情况	《建筑材料可燃性试验方法》GB/T 8626—2007

（1）氧指数。氧指数是在规定的试验条件下，在氧、氮混合气流中，刚好维持试样燃烧所需的最低氧浓度，主要作用是根据材料与火焰的接触程度进一步判断材料的燃烧行为。一般认为，材料的氧指数与阻燃性能呈正相关关系。氧指数高，表明该材料不易燃烧，阻燃性能好；氧指数低，表明该材料容易燃烧，阻燃性能差。根据材料的特性，试样类型选择 V 形试样，并使用支撑框架支撑试样。

（2）燃烧热值。燃烧热值通常指单位质量的材料燃烧所产生的热量，以 J/kg 表示。它体现了材料在燃烧时释放的热量，直接影响火场的温度场分布，是评价材料燃烧性能的重要性能参数。燃烧热值是材料的固有性能，与制品形态无关。

（3）烟密度。烟密度是在标准试验条件下，测量材料在燃烧或分解时的静态产烟量，以试验烟箱中光通量的损失率表示，评价指标为最大烟密度值和烟密度等级（*SDR*）。其中，烟密度等级（*SDR*）代表了试验 4min 周期内的总产烟量。本研究采用材料的实际厚度进行试验，并以烟密度等级（*SDR*）作为评价指标。

（4）SBI 单体燃烧。SBI 单体燃烧试验的试样由两个成直角的垂直翼组成，并直接暴露于直角底部的主燃烧器产生的火焰中。火焰由丙烷气体燃烧产生，功率为（30.7±2.0）kW，试样的燃烧性能通过 20min 的试验过程来进行评估。测试指标包括燃烧增长速率指数 FIGRA，600s 内的热释放量 THR、烟气生成指数 SMOGRA、燃烧滴落物/微粒情况以及总产烟量 TSP 和火焰横向蔓延传播性能 LFS。本研究的试验中，广告布、灯箱片直接安装在框架上进行试验，广告贴粘贴在 12mm 厚的硅酸钙基板上进行试验。

（5）可燃性。可燃性试验是在没有外加辐射条件下，用小火焰直接冲击垂直放置的试样，以测定材料的可燃性，从而评估其在实际火灾中的危险程度。根据点火位置的不同，可燃性试验可分为表面点火和边缘点火两种方式；点火时间又分为 15s 或 30s 两种。本研究中，对两种点火方式和点火时间均予以采纳，即对每种材料各进行 4 组试验，观测记录火焰高度、熄灭时间以及熔滴现象。并且，广告布、灯箱片材料直接进行试验，广告贴粘贴在 12mm 厚的硅酸钙基板上进行试验。

2. 广告布燃烧性能试验

从生产厂家和市场上各购买了 4 种材料，共选取了 8 种广告布材料进行燃烧性能试验。

（1）氧指数。广告布材料的氧指数试验结果列于表 4-3。

表 4-3 广告布材料氧指数测试结果

样品编号	氧指数（%）	样品编号	氧指数（%）
广告布-1	27.2	广告布-5	28.4
广告布-2	21.0	广告布-6	26.8
广告布-3	21.0	广告布-7	28.4
广告布-4	31.4	广告布-8	32.2

由表 4-3 可见，8 种广告布材料的氧指数有 2 种为 21.0%，2 种超过 30%，其余 4 种在 26.8%~28.4%的范围内。

（2）燃烧热值。广告布材料的燃烧热值试验结果列于表 4-4。

表 4-4 广告布材料燃烧热值测试结果

样品编号	单位面积质量（kg/m²）	燃烧热值		样品编号	单位面积质量（kg/m²）	燃烧热值	
		MJ/kg	MJ/m²			MJ/kg	MJ/m²
广告布-1	0.179	20.3	3.63	广告布-5	0.634	22.1	14.01
广告布-2	0.039	20.0	0.78	广告布-6	0.475	16.5	7.84
广告布-3	0.120	31.9	3.83	广告布-7	0.537	18.0	9.67
广告布-4	0.126	18.3	2.31	广告布-8	0.477	14.3	6.82

由表 4-4 可见，8 种广告布材料单位质量的燃烧热值最低的仅为 14.3MJ/kg、最高的可达 31.9MJ/kg。由于其单位面积质量的离散性较大，8 种样品分布在 0.039~0.634kg/m² 范围内，因此广告布单位面积上的燃烧热值分布在 0.78~14.01MJ/m²的较大范围内。详见图 4-3 和图 4-4。

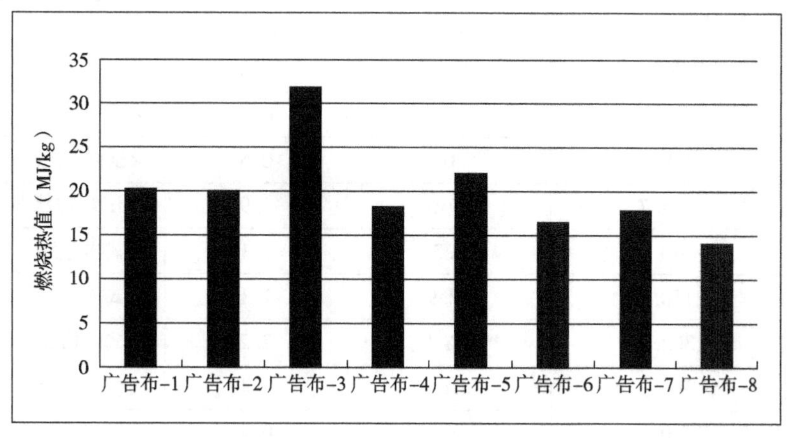

图 4-3 广告布材料单位质量的燃烧热值

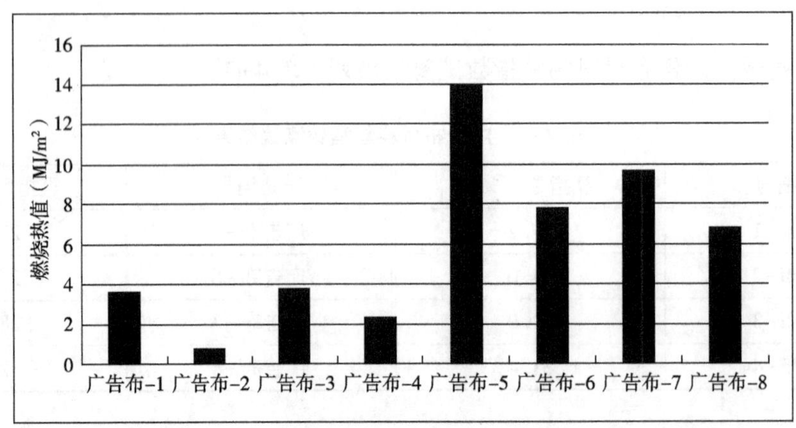

图 4-4　广告布材料单位面积的燃烧热值

（3）烟密度。广告布材料的烟密度试验结果列于表 4-5。

表 4-5　广告布材料烟密度测试结果

样品编号	烟密度等级（*SDR*）	单位面积质量（kg/m²）	样品编号	烟密度等级（*SDR*）	单位面积质量（kg/m²）
广告布-1	34.0	0.179	广告布-5	61.4	0.634
广告布-2	0.6	0.039	广告布-6	16.1	0.475
广告布-3	5.0	0.120	广告布-7	18.4	0.537
广告布-4	19.4	0.126	广告布-8	23.3	0.477

由表 4-5 可知，广告布材料的烟密度等级（*SDR*）分布范围从 0.6~61.4，离散性较大，且与材料的单位面积质量没有线性关系，显然与材料的种类相关。

（4）SBI 单体燃烧。对 8 种广告布材料进行 SBI 单体燃烧试验，得到的结果如表 4-6 所示，并选取广告布-7 和广告布-8 两种样品的 SBI 单体燃烧试验过程现象对比于图 4-5。

表 4-6　广告布材料 SBI 试验结果

样品编号	$FIGRA_{0.2MJ}$（W/s）	$FIGRA_{0.4MJ}$（W/s）	THR_{600s}（MJ）	LFS	600s 内的滴落情况
广告布-1	4.6	4.6	0.3	<试样边缘	无
广告布-2	0	0	0.5	<试样边缘	有
广告布-3	103.7	99.3	9.9	≥试样边缘	有
广告布-4	140.7	5.2	1.1	<试样边缘	无
广告布-5	150.8	62.9	1.1	<试样边缘	无
广告布-6	302.6	278.9	2.2	<试样边缘	无
广告布-7	564.2	564.2	2.4	<试样边缘	无
广告布-8	0	0	0.4	<试样边缘	无

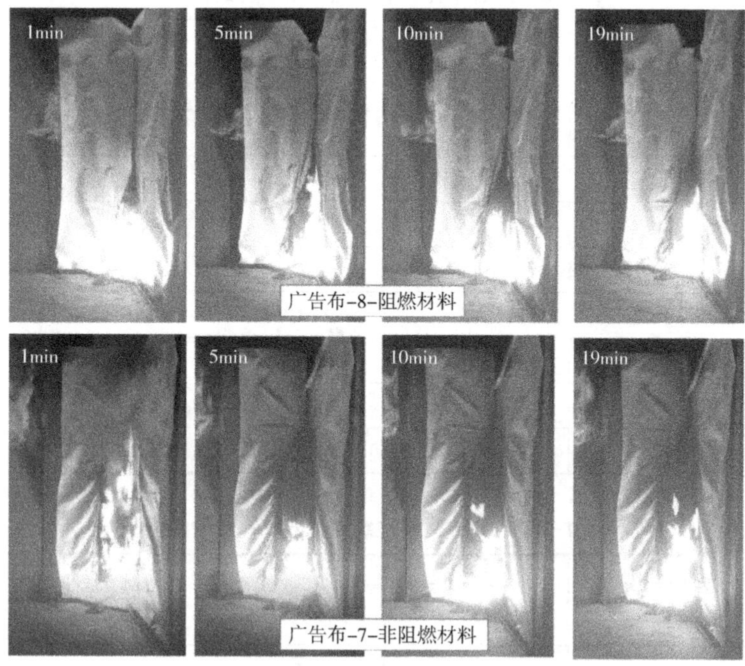

图 4-5　广告布材料在单体燃烧试验中的对火反应现象

SBI 试验可以考察材料在中尺寸火源作用下的实际对火反应状况。如图 4-5 所示，在同样功率的火源作用下，广告布-7 燃烧的速度和范围明显大于广告布-8。从总体上来看，大部分广告布材料在接触火焰后均会产生不同程度的收缩，从而脱离试验火源的直接接触，并可阻止火焰的进一步蔓延和传播。

（5）可燃性。对 8 种广告布材料分别进行了边缘点火 15s、表面点火 15s、边缘点火 30s 和表面点火 30s 等 4 组可燃性试验，结果如表 4-7～表 4-10 所示。结合判定指标，对其可燃性进行判定。

表 4-7　广告布材料边缘点火 15s 的试验结果

样品编号	火焰高度（mm）	熄灭时间（s）	有无熔滴	熔滴是否引燃滤纸	可燃性判定
广告布-1	80	10.4	无	—	通过
广告布-2	150	不自熄	有	是	未通过
广告布-3	240	不自熄	有	是	未通过
广告布-4	80	8.2	无	—	通过
广告布-5	180	45.6	无	—	未通过
广告布-6	250	不自熄	无	—	未通过
广告布-7	170	17.5	无	—	未通过
广告布-8	70	10.2	无	—	通过

表 4-8 广告布材料表面点火 15s 的试验结果

样品编号	火焰高度（mm）	熄灭时间（s）	有无熔滴	熔滴是否引燃滤纸	可燃性判定
广告布-1	100	9.1	无	—	通过
广告布-2	160	不自熄	有	是	未通过
广告布-3	220	不自熄	有	是	未通过
广告布-4	130	10.9	无	—	通过
广告布-5	140	22.8	无	—	通过
广告布-6	200	不自熄	无	—	未通过
广告布-7	190	25.4	无	—	未通过
广告布-8	140	15.6	无	—	通过

表 4-9 广告布材料边缘点火 30s 的试验结果

样品编号	火焰高度（mm）	熄灭时间（s）	有无熔滴	熔滴是否引燃滤纸	可燃性判定
广告布-1	80	11.8	无	—	通过
广告布-2	160	不自熄	有	是	未通过
广告布-3	250	不自熄	有	是	未通过
广告布-4	100	8.7	无	—	通过
广告布-5	180	29.7	无	—	未通过
广告布-6	245	不自熄	无	—	未通过
广告布-7	180	18.9	无	—	未通过
广告布-8	70	11.1	无	—	通过

表 4-10 广告布材料表面点火 30s 的试验结果

样品编号	火焰高度（mm）	熄灭时间（s）	有无熔滴	熔滴是否引燃滤纸	可燃性判定
广告布-1	100	12.2	无	—	通过
广告布-2	130	不自熄	有	是	未通过
广告布-3	220	不自熄	有	是	未通过
广告布-4	100	10.8	无	—	通过
广告布-5	230	55.8	无	—	未通过
广告布-6	200	39.0	无	—	未通过
广告布-7	190	20.0	无	—	未通过
广告布-8	140	30.7	无	—	通过

如表 4-7~表 4-10 所示，在选取的 8 种材料中，仅有 3 种广告布材料通过了可燃性试验，具备一定的阻燃性能。另有两种材料存在严重的熔滴现象，并且滴落物持续燃烧，引燃滤纸。其余 3 种材料虽然未产生滴落物，但由于受火时焰尖高度超过了判定基准线，也未能通过可燃性试验，其燃烧性能判定为易燃材料（B_3级）。

（6）燃烧等级评价。根据《建筑材料及制品燃烧性能分级》GB 8624—2012 的分级判据，在 8 种广告布材料中，广告布-1、广告布-8 的燃烧性能等级达到 B_1（B）级；广告布-4 的燃烧性能等级达到 B_1（C）级；广告布-2、广告布-3、广告布-5、广告布-6、广告布-7 的燃烧性能等级均为 B_3级。

3. 灯箱片燃烧性能试验

从生产厂家和市场上各购买了 4 种材料，共选取 8 种灯箱片进行燃烧性能试验。

（1）氧指数。灯箱片材料的氧指数试验结果列于表 4-11。

表 4-11 灯箱片材料氧指数测试结果

样品编号	氧指数（%）	样品编号	氧指数（%）
灯箱片-1	31.6	灯箱片-5	22.2
灯箱片-2	27.6	灯箱片-6	18.8
灯箱片-3	27.0	灯箱片-7	29.4
灯箱片-4	27.2	灯箱片-8	27.8

由表 4-11 可见，8 种灯箱片材料的氧指数有 2 种分别为 18.8% 和 22.2%，其余 6 种均在 27%~30% 的范围内，少数材料的氧指数可超过 30%。可见大部分广告灯箱片均具有一定的阻燃特性。

（2）燃烧热值。灯箱片材料的燃烧热值试验结果列于表 4-12。

表 4-12 灯箱片材料燃烧热值测试结果

样品编号	单位面积质量（kg/m^2）	燃烧热值		样品编号	单位面积质量（kg/m^2）	燃烧热值	
		MJ/kg	MJ/m^2			MJ/kg	MJ/m^2
灯箱片-1	0.201	19.0	3.82	灯箱片-5	0.192	21.9	4.20
灯箱片-2	0.092	22.0	2.02	灯箱片-6	0.108	22.7	2.45
灯箱片-3	0.144	22.7	3.27	灯箱片-7	0.249	19.3	4.81
灯箱片-4	0.196	20.0	3.92	灯箱片-8	0.367	21.0	7.71

由表 4-12 可见，8 种灯箱片材料单位质量的燃烧热值均在 20MJ/kg 左右，最低的为 19.0MJ/kg，最高的也仅为 22.7MJ/kg；而且其单位面积质量的离散性也较小，8 种样品中有 7 种分布在 0.092~0.249kg/m^2范围内，其余 1 种也仅为 0.367kg/m^2。因此，其单位面积上的燃烧热值分布范围也较窄，大多在 2.02~4.81MJ/m^2范围内，最大的一种也仅为 7.71MJ/m^2。具体见图 4-6 和图 4-7。

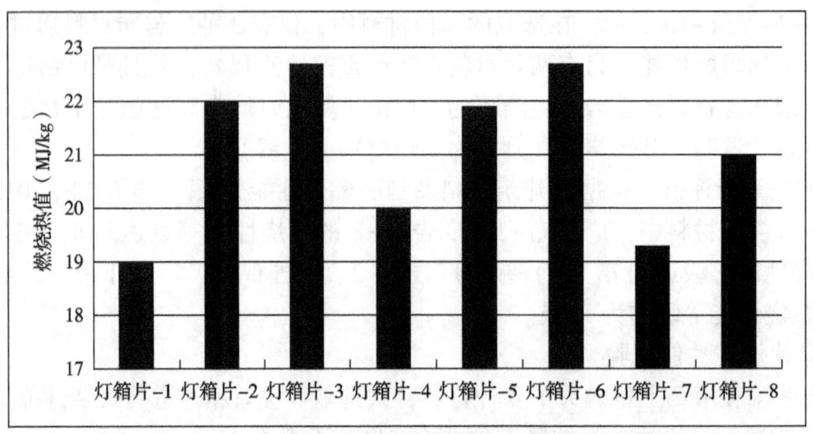

图 4-6 灯箱片材料单位质量的燃烧热值

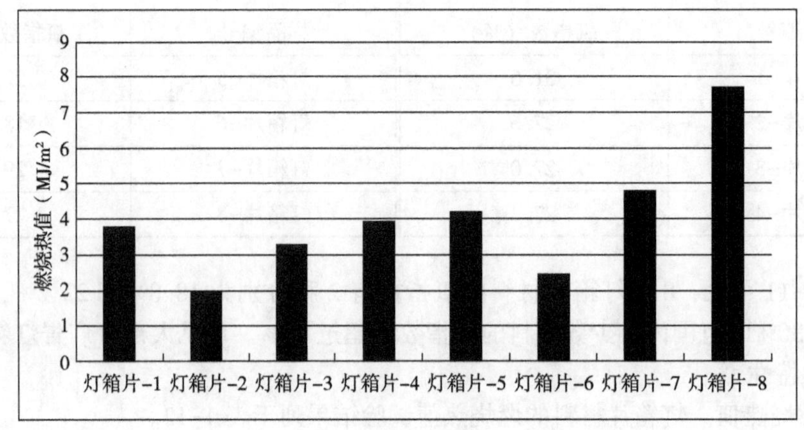

图 4-7 灯箱片材料单位面积的燃烧热值

（3）烟密度。灯箱片材料的烟密度试验结果列于表 4-13。

表 4-13 灯箱片材料烟密度测试结果

样品编号	烟密度等级（*SDR*）	单位面积质量（kg/m^2）	样品编号	烟密度等级（*SDR*）	单位面积质量（kg/m^2）
灯箱片-1	35.4	0.201	灯箱片-5	8.6	0.192
灯箱片-2	5.0	0.092	灯箱片-6	5.2	0.108
灯箱片-3	3.7	0.144	灯箱片-7	48.8	0.249
灯箱片-4	18.9	0.196	灯箱片-8	57.9	0.367

由表 4-13 可知，灯箱片材料的烟密度等级（*SDR*）分布范围从 5.0~57.9，离散性较大，且与材料的单位面积质量没有线性关系，显然与材料的种类相关。

（4）SBI 单体燃烧。对 8 种灯箱片材料进行 SBI 单体燃烧测试，得到的结果如表 4-14 所示。并选取灯箱片-4 和灯箱片-6 两种样品的 SBI 单体燃烧试验过程现象对比于图 4-8。

试验结果与广告布材料类似，灯箱片的燃烧性能等级也并没有全部达到难燃的级别。

表 4-14 灯箱片材料 SBI 试验结果

样品编号	$FIGRA_{0.2MJ}$（W/s）	$FIGRA_{0.4MJ}$（W/s）	THR_{600s}（MJ）	LFS	600s 内的滴落情况
灯箱片-1	2.5	2.5	0.7	<试样边缘	无
灯箱片-2	0	0	0.7	<试样边缘	有
灯箱片-3	0	0	0.5	<试样边缘	有
灯箱片-4	0	0	0.4	<试样边缘	无
灯箱片-5	0	0	0.6	<试样边缘	无
灯箱片-6	194.9	154.2	3.7	≥试样边缘	有
灯箱片-7	3.2	3.2	0.9	<试样边缘	无
灯箱片-8	194.2	162.0	1.5	<试样边缘	无

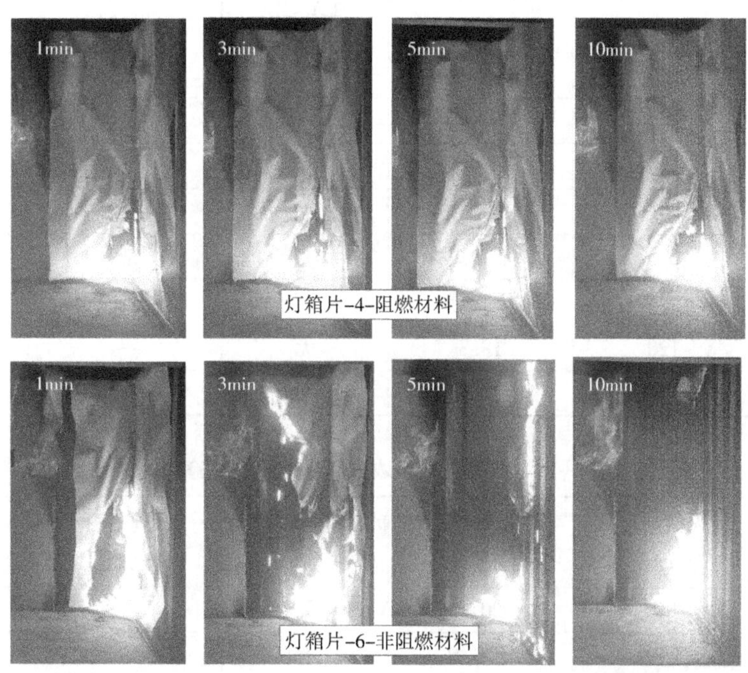

图 4-8 典型灯箱片材料在 SBI 单体燃烧试验中的对火反应现象

图 4-8 展示了具备阻燃性能和不具备阻燃性能的灯箱片材料在 SBI 试验过程中的现象。如图 4-8 所示，在同样功率的火源作用下，未经阻燃处理的广告灯箱片材料被迅速点燃，即使脱离火焰的接触后仍继续燃烧，产生大量燃烧滴落物，而经过阻燃处理的灯箱片材料遇火收缩碳化，燃烧至一定程度、脱离火焰接触后，燃烧范围便不再继续扩大。

（5）可燃性。8 种灯箱片材料的可燃性试验结果如表 4-15～表 4-18 所示，并结合判定指标，对其可燃性进行判定。

表 4-15　灯箱片材料边缘点火 15s 的试验结果

样品编号	火焰高度（mm）	熄灭时间（s）	有无熔滴	熔滴是否引燃滤纸	可燃性判定
灯箱片-1	140	53.2	无	—	通过
灯箱片-2	250	不自熄	有	是	未通过
灯箱片-3	250	不自熄	有	是	未通过
灯箱片-4	80	18.6	无	—	通过
灯箱片-5	240	不自熄	有	是	未通过
灯箱片-6	250	不自熄	有	是	未通过
灯箱片-7	90	15.7	无	—	通过
灯箱片-8	240	58.2	无	—	未通过

表 4-16　灯箱片材料表面点火 15s 的试验结果

样品编号	火焰高度（mm）	熄灭时间（s）	有无熔滴	熔滴是否引燃滤纸	可燃性判定
灯箱片-1	140	28.4	无	—	通过
灯箱片-2	160	不自熄	有	是	未通过
灯箱片-3	220	不自熄	有	是	未通过
灯箱片-4	80	19.3	无	—	通过
灯箱片-5	200	不自熄	有	是	未通过
灯箱片-6	220	不自熄	有	是	未通过
灯箱片-7	120	18.3	无	—	通过
灯箱片-8	140	18.9	无	—	未通过

表 4-17　灯箱片材料边缘点火 30s 的试验结果

样品编号	火焰高度（mm）	熄灭时间（s）	有无熔滴	熔滴是否引燃滤纸	可燃性判定
灯箱片-1	140	20.4	无	—	通过
灯箱片-2	250	不自熄	有	是	未通过
灯箱片-3	250	不自熄	有	是	未通过
灯箱片-4	80	21.9	无	—	通过
灯箱片-5	240	不自熄	有	是	未通过
灯箱片-6	250	不自熄	有	是	未通过
灯箱片-7	90	25.2	无	—	通过
灯箱片-8	230	26.6	无	—	未通过

表 4-18 灯箱片材料表面点火 30s 的试验结果

样品编号	火焰高度（mm）	熄灭时间（s）	有无熔滴	熔滴是否引燃滤纸	可燃性判定
灯箱片-1	140	20.4	无	—	通过
灯箱片-2	250	不自熄	有	是	未通过
灯箱片-3	250	不自熄	有	是	未通过
灯箱片-4	80	21.9	无	—	通过
灯箱片-5	240	不自熄	有	是	未通过
灯箱片-6	250	不自熄	有	是	未通过
灯箱片-7	90	25.2	无	—	通过
灯箱片-8	230	26.6	无	—	未通过

如表 4-15~表 4-18 所示，灯箱片材料的可燃性试验结果呈现两极分化的现象。在选取的 8 种材料中，有 3 种灯箱片材料通过了可燃性试验，具备阻燃特性。而其他 5 种材料中，有 4 种材料存在严重的熔滴现象，且滴落物持续燃烧，引燃滤纸。其余 1 种材料虽然未产生滴落物，但由于受火时焰尖高度超出标准线，也未通过可燃性判定。

（6）燃烧等级评价。根据《建筑材料及制品燃烧性能分级》GB 8624—2012 的分级判据，在 8 种灯箱片材料中，灯箱片-1、灯箱片-4 和灯箱片-7 的燃烧性能等级达到 B_1（B）级；灯箱片-2、灯箱片-3、灯箱片-5、灯箱片-6 和灯箱片-8 的燃烧性能等级均为 B_3级。

4. 广告贴燃烧性能试验

选取 4 种广告贴进行燃烧性能试验。

（1）氧指数。对 4 种广告贴的氧指数进行测试，测试结果如表 4-19 所示。

表 4-19 广告贴材料氧指数测试结果

样品编号	氧指数（%）
广告贴-1	25.8
广告贴-2	28.8
广告贴-3	17.4
广告贴-4	33.2

由表 4-19 可见，广告贴材料的氧指数范围差别较大，最大值可达 33.2%，最小值仅为 17.4%，因此其燃烧性能需要通过其他指标的试验来进一步验证和研究。

（2）燃烧热值。广告贴材料的燃烧热值试验结果列于表 4-20。

表 4-20 广告贴材料燃烧热值测试结果

样品编号	单位面积质量（kg/m^2）	燃烧热值	
		MJ/kg	MJ/m^2
广告贴-1	0.100	24.1	2.41

续表

样品编号	单位面积质量（kg/m^2）	燃烧热值	
		MJ/kg	MJ/m^2
广告贴-2	0.065	24.7	1.61
广告贴-3	0.056	31.9	1.79
广告贴-4	0.135	18.4	2.48

由表 4-20 可见，广告贴材料的燃烧热值在 18.4～31.9MJ/kg 范围之内，差异相对较大。但由于其面密度较小，试验样品均未超过 $150g/m^2$，因此样品单位面积的燃烧热值均未超过 $3.0MJ/m^2$。具体见图 4-9 和图 4-10。

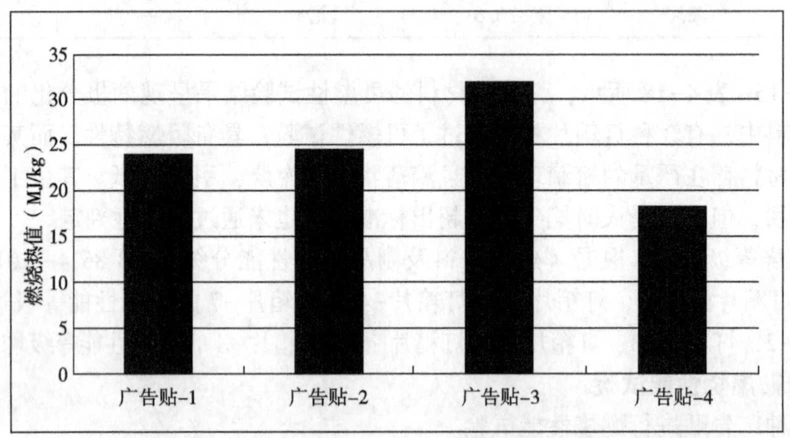

图 4-9　广告贴材料单位质量的燃烧热值

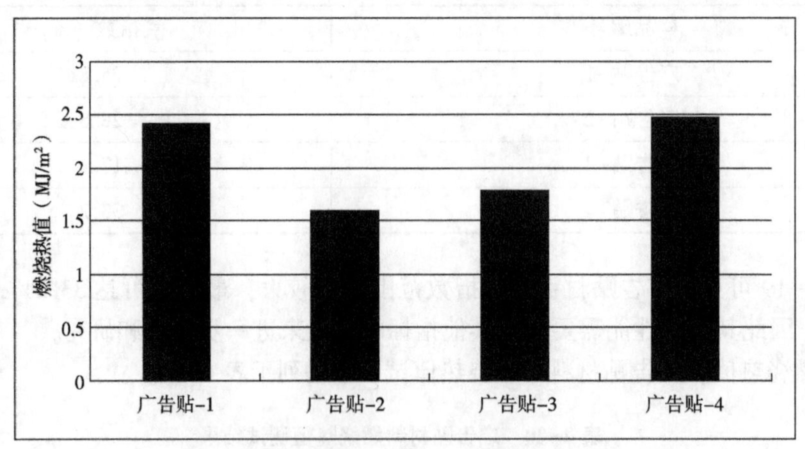

图 4-10　广告贴材料单位面积的燃烧热值

（3）烟密度。广告贴材料的烟密度试验结果列于表 4-21。

表 4-21 广告贴材料烟密度等级测试结果

样品编号	烟密度等级（*SDR*）	单位面积质量（kg/m^2）
广告贴-1	20.4	0.100
广告贴-2	48.9	0.065
广告贴-3	1.5	0.056
广告贴-4	11.0	0.135

由测试结果可知，虽然选取的4种广告贴材料的烟密度等级均不大于75，但各类材料测得的结果存在较大差异。广告贴-2的烟密度等级达到48.9，而广告贴-3的烟密度等级仅有1.5。并且4种样品中，3种样品的烟密度等级均低于20，说明广告贴的发烟量相对较低。

（4）SBI单体燃烧。将4种广告贴材料粘贴在12mm厚的硅酸钙基板上进行测试，得到的结果如表4-22所示。并选取广告贴-3和广告贴-4两种样品的SBI单体燃烧试验过程现象对比于图4-11。试验结果表明，当广告贴材料贴附于不燃性基材表面时，其防火性能较好。

表 4-22 广告贴材料 SBI 试验结果

样品编号	$FIGRA_{0.2MJ}$（W/s）	$FIGRA_{0.4MJ}$（W/s）	THR_{600s}（MJ）	LFS	600s内的滴落情况
广告贴-1	0	0	0.5	<试样边缘	无
广告贴-2	50.0	22.8	1.8	<试样边缘	无
广告贴-3	143.7	72.4	1.5	<试样边缘	有
广告贴-4	0	0	0.9	<试样边缘	无

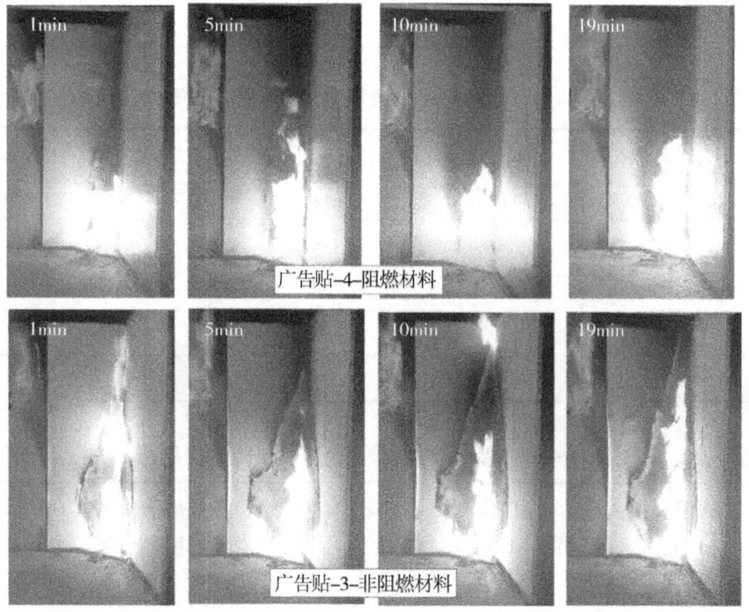

图 4-11 典型广告贴材料在单体燃烧试验中的对火反应现象

虽然 4 种广告贴均表现了较好的防火性能，但材料的对火反应现象仍存在着一定的差别，图 4-11 对比了 2 种广告贴材料在 SBI 试验过程中的燃烧现象。如图 4-11 所示，在同样功率的火源作用下，广告贴-3 被点燃后持续燃烧，火焰蔓延至试样夹角顶部，而广告贴-4 的材料遇火碳化，燃烧至一定程度、脱离火焰的直接接触区域后，燃烧范围便不再继续扩大，火焰并未蔓延至试样的各个边缘。

（5）可燃性。将 4 种广告贴材料粘贴在 12mm 厚的硅酸钙基板上进行可燃性试验，结果如表 4-23～表 4-26 所示。

表 4-23 广告贴材料边缘点火 15s 的试验结果

样品编号	火焰高度（mm）	熄灭时间（s）	有无熔滴	熔滴是否引燃滤纸	可燃性判定
广告贴-1	40	15.3	否	—	通过
广告贴-2	50	15.4	否	—	通过
广告贴-3	30	15.5	否	—	通过
广告贴-4	30	15.5	否	—	通过

表 4-24 广告贴材料表面点火 15s 的试验结果

样品编号	火焰高度（mm）	熄灭时间（s）	有无熔滴	熔滴是否引燃滤纸	可燃性判定
广告贴-1	40	15.5	否	—	通过
广告贴-2	50	15.6	否	—	通过
广告贴-3	30	15.5	否	—	通过
广告贴-4	40	15.6	否	—	通过

表 4-25 广告贴材料边缘点火 30s 的试验结果

样品编号	火焰高度（mm）	熄灭时间（s）	有无熔滴	熔滴是否引燃滤纸	可燃性判定
广告贴-1	80	30.3	否	—	通过
广告贴-2	40	30.5	否	—	通过
广告贴-3	30	30.6	否	—	通过
广告贴-4	30	30.6	否	—	通过

表 4-26 广告贴材料表面点火 30s 的试验结果

样品编号	火焰高度（mm）	熄灭时间（s）	有无熔滴	熔滴是否引燃滤纸	可燃性判定
广告贴-1	40	30.4	否	—	通过
广告贴-2	50	30.6	否	—	通过

续表

样品编号	火焰高度（mm）	熄灭时间（s）	有无熔滴	熔滴是否引燃滤纸	可燃性判定
广告贴-3	30	30.6	否	—	通过
广告贴-4	40	30.6	否	—	通过

如表4-23～表4-26所示，4种广告贴材料均通过了可燃性试验。广告贴在进行测试时贴附于不燃材料表面，其可燃性试验结果在一定程度上受到了不燃材料基材的影响。但由于广告贴材料在实际应用时也是贴敷于不燃性的墙面和地面等部位使用的，因此试验条件能够反映此类材料在实际工程中的燃烧特性。

（6）燃烧等级评价。根据《建筑材料及制品燃烧性能分级》GB 8624—2012的分级判据，当粘贴在12 mm厚的硅酸钙基板上时，4种广告贴材料中广告贴-1、广告贴-2和广告贴-4的燃烧性能等级达到B_1（B）级；广告贴-3的燃烧性能等级达到B_1（C）级。

（三）试验结果分析

1. 难燃材料试验结果汇总

将20种新型广告材料中难燃性（B_1级）材料的试验结果汇总于表4-27。

表4-27 难燃广告材料试验结果汇总

样品编号	广告布-1	广告布-4	广告布-8	灯箱片-1	灯箱片-4	灯箱片-7	广告贴-1	广告贴-2	广告贴-3	广告贴-4
氧指数（%）	27.2	31.4	32.2	31.6	27.2	29.4	25.8	28.8	17.4	33.2
单位面积质量（kg/m^2）	0.179	0.126	0.477	0.201	0.196	0.249	0.100	0.065	0.056	0.135
燃烧热值（MJ/kg）	20.3	18.3	14.3	19.0	20.0	19.3	24.1	24.7	31.9	18.4
燃烧热值（MJ/m^2）	3.63	2.31	6.82	3.82	3.92	4.81	2.41	1.61	1.79	2.48
烟密度等级 *SDR*	34.0	19.4	23.3	35.4	18.9	48.8	20.4	48.9	1.5	11.0
$FIGRA_{0.2MJ}$（W/s）	4.6	140.7	0	2.5	0	3.2	0	50.0	143.7	0
$FIGRA_{0.4MJ}$（W/s）	4.6	5.2	0	2.5	0	3.2	0	22.8	72.4	0
THR_{600s}（MJ）	0.3	1.1	0.4	0.7	0.4	0.9	0.5	1.8	1.5	0.9
LFS	<试样边缘	<试样边缘	<试样边缘	<试样边缘	<试样边缘	<试样边缘	<试样边缘	<试样边缘	<试样边缘	<试样边缘

续表

样品编号	广告布-1	广告布-4	广告布-8	灯箱片-1	灯箱片-4	灯箱片-7	广告贴-1	广告贴-2	广告贴-3	广告贴-4
600s 内的滴落情况	无	无	无	无	无	无	无	无	有	无
可燃性	通过	通过	通过	通过	通过	通过	通过	通过	通过	通过
燃烧性能等级	B_1（B）	B_1（C）	B_1（B）	B_1（B）	B_1（B）	B_1（B）	B_1（B）	B_1（B）	B_1（C）	B_1（B）

分析表 4-27 数据可知，大多数难燃性新型广告材料的氧指数均在 27.0% 以上，燃烧性能等级达到 B_1（B）级。且材料单位面积的燃烧热值均未超过 7 MJ/m^2，烟密度等级（*SDR*）均未超过 50。

2. 大型广告牌材料选择建议指标

新型广告材料，在大型广告牌中作为一种新材料、新技术逐渐得到广泛应用，其防火性能尚不明确。加之广告牌大多电气线路复杂、内部接头多，广告材料的燃烧性能等级参差不齐，广告牌安装后长期通电使用，都造成其容易发生电气故障而起火。而且由于新型广告材料的厚度通常较薄，使其受到火源或热源作用时比其他材料更易被点燃。

因此建议：在大型交通建筑中应用新型广告材料时，其燃烧性能等级应达到 B_1（B）级，并且材料的氧指数应达到 27% 以上，同时要求材料单位面积的燃烧热值 ≤8MJ/m^2、烟密度等级（*SDR*）≤50。以保证材料遇到火源攻击时，能够具有较低的点燃性，并且即使被点燃后，也能使其放出较低的热量和烟气，有效降低材料引发火灾的风险。

三、 小结

根据建筑防火设计的一般原则，在建筑工程中，应积极推广采用不燃和难燃性材料，控制可燃性材料的使用，严格限制易燃性材料的使用。但由于建筑材料种类日益繁多，各种建筑材料在燃烧过程中有着复杂的性能，不像材料的物理或化学特性那样容易掌握。特别是随着现代建筑科学技术和材料科技的发展，大量新型建筑材料不断被开发并且在大型交通建筑中越来越得到广泛应用，使建筑材料燃烧性能等级的划分更趋复杂。

有机-无机复合材料和单纯有机材料的应用越来越广泛，具体体现在合成材料、功能材料及装饰材料的用量大增。这些材料普遍具有发热量大、火焰温度高、燃烧速度快、产烟量大且燃烧时会释放有毒物质的特点，因而增加了建筑火灾发生的概率。而且，一旦发生火灾，就极有可能带来更大的火灾损失和人员伤亡，给建筑防火安全工作提出了新的课题。

因此，在建筑材料的选用时，应根据《建筑设计防火规范》GB 50016、《建筑内部装修设计防火规范》GB 50222 以及相关的设计规范、产品标准来确定材料的燃烧性能等级要求。对于有些材料，尤其是一些新型建筑材料，在未知其燃烧性能等级时，通常需要通过实际试验才能确定。材料的燃烧性能等级除 B_3级可不进行检测以外，其他等级均应由专业检测机构经检测确定。其目的是通过合理选用防火性能好的材料以降低大型交通建筑中的火灾荷载数量，从而减少火灾的发生或延缓火灾蔓延的速度和范围，最终有效地减少人员伤亡和财产损失，实现提高大型交通建筑消防安全水平的目的。

需要说明的是，《建筑材料及制品燃烧性能分级》GB 8624—2012 标准中将建筑材料和具有特殊用途的建筑用制品的燃烧性能均划分为 A 级、B_1 级、B_2 级和 B_3 级四个等级。但由于建筑材料燃烧性能等级是根据人为设定的分级判定指标进行划分的，虽然适用于对大多数材料进行分级，却在某些情况下不一定能真实反映材料在实际火灾中的燃烧特性和所造成的火灾危害。此时可通过实体模型火灾试验评估其火灾危险性，还可针对特殊材料在燃烧性能等级的基础上提出附加的燃烧性能指标要求，以保证材料能够具有一定的防火安全储备。这一做法尤其应在大型交通建筑特殊消防设计项目、消防安全评估项目以及新材料、新技术、新工艺的工程项目中得到更多的应用，以为火灾预防提供重要的参考价值。

第二节 消防设施给水系统可靠性评价

大型交通建筑在提升城市交通效率、提高生活品质、促进经济发展等方面都发挥着重要作用，我国已建成的大型交通建筑如机场航站楼、铁路站房、地铁车站及上盖等，目前普遍具有一站换乘和无缝衔接的功能，由于空间跨度大、人流密度高，注定其一旦着火，极易造成重大损失甚至影响到社会稳定。因此，有针对性地对大型交通建筑开展安全问题的系统研究，是我国城市建设发展和安全保障之所需。

虽然我国已在城市防灾减灾、交通系统防灾减灾、城市公共安全与规划、公共场所危险性评估、火灾危险性评估、建筑防火设计等方面进行了一系列的研究，取得了一定的成果，但是目前国内针对大型交通建筑消防安全的相关研究较少，尤其是在消防给水方面的研究仍需完善。消防给水系统是灭火救援的重要物质保证。因此，确保消防给水设施的可靠性和耐久性，直接关系到消防救援的效果。许多大火失去控制，造成严重后果，大多是消防给水设施不完善，如控制阀门堵塞生锈，导致火场缺水造成的。国外在消防给水设施可靠性研究方面已经发展多年，研究成果相对成熟。但是考虑到国内消防产品、消防管理、消防设计标准等情况均不同于国外，照搬国外的研究方法、评估理论、评估准则，难以满足我国大型交通建筑工程应用的实际需要。亟须在总结已有工程经验的基础上，充分借鉴国外的研究成果，对大型交通建筑消防给水设施可靠性和耐久性的关键技术开展专题研究，引领国内相关研究与应用的发展，缩小和国外在该领域的发展差距。

本节对消防给水可靠性的评价研究，以国内外调研现状为基础，以消防供水环节中的消防水质、消防水泵可靠性分析为研究对象，探索对消防给水系统的评价内容和评价方法，并对自动跟踪定位射流灭火装置在运营阶段的可靠性评价因素进行梳理，以期为大型交通建筑风险控制技术提供参考。

一、 国内外研究现状

由于航站楼、铁路站房和地铁车站及上盖等大型交通建筑灭火救援困难，发生火灾事故初期主要依靠自防自救，因此其消防设施数量较多，设计复杂，设施维护较为困难。此外，铁路站房、地铁车站及上盖等空间位于地下，隐蔽工程多，消防系统整合度高，机械设施多，对于消防给水设施可靠性和耐久性要求更高，但实际工程发现，受气候状况、应用环境等原因影响，处于地下空间长期高度潮湿的环境中，消防给水设施极易损坏或失灵，其可靠性和耐久性难以保证。

目前我国在《建筑设计防火规范》GB 50016—2014（2018 年版）、《消防给水及消火栓系统技术规范》GB 50794—2018、《自动喷水灭火系统设计规范》GB 50084—2017 中规定了消防给水系统的整体性能；《消防泵》GB 6245—2006、《室内消火栓》GB 3445—2018 及《自动喷水灭火系统设计规范》GB 50084—2017 中对系统各个组件的性能有明确规定，但是针对消防给水设施可靠性和耐久性的研究起步较晚，研究成果比较少，处于前期探索阶段。已有研究以消防设计可靠性评价为主，且大部分为定性分析，停留在理论、系统分析阶段。国内消防给水可靠性研究起源于给水系统可靠性研究，目前相关规范标准有《工业给水系统可靠性设计规范》CECS 93：97，该规范主要包括工业给水系统可靠性分类法设计以及给水系统可靠度的定量设计等两部分内容。国内也有一些研究涉及了消防给水的可靠性和耐久性，集中在定性分析，并以消防设计阶段为主要的研究对象。2001 年，杨琦等人研究了消防给水系统的可靠性模型及可靠度计算方法，该研究聚焦消防设计阶段，以定性分析为主。2004 年，王世群等人研究了高层建筑消防灭火系统可靠性，并提出了“自动喷水灭火系统最有可靠度”的概念。2007 年，孟川研究了地下建筑消防给水系统可靠性，并以消火栓系统和自动喷水灭火系统建立了简单的可靠性分析模型。该研究是国内对消防给水运营阶段可靠性和耐久性研究的初步探索。2008 年，杜玉龙研究了消防设施的可靠性，建立了评价指标体系。从宏观、管理的角度对消防设施的相互影响进行了系统性的研究。2014 年，刘欢研究了基于解析法的高层建筑消防给水系统可靠性分析，主要研究了室内消火栓系统和自动喷水灭火系统的可靠性分析，从系统的角度，重点分析了各子系统及组件对可靠性的影响。

国外开展消防设施可靠性的相关研究较早，从 1970 年起，可靠性作为一门新的学科开始研究。1972 年，Damelin 等人首次将可靠性理论应用于城市给水管网的优化设计中，并初次探索了输水管道的可靠性。早期的可靠性研究停留在理论、系统分析及设计上，与实际工程结合不紧密，发展较慢。直到 1982 年，Walski 等人在管道维修中引入了可靠度。随后将可靠性与优化技术、决策理论相结合并在给水系统设计中得到发展。

在消防给水可靠性方面，自动喷水灭火系统的可靠性研究相对较多。美国、日本、新西兰等国每年都对其建筑消防设施的可靠性和系统效能进行分析评估，以分析建筑消防设施存在的隐患，提高建筑消防设施的可靠性。美国消防工程师学会每年都会在其技术手册中发布消防设施的可靠性、有效性和维修性方面的研究成果，包括对不可修组件的可靠性分析，对可修组件故障检测的概率模型，维修度的量化，利用马尔科夫分析模型和检查、测试、维护表格的方法测算可用度，并包括软件可靠性、人因可靠性的研究内容。2000 年，Fong 等人用事故树的方法对老旧高层建筑自动喷水给水组件的可靠性进行了定量分析。2008 年，瑞士的 Daniel 等人通过分析 7 个国家自动喷水灭火系统可靠性的统计数据，计算了瑞士建筑的可靠性，并提出提高系统可靠性的措施。2009 年，美国 NFPA 发布《自动喷水灭火系统及其他自动灭火设备在美国的应用》，根据 1980—2006 年的建筑火灾数据，全面分析了自动喷水灭火系统为主的应用情况。日本建设省实施了“建筑物综合防火可靠性设计方法的开发”项目，其可靠性设计方法在实际工程中广泛应用，取得了良好的安全效果和经济效果。

二、 消防设施可靠性影响因素分析

可靠性是指产品或者系统在指定的操作条件下、在规定的时间或者使用循环次数下，正常运行（完成规定功能）的概率。耐久性，是指产品能够无故障的使用较长时间或使用寿命长。目前针对消防给水设施的可靠性和耐久性研究主要集中在设计阶段。对于消防给水设施在交付使用后的维护管理，主要依据《建筑消防设施的维护管理》GB 25201—2010 和《建筑消防设施检测技术规程》XF 503—2004（原 GA 503—2004）。该规程适用于所有建筑，因此其要求具有普遍适用性，对于消防给水设施检测主要从系统组件完整性，阀门开启灵活度，消火栓口压力、自喷系统末端试水装置压力等角度出发。根据现场检测经验，消火栓缺漏不补、坏损不修的现象非常严重，按照国家要求，消防主体单位每年应花费资金对消防设施进行维护保养。然而在权衡经济效益与安全保障的平衡时，部分运营单位往往忽视后者，导致建筑自身的消防设施长期处于故障状态，失去应有的保护作用。因此如何经济高效的提高消防给水设施的本质安全成为亟待解决的问题。此外，即便检测合格，实际工程仍存在许多问题，如管材锈蚀导致管道漏水、消火栓难以开启、自喷喷头堵塞、环境潮湿导致洒水喷头导热性能失效等问题，均不在检测内容中。

影响消防给水设施可靠性和耐久性的因素有很多，主要可以分为系统设计因素、组件可靠性因素和维护管理因素三大类，超压问题对消防给水设施可靠性和耐久性有很大影响，其形成既有系统设计原因，又有各组件故障的原因，故单独列出讨论。

（1）系统设计因素。

1）消防水池设置。消防水池是建筑物的主要储水设备，在火灾发生时由消防水泵取水，提供消防用水。在只设置一个消防水池时，如果水池检修时发生火灾，则消防系统无水源可用，因此消防水池应分格设置。当消防水池能至少保证“一格”可靠供水，即至少满足部分系统用水量时，可靠性高于不分格的消防水池。

此外，消防水池补水时间同样影响水池的可靠性，补水时间越快，供水的可靠性越高，补水时间为 24h 的消防水池的供水可靠性高于补水时间为 48h 的消防水池的供水可靠性。

2）水泵机组设置。在消防给水系统中，并联组件的数量越多，系统可靠性越高。但是随着并联组件数量的增加，系统所需的投资也大幅增加，而对系统可靠性的提升比较有限，在经济上通过大量投资、小幅增加可靠性的意义不大。根据分析，消防水泵机组采用两台水泵，一用一备的设置较合适，在保证较好可靠性的同时节省了投资。

3）水泵吸水管设置。消防水池吸水管有多种布置方式，将一条吸水管、两条吸水管和独立吸水管三种方式进行比较：一条吸水管即用一条吸水管连接两座消防水池，消防水泵及备用泵全部与这条吸水管相连；两条吸水管即用两条吸水管连接两座消防水池，消防水泵及备用泵分别连接在两条吸水管上；独立吸水管即每台消防水泵均通过独立的吸水管与消防水池连接。

通过对不同吸水管设置方式的分析，可得知两条吸水汇管的设置方式可靠性最高，一条吸水管和独立吸水管这两种方式的可靠性略低。

4）消防泵启动时间。在自动喷水灭火系统中，报警阀的动作性能以及延时器的质量和性能会影响消防泵的启动时间。报警阀的性能满足要求时，消防泵方能在规定时间内顺利启动。

国家标准《消防泵》GB 6245—2006 中规定，消防泵吸水后应在 20s 内达到额定工况。现实中很多火灾在 5min 内就可能迅速蔓延，造成更大损失，所以从尽快控制火势、减少损失这一方面上看，消防泵的启动时间越短，系统灭火效果越好，减短消防泵启动时间可有效提高系统可靠性。

5）管网设置。根据规定，消火栓系统给水管网应布置成环状，供水干管和每条消防竖管均能保证双向供水，在管网中某一管段检修或发生故障时，消火栓系统正常供水不受影响，系统可靠性较好。

自动喷水灭火系统干管的布置形式应根据工程所需防火要求确定，常见的干管布置方式有环状和枝状两种形式。环状管网的可靠度略高于枝状管网，但所需投资大得多，额外的投资与可靠度的提升相比并不经济。

管道长度越大，其发生故障的概率越大。给水系统管道可视为若干管段串联而成，管段划分越细，管段长度越小，则管段发生故障的概率越小，可靠性越高，管道系统整体的可靠性也会越高。但管道划分越细，所需阀门等设备的数量越多，过多的阀门必然会影响整个系统的可靠性，同时增加大量投资，得不偿失。

6）消火栓设置。建筑室内消火栓的设置应满足每个防火分区内同层有两个消火栓的充实水柱同时达到室内任意位置。当建筑发生火灾时，一般最先发现火情的是建筑物内的用户，如果在建筑内增设消防软管卷盘，可以为建筑用户提供火灾初期自救的条件，在专业消防人员抵达火场前控制火势，减缓火势扩大，减少火灾损失。消火栓的合理设置对火灾的初期救援、灭火行动的顺利进行有重要意义。

7）减压阀设置。在消防给水系统中，当系统采用减压分区供水方式时，靠近水泵的低区的压力较大，通常需要设置减压阀。减压阀的工作情况决定了减压阀分区系统低区的可靠性，在管理时应作为主要设备重点管理。在设计时应设置一用一备的并联减压阀组，两减压阀互为备用。在其中一个检修或发生故障时，另一个仍能保证全部消防用水。分区供水时不宜设置过多减压阀，且由于串联数较多时会降低供水可靠性，不宜采用串联分区减压。在减压阀前通常需设置过滤器，防止杂质卡在密封面处造成渗漏。一般采用的 Y 形过滤器仅允许水平流动和自上而下流动，因此减压阀不应安装在向上流或可能发生向上流的管道上。

（2）组件可靠性因素。从消防给水系统的可靠性模型来看，当系统的设计确定时，其可靠性便只受系统中各个组件的影响，组件的可靠性越高，系统整体的可靠性也越高。但在系统中各个组件的可靠性对系统整体可靠性的影响各不相同。余杰生通过分析，得出了室内消火栓系统中对系统可靠性影响较大的组件：不论采用何种给水形式，消防水池对系统可靠性的影响都是最大的，而减压阀、管道等设备对系统的影响相对较小。根据美国消防协会（NFPA）的调查，自动灭火系统未动作的原因中，系统组件损坏仅占 3%，比例较小。

（3）维护管理因素。消防给水系统疏于维护管理时可靠性会降低，可能因各种原因在需要启动时无法达到设计的工作状态，影响火灾的救援。美国消防协会（NFPA）的调查显示，在自动喷水灭火系统未动作的原因当中，系统缺乏维护占 14%，是除火灾前系统被关闭之外，自动喷水灭火系统未动作的主要原因。

1）水源。应随时检查消防水池、水箱内的水位，以免火灾时水量不足。消防水泵应定期进行运行试验，同时检查配套各类阀门的工作状态，以保证火灾时消防水泵能正常运行。

2）阀门。系统内的阀门应定期检查启闭状态，观察开启是否灵活，并检测报警阀、预作用阀等阀体的压力值是否符合设计要求。

3）管道。管道需做好防冻保护，防止管道内水结冰阻塞或损坏管道。应检查管道与阀门、设备等之间的连接，防止漏水。

4）消火栓。消火栓标志应保持醒目，消火栓周围的杂物需定期清理。应及时检查消火栓是否有生锈、漏水现象，检查阀门的开闭情况。对于室内消火栓还应检查配套设备是否完备。并且应定期检查消火栓的出水情况，对重点位置的消火栓采用逐个检查，非重点位置的消火栓可按比例进行抽测试验。

5）喷头。应及时检查喷头状态。安装在蒸汽、化学腐蚀性气体、湿气浓度大的环境或与异种金属接触时，喷头易发生锈蚀，应及时更换。喷头上堆积的灰尘应及时清理。同时应防止杂物进入配水管造成喷头堵塞。对于安装在温度较高的环境中的喷头，应加强检查和维护以防止误喷。

6）减压阀。减压阀的过滤器应定期拆洗，防止堵塞。互为备用的减压阀组应定期轮换，以防止长期搁置造成结垢、失灵。运行中应及时清除管道内积气，防止产生气蚀。在使用一定时间后应更换易损部件如阀内密封件等。

除此之外，在自动喷水灭火系统长时间工作后应对整个系统进行检查和试验。

（4）超压问题。超压是指给水系统内部水压超过了系统工作水压限值，对消防给水系统的可靠性有很大影响。这一现象的产生既有系统设计原因，又有组件故障的原因，对消防给水系统的可靠性有很大影响，故单独列出。超压现象产生时会损坏管道、附件、器材、设备等，造成给水不均衡，使系统无法正常运行，影响灭火效率。产生超压问题的原因主要有以下几种：

1）消防泵由于停电或故障突然停止运行，或阀门突然关闭，导致管道中水流速度剧烈变化，造成水锤现象。

2）火灾初期系统出水量很小，加压泵在小流量下工作，扬程增大。

3）系统分区设置不合理，满足高层最不利消火栓所需压力时，可能造成低层消火栓压力过大。

4）缺少排气设备，被压缩的空气进入管网，形成压力波和超压。

5）加压设备选取不合理，扬程较大。

6）减压阀减压失灵。

三、 消防水质的可靠性评价

在消防给水系统中，水质对系统可靠性的影响显著，但是针对消防给水水质的可靠性研究较少，导致相关管理部门在水质方面的运行维护管理经验匮乏。基于已有消防给水系统可靠性的研究，并且借鉴饮用水、回用水和污水的可靠性研究，对消防给水系统可靠性的评价、检测和保障措施三个方面，深入研究水质的影响作用。本部分补充和完善了消防给水系统的可靠性，旨在提高消防系统的扑火概率，并且为消防给水系统的设计、维护和管理提供新的方式。

（一）可靠性评估

（1）可靠性测试。通过基本性能的测试、可靠性测试和变动性测试可检测消防给水系统的基本性能。在测试消防给水系统的基本性能前，需要进行基本性能的判断，以初步区分优良品、不良品和次品三种档次的消防给水系统。对优良品以及参数略有偏差的次品可进行可靠性测试。另外，基本性能测试还能与后序的可靠性测试的结果作对比。由于消防给水系统的外界环境不同，所受的环境应力包括潮湿腐蚀、振动与跌落、灰尘侵蚀等，通过高低温测试、交变温测试、高温高湿测试、机械振动与冲击测试、尘砂测试，可检测系统在不同环境应力下的可靠性。另外，实际检测中还需要进行变动性测试，如对耗时长的测试进行加速测试。

以上的常规可靠性测试未考虑水质测试，因此在不同温度和湿度下，对各种材质的管材进行电化学腐蚀测试，研究阴、阳离子的腐蚀电位变化规律，观测管壁形貌特征；模拟消防给水系统，研究有机物类型和含量与各种材质消防管材微生物群落分布和生物膜特征的相关性，这些水质测试均有利于检验消防给水系统的可靠性。

（2）基于可靠性测试的评估方法存在不足。通过可靠性测试对消防给水系统进行评估，常规评估主要存在风险分析不完善、数据不完备和故障延时的缺点。具体而言，常规评估仅对重要度进行简单定性分析，但是故障发生概率与系统可靠性并非呈正比关系；大量的可信数据是提高故障分析结果的必要条件，常规的评估方法在应用时需要获取准确的故障数据。由于系统的水质指标浮动，故障数据在实际研究中较为缺乏，使得常规的评估方法较难采用；消防给水系统属于可维修系统，具有待机储备特征，例如消防水泵采用一用一备，当其中一个水泵发生故障时备用水泵可立即替换工作，所以较难及时反映故障并作出处理，在进行常规评估时也会出现较大误差。因此，需要对常规的可靠性评估进行改进，以适合消防给水系统的可靠性评估。

（3）基于水质的可靠性评估。给水系统的工作可靠度包括固有可靠度与运行可靠度两方面。固有可靠度包括零部件材料和设备的可靠度、设计技术所制约的可靠度以及建筑安装技术所形成的可靠度；运行可靠度则包括运行环境形成的可靠度、维修制度及维修水平所形成的可靠度、操作状况及人为因素所决定的可靠度。在消防给水系统中，水质主要影响零部件材料和设备的可靠度，以及运行环境所形成的可靠度两个部分。

生活给水系统可靠性包括功能性（水量、水质和水龄）、连通性（持续时间、停工期时间）和水压波动性，三个属性之间相互关联。崔琦等人归纳了再生水系统可靠性内涵，主要包括弹韧性、冗余度和鲁棒性，这与饮用水系统可靠性的内涵不同。再生水系统可靠性的重点在于故障控制，通过故障响应（以弹韧性表征）和故障预防（以冗余度和鲁棒性表征）来实现，所以再生水系统的可靠性内涵更适用于消防水系统。基于消防给水系统的可靠性内涵（如图 4-12 所示），可进一步确定各维度的评价指标和消防给水系统可靠性评价体系（如图 4-13 所示）。

弹韧性用于评价消防给水系统对灾害的应对能力和故障恢复能力，主要通过采取预防性策略以减少灾害影响（如在火灾荷载较高处提高系统的耐火等级），也可建立故障响应系统（如在有机物、某些离子含量和浊度等长期过高的条件下，迅速采用备用水源，并采

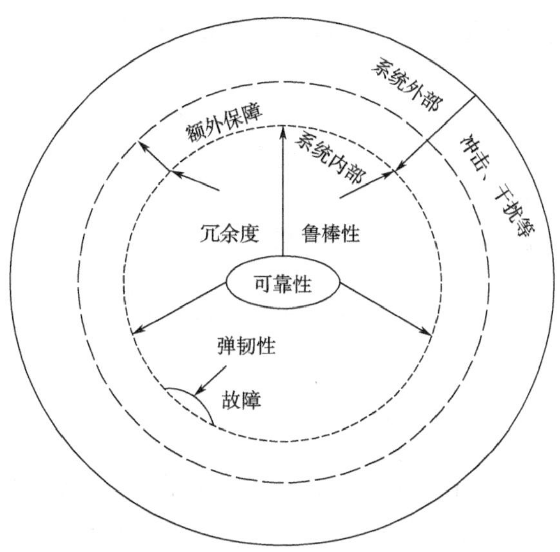

图 4-12 消防给水系统可靠性内涵示意图

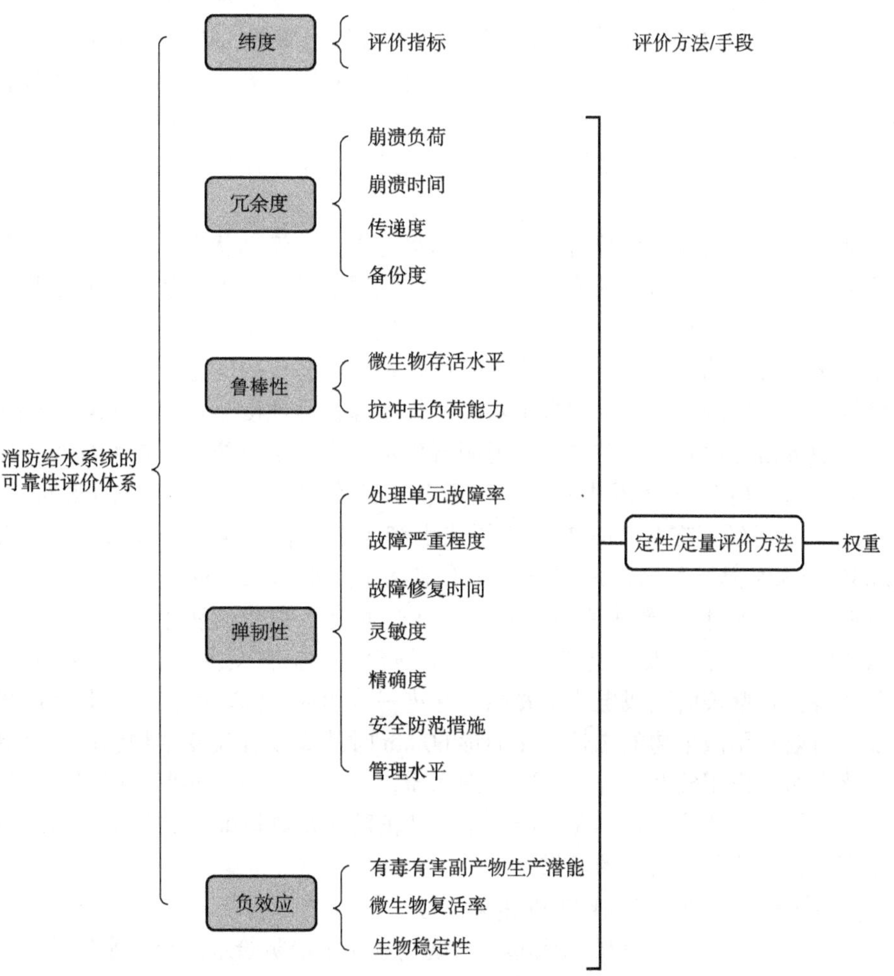

图 4-13 消防给水系统可靠性评价示意图

用简易装置对水质不达标水进行处理)。两种形式可以有效结合，以维护系统并预防故障。冗余度用于评价消防给水系统是否具备超出最低水质安全保障要求的处理能力，通过增加处理系统与其他单元并行的备用单元、增加额外的处理能力或处理过程、安装用于控制点监测的备用设备等方式可提高冗余度。鲁棒性是衡量微生物、浊度和阴阳离子对消防给水系统失效程度的指标。通过冗余度与鲁棒性的结合，可发挥多重屏障作用，预防故障并提高系统可靠性。另外，微生物复活率和生物稳定性也会对消防给水系统造成负效应。综合各维度定性或定量评价结果，结合客观赋权法（熵权法、CRITIC 法等）和主观复权法(德尔菲法、层次分析法等）确定各维度权重，可利用多准则分析模型计算得到消防给水系统可靠性综合评价结果。

(二) 消防水源水质与可靠性的相关性

城市管理部门和建设单位通常重视市政公用消防设施和建筑消防设施的建设，但是大部分城市却忽略了消防水源水质的管理。消防给水系统中的消防水源可分为人工水源和天然水源，其中人工水源是消防工作人员保存下的水源，具有移动性较强、体积较小的特点；天然水源移动性较弱、体积较大。在消防规划中，认为城市道路供水设施建设体系宜与区域火灾风险评估系统结合，规划市政工程公共消防供水的水源地设置。对于水资源匮乏地区，需要充分考虑并利用当地已有水井、水塘和河海等，以确保区域灭火的水源充分。这也符合消防规范的规定，即消防用水可由给水管网、天然水源或消防水池供给，消防水源水质不仅包括城市水厂或工业企业中经过水处理后的给水，还包括江、河、湖、海等天然水源。因此，消防给水水源类型多样，并且水质指标浮动较大，对消防给水系统可靠性的影响显著。

当生活、消防合用给水系统时，管网内的水经常保持流动状态，水质不易变坏。单独采用消防给水系统时，管网内的水仅在扑火和末端试水时才呈流动状态，其他情况下处于停留状态。此时，水中有机物会促进微生物的滋生，使得水中呈厌氧状态，水质恶化，所以即使采用水质较好的生活水，长期不用时仍存在水质恶化的问题，使得消防给水系统的可靠性降低。研究发现，再生水和自来水经过长期静置后浊度、色度、氨氮、细菌总数和总大肠杆菌数等指标没有较大差异，这说明再生水作为建筑消防水源是可行的。

王睿等人通过电化学分析法和挂片失重法，研究了不同材质管材的水质，并发现：316L 和 316 薄壁不锈钢在 250mg/L 氯离子热水和 1 150mg/L 氯离子自来水中的腐蚀速率较快；304L 和 304 薄壁不锈钢则在 100mg/L 氯离子热水和 250mg/L 氯离子自来水中的腐蚀速率较快；当自来水中含细菌时，316 和 304 薄壁不锈钢的腐蚀速率分别比 316L 和 304L 的更快。因此，有必要通过消毒控制微生物含量。王睿发现，加氯消毒时间较长时，氯离子会富集在管壁表面造成电化学腐蚀，并进一步形成点蚀。冲击消毒是瞬时的消毒方式，不仅可有效控制微生物的滋长，在消毒 60min 时就能显著改变生物膜的表面特征，对管壁的电化学腐蚀作用较低。针对某些关键水质指标进行控制和处理，以提高消防给水系统的可靠性，缓解市政给水管网在生产、生活和消防用水难以兼顾的压力，减少饮用水管网的事故率，提高饮用水给水的可靠性。

(三) 基于水质的可靠性保障措施

(1) 大型交通建筑的分区给水保障。大型交通建筑消防给水系统的水质监测是工作难点。陈秀娟等人提出了不分区给水方式和分区给水方式（串联分区给水方式、并联分区给水方式和减压阀分区方式），以提高消防给水系统可靠性。在三种分区给水方式中，假定系统各单元的可靠度相同，理论上并联分区给水方式的可靠性较好，串联分区给水方式和减压阀分区给水方式的可靠性略低。但是当减压阀的可靠度大于消防泵的可靠度，消防给水系统的可靠性需要结合工程的具体情况和边界因素进行分析。当建筑物低于100m时，可采用不分区给水方式或减压阀分区给水方式；当建筑物高于100m时，可采用并联分区方式或者水泵串联加压的分区供水方式。通过选择合适的消防给水方式，可提高系统可靠性并且节约投资成本。另外，采用中间水箱的高层建筑会有二次污染的风险，应用减压阀不仅可避免中间水箱造成的二次污染，还能防止超压，保护用水设备和管道，达到节水目的。

（2）兼有水处理的分格水池。《消防给水及消火栓系统技术规范》GB 50974—2014规定，消防水池容积大于500m^3时，应分为两格；水池容积小于500m^3时，可只设一个消防水池。当消防水池受污染或需要清理检修时，水池需要放空，此间的消防给水系统可靠性较差，一旦发生火灾将无水可用。为提高消防给水系统的可靠性，高威等人建议所有消防水池均以两格为宜，以便一格检修放空时，另一格能供应消防用水。

消防水池通常无特别的水处理装置，水池贮水受污染时仅能采用更换水的方式，不能去除消防管网和水池中的生物膜；如果水源水质较差时，采用更换水的方式不起作用。因此，防火等级较高的建筑中，针对不同污染物类型，可在分格水池中安装水处理设备。例如，检测发现某水源的细菌总数较高时，在设计消防管道时可采用循环水系统，维护管理时定期投加（60~100d）氯片并循环消毒。将水处理工艺应用在分格水池中，虽然会提高投资成本，但可以维护管网，提高消防给水系统的可靠性，节约用水，从长远上看是有利的。

（3）物联网技术的应用。基于射频识别装置、红外感应器、全球定位系统、激光扫描器等信息传感设备，物联网技术的“动态化、智能化、网格化”管理模式在消防工作领域中具有广阔的应用前景。针对辖区消防设施存在的管理问题，物联网技术已成功应用，并实现了消防设施的自动监控、实时监控和远程监控。物联网实时监测系统由压力数据记录仪、微处理器、无线通信模块与自供电源组成，采集终端将实时监测系统模块，通过在消防设施上加装该模块，实现智能感应和报警功能。当监测系统采集到消防设施出现异常状况时，通过微处理器将水压值变化转换成电子信号，以GPRS无线网络或者手机短信的方式发送到控制中心，实现自动判别和实时报警的功能。另外，消防部门还能实时查询消防水源的状态、压力等数据，管理消防水源，减轻日常巡检的工作量，提高维护管理效率。目前，物联网技术还不能应用于消防给水的水质监控。

对于消防给水的水质监测则不同于常规给水系统，常规给水系统的水质监测指标较多，包括pH值、温度、电导率、溶解氧、溶解性有机物含量、叶绿素、色度、浊度、酸度、氯盐、溶氧硫化合物和重金属含量等。消防给水系统的水质监测指标较少，针对水源水质的特征，仅需考虑将溶解氧、电导率和浊度感应器嵌入和装备到系统中。消防给水系统仅需要定期监测某一个或几个指标，指标异常时将信息反馈给中心服务器。因此，消防给水系统的水质监测可行性比常规给水系统的更高。另外，要注意水质监测终端没有可靠的交流电保证时，设备应选用低功率设备；系统安装位置湿度较大时，应采用防潮措施，以实现在高湿度环境中的正常运行。

四、 消防水泵可靠性评价

引起消防水泵故障的因素有很多，其中包括劳损造成的叶轮磨损和破坏、转子零部件的损耗、轴承变形等，这些原因又是一个个独立的个体事件。

通过试验可以得到水泵的故障特性、总故障数 n、工作容量与每次故障的比 t_i、每台泵大修前的总工作容量 D_i、排除故障的时间 t_{pi}、总服务时间 $\sum T_n$ 等，这些都是用以确定可靠性指标的原始资料。描述水泵可靠性的单一指标包括：水泵的无故障性指标［无故障工作概率 $R(t)$、故障强度 $\lambda(t)$］和水泵的宜修性指标（平均恢复时间 T_B）。所有这些指标都带有概率或统计学性质。

苏联科学家 H. H. 阿布拉莫夫认为，运用泊松分布评价水泵设备的可靠性最为适用。

消防水泵故障分布：

$$F(t) = 1 - e^{-\lambda t} \tag{4-1}$$

式中：λ——组件的故障率。

消防水泵的无故障分析建立在其可靠性概率分析的基础上。根据相关规范规定，水泵设备可靠性分析必须设计备用泵，即分析水泵可靠性包括两台一用一备、三台一用两备和三台两用一备。本书着重分析一用一备和两用一备的可靠性。

（一）一用一备的可靠性分析

一用一备在消防给水系统中是比较常见的一种模式，其所使用的消防水泵是同种型号同种大小。此外，在消防给水系统中，和水泵连接的水泵进出口闸阀和出口的止回阀必须考虑在消防给水系统水泵一用一备故障概率，其分析结构图如图 4-14 所示。

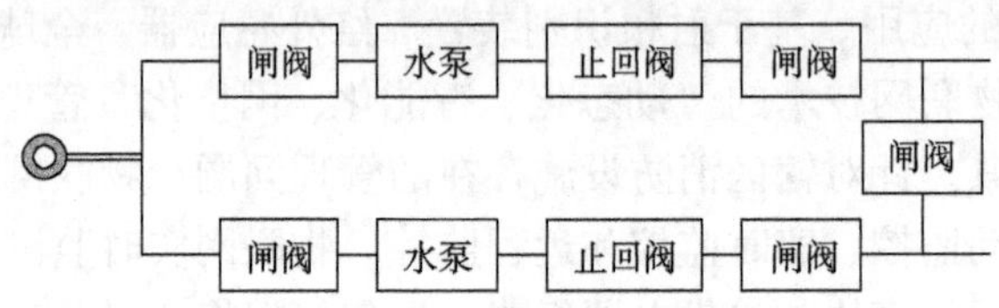

图 4-14 一用一备故障概率分析结构图

图中每台水泵产生故障的可能性为：

$$\lambda = \lambda_B + \lambda_{NF} + 2\lambda_{TF} \tag{4-2}$$

式中：λ_B——水泵故障率；

λ_{NF}——止回阀故障率；

λ_{TF}——闸阀故障率。

则每一台水泵在时间 t 内发生故障的概率为：

$$F(t) = 1 - e^{-\lambda t}$$

对应的每台水泵的可靠度为：

$$R_{水泵}(t) = 1 - F(t) \tag{4-3}$$

根据并联结构的表决系统 1/2（G）分析可以知道，一用一备水泵的可靠度为：

$$R(t) = \sum_{i=1}^{2} C_2^i R_{水泵}(t)^i F(t)^{2-i} \tag{4-4}$$

根据计算和经验对比，两个同型号水泵形成的并联结构的可靠度相对较大，这是增加了水泵的冗余。

（二）两用一备的可靠性分析

由三台水泵组成的两用一备设备结构图如图 4-15 所示。3 台水泵分三种情况，满足当 1 台水泵设备发生故障时另外 2 台水泵设备能够同时工作的要求，在此种结构下我们通常采用表决系统 2/3（G）来对其进行可靠性分析。

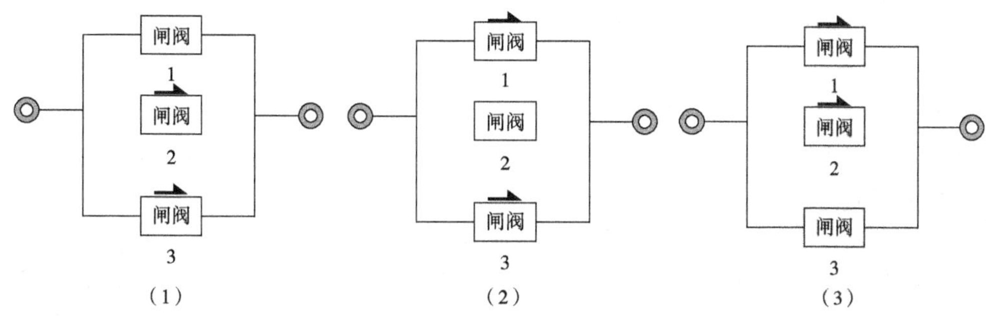

图 4-15 两用一备故障概率分析结构图

三台相同的水泵，分析其结构总的可靠度用 R 表示，每台水泵的可靠度用 R_1、R_2和 R_3表示。

当三台水泵都没有发生故障的结构可靠度为：

$$F_1 = R_1 R_2 R_3 = R^3 \tag{4-5}$$

当三台水泵，其中水泵 1 发生故障，水泵 2 和水泵 3 正常，结构的可靠度为：

$$F_2 = (1 - R_1) R_2 R_3 = R^2 - R^3 \tag{4-6}$$

当三台水泵，其中水泵 2 发生故障，水泵 1 和水泵 3 正常，结构的可靠度为：

$$F_3 = R_1 (1 - R_2) R_3 = R^2 - R^3 \tag{4-7}$$

当 3 台水泵的其中水泵 3 发生故障，水泵 1 和水泵 2 正常，结构的可靠度为：

$$F_4 = R_1 R_2 (1 - R_3) = R^2 - R^3 \tag{4-8}$$

则水泵并联结构的可靠度为：

$$F = F_1 + F_2 + F_3 + F_4 = 3R^2 - 2R^3 \tag{4-9}$$

通过以上分析可以得出三台水泵中 1 台水泵发生故障、2 台水泵发生故障和 3 台水泵都发生故障的不同情况可靠度，即可得出 1/3（G）、2/3（G）和 3/3（G）的值。同理，当四台水泵并联时可得出 1 台水泵发生故障、2 台水泵发生故障、3 台水泵发生故障和 4 台水泵都发生故障的不同情况可靠度，即可得出 1/4（G）、2/4（G）、3/4（G）和 4/4（G）的值。通过不同情况分析可以得出可靠度较高的一种同种水泵并联结构，并为消防给水系统管网水泵最佳结构的选择提供参考依据。

依次类推，可以得到不同组合结构的水泵可靠性，如表 4-28 所示。

表 4-28 不同组合结构的表决系统可靠度

表决系统	可靠度	表决系统	可靠度	表决系统	可靠度
1/4（G）	$6R-R^2+4R^3-R^4$	4/4（G）	R^4	3/3（G）	R^3

续表

表决系统	可靠度	表决系统	可靠度	表决系统	可靠度
2/4（G）	$6R-8R^3-3R^4$	1/3（G）	$3R-3R^2+R^3$	1/2（G）	$2R-R^2$
3/4（G）	$4R^3-3R^4$	2/3（G）	$3R^2-2R^3$	2/2（G）	R^2

由表 4-28 可知，随着并联结构中组件的增多，系统可靠性逐渐升高，这势必会增加设备投资，增加投资的费用。所以，在合理的可靠度范围内减少投资，这就要对结构进行可靠度优化。经过计算和实践经验证明，一用一备消防水泵结构是最经济合理的。

（三）水泵吸水管布置方式的可靠性分析

根据相关规定，消防给水系统水泵吸水管的布置必须设置两条，那么吸水管的布置形式必然对消防灭火可靠性产生一定的影响，吸水水泵的布置有很多结构，针对三种典型的布置结构下面做可靠性分析比较。

（1）布置一支吸水汇管。在两个相邻消防水池之间布置一支总吸水汇管，并用阀门对其隔开，在吸水汇管两边分别设置自动喷淋泵、消火栓泵和备用泵等。一支吸水汇管的结构可靠性如图 4-16 所示。该种布置方式应用比较广泛，它能保证结构中任意部件出问题进行检修时，至少有一个泵正常工作，这就是此种结构的优势所在，但此时该种布置结构的工作效率会下降。

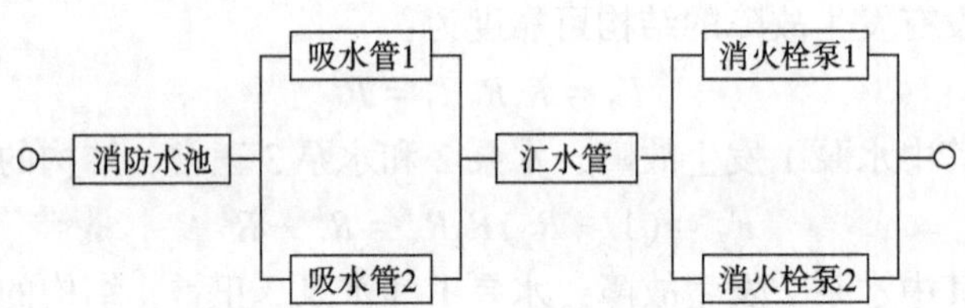

图 4-16 单支吸水管的结构可靠性图

根据结构图，可知该种结构的可靠度为：

$$R_1(t)=R_{消防水池}[1-(1-R_{吸水管})^2]R_{汇水管}[1-(1-R_{水泵})^2] \quad (4\text{-}10)$$

（2）布置独立吸水管。对每个消防水池布置独立的吸水管，其结构可靠性如图 4-17 所示。

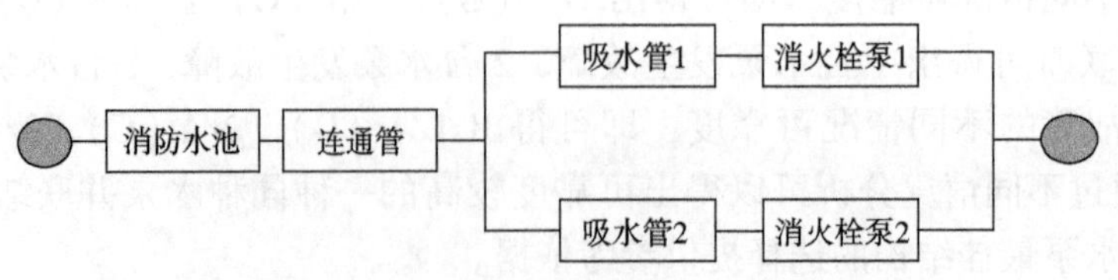

图 4-17 独立吸水管的结构可靠性图

根据结构图，可知该种结构的可靠度为：

$$R_2(t)=R_{消防水池}R_{连通管}[1-(1-R_{吸水管}R_{水泵})^2] \quad (4\text{-}11)$$

（3）布置两支吸水汇管。在两个相邻消防水池之间布置两支总吸水汇管，在吸水汇管两边分别设置备用泵、自动喷淋泵和消火栓泵等，两支吸水汇管能够保证水池之间连通。两支吸水汇管的结构可靠性如图 4-18 所示。该种方法能够提高其可靠性，但同时增加了连接方式的复杂性，当面临任意部件发生故障时，能够确保至少存在一台自动喷淋泵和消火栓泵保持正常工作。

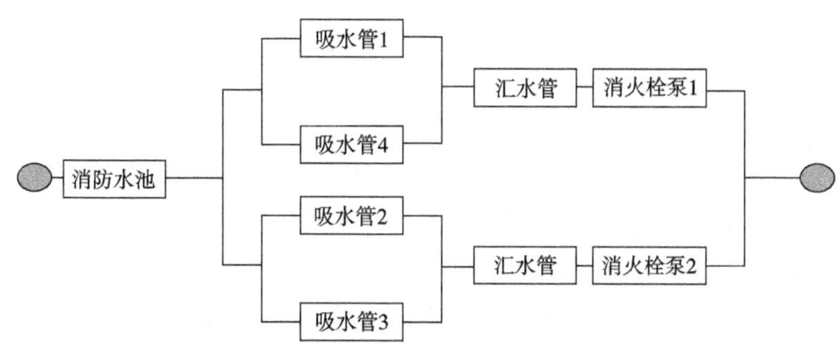

图 4-18 两支吸水管的结构可靠性图

根据结构图，可知该种结构的可靠度为：

$$R_3(t)=R_{消防水池}\{1-(1-[1-(1-R_{吸水管})^2]R_{汇水管}R_{水泵})^2\} \quad (4-12)$$

式中：$R_{吸水管}=R_{管道}\times R_{阀门}$，$R_{汇水管}=R_{管道}\times R_{阀门}$，$R_{连通管}=R_{管道}\times R_{阀门}$。

独立吸水管结构简单，可靠性高。但由于现实条件的限制，如泵房面积小、设置增压稳压泵等，给独立吸水管的设置带来一定困难，这就造成该种结构在实际中应用不广。通过计算和经验得到两支吸水汇管的可靠性最大。

五、 自动跟踪定位射流灭火装置可靠性评价

本节针对自动跟踪定位射流灭火装置的可靠性评价进行详细的介绍，其中包括探测装置、机械性能、自动控制阀的启闭、出水压力强度、远程监控中心等评定技术要求。

（一）探测装置

具有自动探测、定位火源，并向控制装置传送火源信号等功能的设备。

（1）火灾探测器方面：采用图像、红外、紫外等探测方式作为探测器，产品持续使用寿命时间：图像>红外>紫外。

（2）工程应用易用易检方面：探测器支持点火测试，支持专用仿真工具火测试及远程（通信）手报测试。

（3）工程应用后测试在最远保护半径下（根据产品宣称标准），用试验火来诱发自动跟踪定位射流灭火系统探测器能否报警。

（4）定位火源方面：自动跟踪定位射流灭火装置应支持仿真火、实际火图像标靶验证及测试，便于工程长期应用后的维修保养及检测，可增加激光指示等手段辅助确认。

（二）机械性能

能否顺利垂直、水平的转动，能够使保护范围满足工程实际需要。自动跟踪定位射流灭火装置不应出现运行迟钝或卡顿现象，现场操作机械设备应便于手动操作。

（三）自动控制阀的启闭

阀门的启动控制，需满足阀门开极限、关极限无源信号反馈和信号指示灯进行指示；

消防阀不限于电磁阀、电动球阀和电动蝶阀，应满足系统响应时间、地理位置和使用水源条件。

（四）出水压力强度

可以通过末端试水装置（模拟末端试水装置）直接接在水炮系统上方实现。供水水压的长期可靠性，需通过末端试水装置自动巡检，并定期生成运行检测报告，保障工程长期运行中，消防供水管网压力随时处于可靠状态。系统供水端和末端宜安装机械抗震压力表或压力传感器。

（五）远程监控中心

自动跟踪定位射流灭火装置必须配置远程视频监控功能，视频分辨率不应低于 200 万像素（1 080P），防止现场火情及烟雾较大时，人员无法进行现场设备操作。视频宜采用数字信号进行传输和存储（全时存储时间不低于 7d），避免采用同轴线缆进行视频信号传输，减少电磁干扰和接线头老化导致的视频波纹、噪点等干扰。

（六）线路断路后的监测及反馈功能

为保证通信线路长期可靠性，宜支持定期自动巡检，并生成巡检报告，线路断路时，机械运转设备随时处于监测状态，待线路恢复时主动上报给上位机。

（七）控制系统

人员密集场所自动跟踪定位射流灭火系统必须支持远程视频手动查看、联动自动控制功能和联动半自动控制功能，确认火情附近人员环境后，选择直流/喷雾、灭火相关启闭控制阀门、启动和停止消防泵的动作。

（八）其他评定要素

生产、组装、出厂完整过程测试（老化、定位、灭火实际喷水）等环节的全过程可追溯性，每个设备有唯一的产品标识。

(1) 性能要求。

1）外观、结构、水平回转角和俯仰回转角。灭火装置外表应无腐蚀、起泡、剥落现象，无明显划痕等机械损伤，紧固部位无松动，其回转机构启动和停止灵活，安全可靠。水平回转角应不小于 180°，最小俯角应不大于-90°，最大仰角应不小于 30°。

2）性能参数。灭火装置的性能参数应符合表 4-29 的规定。

表 4-29 灭火装置的性能参数

额定流量（L/s）	流量允差	额定工作压力上限（MPa）	射流半径（m）	最大保护半径（m）	监控半径（m）	定位时间（s）	最小和最大安装高度（m）
1.5	±8%	0.8	≥公布值	公布值	≥公布值	≤30	最小/最大公布值
2							
2.5							
5							
8							
10							

续表

<table>
<tr><th>额定流量（L/s）</th><th>流量允差</th><th>额定工作压力上限（MPa）</th><th>射流半径（m）</th><th>最大保护半径（m）</th><th>监控半径（m）</th><th>定位时间（s）</th><th>最小和最大安装高度（m）</th></tr>
<tr><td>13</td><td rowspan="7">±8%</td><td rowspan="2">0.8</td><td rowspan="10">≥公布值</td><td rowspan="10">公布值</td><td rowspan="10">≥公布值</td><td rowspan="2">≤30</td><td rowspan="10">最小/最大公布值</td></tr>
<tr><td>16</td></tr>
<tr><td>20</td><td rowspan="5">1.0</td><td rowspan="8">≤60</td></tr>
<tr><td>25</td></tr>
<tr><td>30</td></tr>
<tr><td>40</td></tr>
<tr><td>50</td></tr>
<tr><td>60</td><td rowspan="3">±6%</td><td rowspan="3">1.2</td></tr>
<tr><td>70</td></tr>
<tr><td>80</td></tr>
</table>

3）高低温性能。灭火装置应进行高低温测试。测试期间，灭火装置不应产生启动和射流等误动作。测试后，灭火装置不应有破坏涂覆和腐蚀现象。

4）耐湿热性能。灭火装置应进行恒定湿热测试。测试期间，灭火装置不应产生启动和射流等误动作。测试后，灭火装置不应有破坏涂覆和腐蚀现象，并能正常启动和射流。

5）绝缘电阻。灭火装置应进行绝缘电阻的测试。灭火装置的外部带电端子与机壳之间的绝缘电阻，应大于20MΩ。

6）介电强度。灭火装置应进行介电强度的测试，应能承受频率为50Hz、电压1 500V、历时1min的耐压测试，不得发生击穿或闪络现象。

7）抗现场干扰性能。灭火装置应进行环境光线干扰测试。测试期间，灭火装置不应产生启动和射流等误动作。

8）电压波动适应能力。灭火装置应进行电压波动适应能力测试，在额定电压的-10%~+10%的范围内，应能正常启动和工作。

9）抗振动性能。灭火装置应进行抗振动性能测试。测试后，灭火装置不应产生脱落、裂纹及明显变形，并能正常使用。

10）灭火性能。灭火装置应进行灭火性能测试。灭火装置从自动射流开始，自动消防炮灭火装置、喷射型自动射流灭火装置应在3min内扑灭1A级别火灾，喷洒型自动射流灭火装置应在6min内扑灭1A级别火灾。

（2）自动控制系统。

1）智能探测定位与联动决策管理。灭火装置应具备智能探测定位与联动决策管理的功能，并能正常使用。

2）火警自动通信系统。灭火装置应具备与火灾自动报警系统和其他各种联动控制设备自动通讯的功能。当灭火装置完成自动跟踪定位时，应能发出声光报警，并能向火灾自动报警系统和其他联动控制设备传送报警和控制信号。

3）联动控制及显示系统。灭火装置应有联动控制及监视显示系统。联动控制应具备自动控制和手动控制功能。

（3）系统的消防供液。系统（储罐式供液除外）应至少配有消防泵组、管路和阀门、泡沫比例混合装置与泡沫液储罐（必要时）及相应的消防附件，并能自动射流灭火。

（4）系统的备用电源供配。系统应进行备用电源的测试，系统应至少设有两路电源接线口，两路电源能自动（手动）切换供电。其中一路电源应为不间断电源。用于监视状态时，不间断电源至少应保证设备的工作时间不小于8h。用于工作状态时，至少应保证设备的工作时间不小于1h。

（5）系统的现场档案视频记录。系统应具备火灾现场视频实时监控和不小于24h记录的功能（可以和其他视频监控系统联用）。

（6）系统运行的可靠性能。系统应进行运行的可靠性能测试，经历连续10次点火触发启动测试，应能对试验火完成启动、自动跟踪定位、自动射流灭火。

第三节　地铁站台防排烟系统性能测试

一、地铁站台火灾特点与防排烟系统重要性

地铁自诞生之日起，安全问题便受到了普遍的关注。在各类地铁多发灾害中，尤以火灾发生的概率最高，约占灾害总数的30%，而烟气是地铁火灾中导致人员死伤的关键因素。地铁乘客客流量很大，携带的行李可能是可燃或易燃物品，一旦引发火灾，短时间内将形成大量烟气积聚，并造成人员恐慌。

为了研究地铁内的烟气流动，中国建筑科学研究院建筑防火研究所进行了如图4-19所示的棉绳点火实验。在地铁空间内点燃了90根棉绳（单根棉绳长80cm、重3g），即使可燃物的总量仅0.27kg，燃烧所产生的烟量也是非常可观的。试验结果表明，在地铁中即使是很小的火灾，如果不能形成有效的排烟气流组织，也会造成烟雾的迅速积聚。

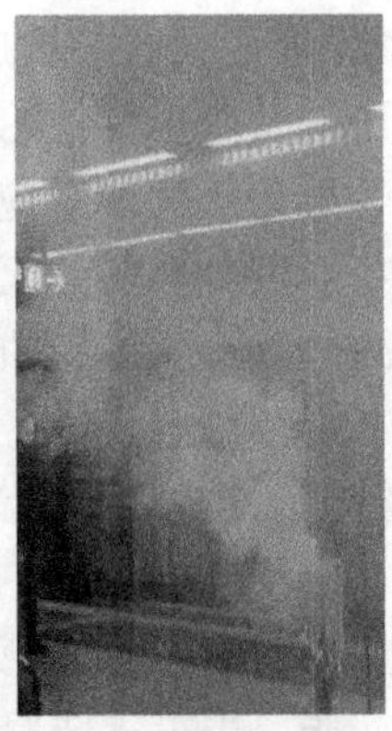

图4-19　地铁车站棉绳火实验

相较于使用燃烧等级更高的材料，设置防排烟系统是一种更为主动的防范措施。一旦发生火灾，有效的防排烟系统对于疏散、灭火、救援都将起到至关重要的作用，具体包括：排热、排烟、补充新风；改善火场环境，降低火场温度；降低烟气中有害成分的浓度；改善人员疏散的视线；引导安全疏散，增强受困人员的心理安全感。保护地铁内部设施和结构的安全。

特别当地铁站台发生火灾时，通过启动相应的车站和隧道排烟风机，并配合一定的新鲜空气补入，使站台通向站厅的楼扶梯处形成向下的新风气流，从而满足控制烟气蔓延和保障站台区域人员疏散的要求。我国《地铁设计规范》GB 50157—2013 和《地铁设计防火标准》GB 51298—2018 均对此提出了明确要求："保证地铁站厅到站台的楼梯或扶梯口处具有不小于 1.5m/s 的向下气流。"

此外，地铁防排烟系统的重要性在世界范围内都得到了充分的认可。例如，法国巴黎地铁的火灾排烟通风模式如图 4-20 所示，即同样要求从站台至站厅的疏散通道处形成一定的新风气流，其给出的风速下限为 0.5m/s。这是考虑到巴黎地铁建设年代较早，站台与站厅之间的开敞连通面积较大，因而难以形成更高的定向风速，否则将造成风机负荷过大。类似地，瑞典斯德哥尔摩地铁车站扶梯上方普遍安装了见图 4-21 所示的射流风机，也可以形成定向的新风气流。

图 4-20 巴黎地铁站台火灾排烟模式示意

图 4-21 斯德哥尔摩地铁扶梯上方射流风机

《地铁设计规范》GB 50157—2013 与《地铁设计防火标准》GB 51298—2018，对楼扶梯处的风速和风向提出了具体的设计要求。为了满足火灾时通风排烟的需求，提高疏散能力并减小火灾损失，本部分基于地铁车站防排烟系统设计的现实，综合运用计算流体力学（Computational Fluid Dynamics，CFD）模拟和现场试验相结合的方法，对地铁站台气流流场的特性进行深入的研究。在此基础上，确定一种科学、准确、便捷地选取测试断面的新方法，以期为今后开展地铁和地下空间的烟气控制研究提供借鉴和参考。

二、 防排烟系统烟气控制效果

地铁防排烟系统对烟气控制具有重要作用已经成为共识，本节将以某典型地铁结构建筑为例，深入分析防排烟系统是如何起到控烟作用的。

图 4-22 为某典型地铁站台的整体模型结构图。该车站为地下二层岛式车站，站台长约 285m，宽约 22m，供大运量的 8A 编组列车停靠使用，采用了屏蔽门系统。该车站目前共开放 2 个出入口，站台和站厅通过 2 座楼扶梯、2 座纯扶梯（以下统称为楼扶梯）相连通，站台层楼扶梯断面位于挡烟垂壁正下方，断面尺寸均为 3.8m（宽）×3.5m（高）。A 端两座楼扶梯局部放大及所研究断面的位置见图 4-23 所示。

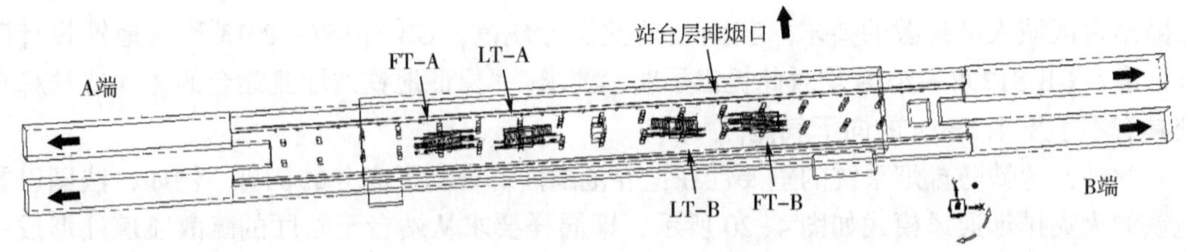

图 4-22　某典型地铁站台结构模型

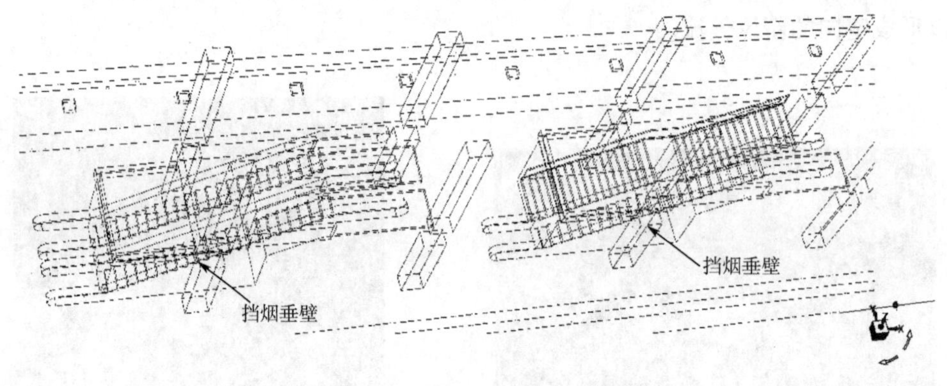

图 4-23　楼扶梯 FT-A、LT-A 局部放大

该典型车站两端设置 4 台事故风机，站内设置 2 台排热风机、2 台排烟风机。火灾时除站台两端 4 扇端门打开外，上、下行线屏蔽门全部关闭；出入口自然补风，即自适应风量。

图 4-24 左右两列分别为在地铁站台层中间部位发生火灾后（火灾源功率为 700kW），烟气自由蔓延和发生火灾后 120s 启动地铁防排烟系统后的烟气蔓延情况。当排烟风机从始至终未启动时，火灾烟气首先在站台层大范围蔓延，并沿着楼扶梯向上蔓延至站厅层，至 600s 左右整个空间能见度已大幅下降，如果此时仍有人员滞留，将对其安全疏散造成极大阻碍。对比来看，当排烟风机在 120s 启动后，烟气被控制在火源局部区域，从站厅流向站台的定向气流阻止了烟气的向上蔓延，至 900s 站厅层仍保持清晰。由此可见，一旦发生火灾，这条通道将成为受困人员依赖的“生命通道”，因此对该疏散通道断面进行准确的风速测试具有重要意义。

如今，随着地铁装修中阻燃材料的大量使用和进站安检的日益严格，地铁中的火灾荷载也大大降低，一般火灾荷载不超过 3MW。而当地铁内发生 1.5MW 和 3MW 这两种功率

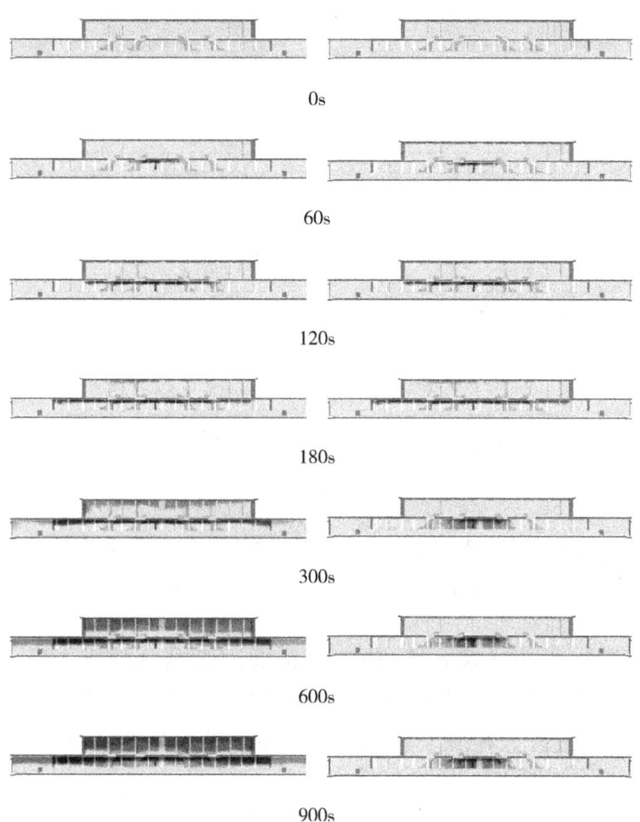

图 4-24 地铁车站防排烟系统关闭与运行对比图

（左列防排烟系统关闭，右列防排烟系统开启）

的火灾时，随着火灾功率的增加，烟气产量也随之增加，火源周边能见度下降更为明显；同时火源提供的初始热浮力也更大，造成在排烟风机启动前，更多的烟气沿楼扶梯向上侵袭至站厅层。但随着排烟风机的启动，两组工况中火灾烟气均得到有效控制，甚至站厅层原有的部分烟气也被排出，形成有利于人员疏散的清晰空间。从疏散通道断面来看，其上部存在一定的烟气聚集，但下部具备一定的清晰高度可供人员疏散。模拟结果表明，至少对于 3MW 的火灾，现有防排烟系统可以达到较好的作用效果。不同火源功率下防排烟系统控制效果对比见图 4-25。

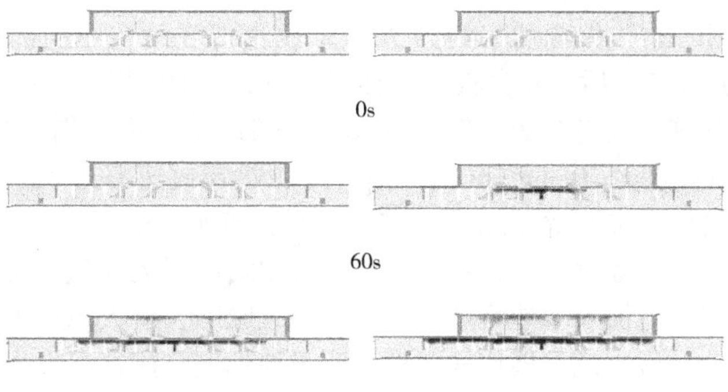

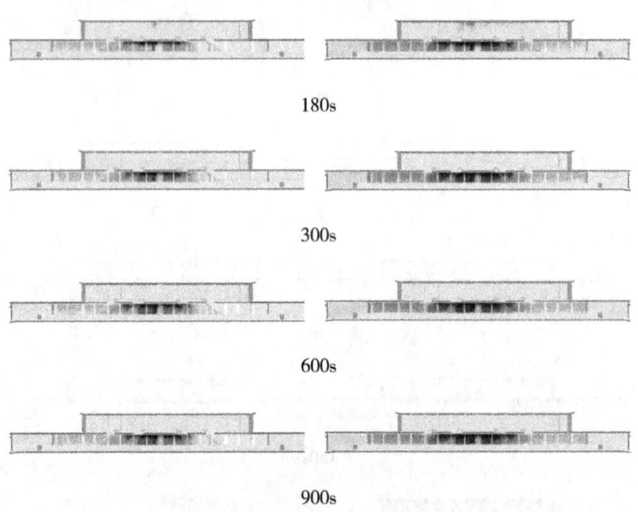

图 4-25 不同火源功率下防排烟系统控制效果对比

（左列为 1.5MW，右列为 3MW）

为了进一步验证地铁防排烟系统的控烟效果，依据《防排烟系统-热烟试验》AS 4391—1999、《防排烟系统性能现场验证方法热烟试验法》XF/T 999—2012 两个标准的技术要求，在该典型地铁站台上开展了热烟试验。试验装置见图 4-26 所示。

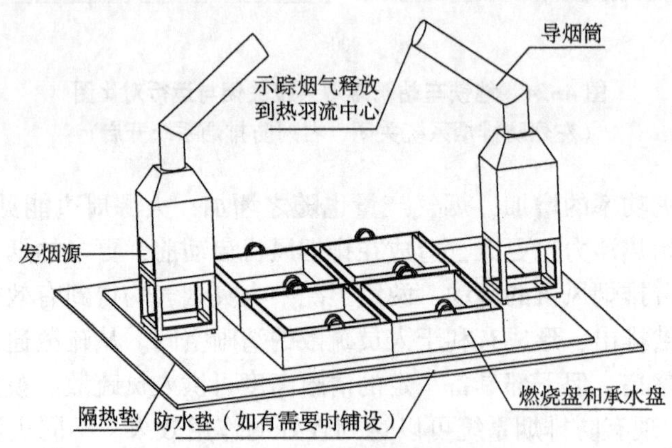

图 4-26 火源及发烟装置示意图

当采用火源面积 $1m^2$、火源功率约为 700kW 的火源在站台中间部位进行热烟试验时（图 4-27），点火 1min 23s 后，站台吸气式感烟探测器即发生报警；点火 2min 后，排烟风机启动，站台东端扶梯口处有少量烟气；点火 7min 22s 后，火源周围烟气大，能见度低，烟气降至 1.5m 以下；点火 10min（600s）后，火源热释放速率进入稳定发展阶段，此时地铁站台层典型位置烟气蔓延情况如图 4-27 所示；点火 15min 后，站台西端能见度好，烟气较少，无明显分层。除此之外，整个试验过程中站厅层无烟气。由此可见，车站防排烟系统在试验时间内，能够有效地将烟气排出站外，除站台层火源周围存在一定烟气聚集现象外，站台两端公共区走道及楼扶梯口处无明显地烟气集聚情况发生，基本无烟气蔓延至站厅层，疏散路径上排烟控烟效果良好。

（a）火源附近

（b）站台火源周围

（c）站台西端（A端）公共区过道

（d）站台西端（A端）楼扶梯口处

（e）站台东端（B端）公共区过道

图 4-27　地铁站台层热烟试验典型位置火灾蔓延情况（点火 600s 前后）

三、 地铁站台流场特性

当地铁站台防排烟系统开启后，在站台主要疏散通道断面上，气流将形成湍流流动。湍流是流体的一种流动状态，自然界绝大多数流动都属于湍流。当流动属于湍流流动时，流线不再清晰可辨，流场中出现许多小漩涡，相邻流层间不但有滑动，还有混合。

湍流特质可以概括为：其流动本质是非稳态的、三维的、非周期的漩涡运动（脉动）的，湍流会加强混合、传热和剪切；时空域的瞬间脉动是随机的（不可预测的）。但湍流脉动的统计平均可量化为输运机理；所有的湍流中都存在大范围的长度尺度（涡尺度）。

湍流流动中的各流动物理量对于时间和空间坐标来说，呈现着随机性的脉动。在任一瞬时，湍流流场中各点处的速度也是不相同的。由于湍流瞬时速度的随机性，研究难度很大。在工程上，通常将流速时均化进行处理。

湍流流动的压力场、速度场等瞬时场均呈现出随机的脉动，可拆分为平均量和脉动量之和，如：

$$p_i = \bar{p} + p' \tag{4-13}$$

$$v_i = \overline{v_i} + v'_i \tag{4-14}$$

式中：p_i ——流体瞬时压力（Pa）；

$\bar{p}$ ——流体平均压力（Pa）；

p' ——流体脉动压力（Pa）；

v_i ——流体微团瞬时流速（m/s）；

$\overline{v_i}$ ——流体微团的平均流速（m/s）；

v'_i ——流体微团的脉动流速（m/s）。

纳维-斯托克斯方程（N-S 方程）是描述黏性不可压缩流体动量守恒的运动方程，它反映了真实流体的基本流动规律，但是求解非常困难。

现对 N-S 方程进行平均，得到雷诺平均的 N-S 方程（RANS）：

$$\frac{\partial \rho}{\partial t} + \frac{\partial(\rho \bar{v}_i)}{\partial x_i} = 0 \tag{4-15}$$

$$\frac{\partial(\rho \bar{v}_i)}{\partial t} + \frac{\partial(\rho \bar{v}_i \bar{v}_j)}{\partial x_j} = -\frac{\partial \bar{p}}{\partial x_i} + \frac{\partial}{\partial x_j}\left[\mu\left(\frac{\partial \bar{v}_i}{\partial x_j} + \frac{\partial \bar{v}_j}{\partial x_i} - \frac{2}{3}\delta_{ij}\frac{\partial \bar{v}_m}{\partial x_m}\right)\right] + \frac{\partial}{\partial x_i}(-\rho \overline{v'_i v'_j}) \tag{4-16}$$

正是由于将控制方程进行了统计平均，使得其无需计算各尺度的湍流脉动，只需计算出平均运动，从而降低了空间与时间分辨率，减少计算工作量。

目前雷诺平均的 N-S 方程已经可以通过数值计算的方法，利用计算机软件进行求解。但如果需要理论分析疏散通道断面气流的流动，还需要对 N-S 方程进行进一步简化。

①假设时均流速随时间的变量为 0；

②作用在运动流体上的外质量力只有重力；

③流体流向与 x 轴重合，在 y、z 方向上，时均流速为 0；

④在与流动方向垂直的横截面上，平均流速分布相似，即速度参量随 x 变化为 0；

⑤流动关于中心轴对称，即在 y、z 轴对应点位置流速相似；

⑥流体不可压缩。

在此基础上，流过断面的气流可划分为两部分——靠近断面边壁的层流边界层内和剩余大部分断面。湍流风速为大部分断面上的湍流时均流速，用 $\bar{u}_i$ 表示；边界风速为层流边界层内的时均流速，用 u_b 表示。断面风速为二者之和。

$$\bar{u}_{bi} = \bar{u}_i + u_b \tag{4-17}$$

式中：$\bar{u}_{bi}$ ——断面瞬时风速；

$\bar{u}_i$ ——湍流风速；

u_b ——边界风速。

以 u_i 表示轴向真实风速，u'_i 表示轴向脉动风速，w'_i 表示径向脉动风速，w_i 为径向真实风速。则轴向有：

$$u_i = \bar{u}_i + u'_i \tag{4-18}$$

径向有：

$$w_i = w'_i \tag{4-19}$$

因此，断面流体湍流流动的基本方程如下：

$$\frac{z\rho gJ}{2} + \mu \frac{\partial \bar{u}}{\partial z} = \rho \overline{u'_i w'_i} \tag{4-20}$$

式中：等号左边第一项为风速压降；第二项为由流体黏性引起的内摩擦力；等号右边为湍流脉动引起的湍流切应力。

由于空气黏度小，黏性作用仅在靠近巷道边壁很薄的一层内起主导作用，因此在断面风速分布研究中，忽略黏性力项。湍流基本方程简化为：

$$\frac{z\rho gJ}{2} = \rho \overline{u'_i w'_i} \tag{4-21}$$

假定脉动切应力 $\rho \overline{u'_i w'_i}$ 是断面水力半径 r_0 、湍流时均流速 $\bar{u}_i$ 和湍流时均流速随断面水力半径的变化率 $\frac{d\bar{u}_i}{dr}$ 的函数，即：

$$\rho \overline{u'_i w'_i} = \rho f\left(r_0,\ \bar{u}_i,\ \frac{d\bar{u}_i}{dr}\right) \tag{4-22}$$

当湍流切应力与 d 成正比，应用因次分析法和量纲分析法，得：

$$\rho \overline{u'_i w'_i} = -\rho\beta r_0 \frac{d\bar{u}_i^2}{dr} = \frac{z\rho gJ}{2} \tag{4-23}$$

式中：负号表示 $d\bar{u}_i$ 与 dr 变化方向相反，β 为无因次比例系数。

在层流边层上，湍流风速为 0，即：

$$u_i |_{r=r_1} = 0 \tag{4-24}$$

将公式（4-23）积分整理得：

$$u_i = \sqrt{\frac{J r_1^2 g}{4\beta r_0}} \times \sqrt{1-\left(\frac{r}{r_1}\right)^2} = u_{bi} - u_b \tag{4-25}$$

断面平均风速：

$$u_i = \frac{2\pi \int_0^{r_0} \left[u_b + \sqrt{\frac{J r_1^2 g}{4\beta r_0}} \times \sqrt{1-\left(\frac{r}{r_1}\right)^2}\right] r dr}{\pi r_0^2} \tag{4-26}$$

由于层流边层很薄，因此近似取 $r_1 = r_0$ ，将式（4-26）积分整理得：

$$u_i = u_b + \frac{2}{3}\sqrt{\frac{J r_0^2 g}{4\beta r_0}} \tag{4-27}$$

在高雷诺系数（***Re***）下，巷道单位长度通风阻力可按下式计算：

$$J = \frac{h}{l} = \frac{\lambda \frac{l}{d} \frac{\bar{u}_s^2}{2g}}{l} = \frac{\lambda \bar{u}_s^2}{4 r_0 g} \tag{4-28}$$

代入公式（4-28）并取 $r_1 = r_0$ ，得：

$$u_i = \frac{1}{4}\bar{u}_s \sqrt{\frac{\lambda}{\beta}} \times \sqrt{1-\left(\frac{r}{r_0}\right)^2} \tag{4-29}$$

（1）靠近断面边壁的层流边层，其风速较低，可按下式计算：

$$u_b = \bar{u}_s\left(1 - \frac{1}{6}\sqrt{\frac{1}{\beta}}\right) \tag{4-30}$$

式中：$\bar{u}_s$ ——断面平均风速（m/s）。

（2）中部大部分断面充满着湍流风速，湍流时均流速可按下式计算：

$$\bar{u}_i = \frac{1}{4}\bar{u}_s\sqrt{\frac{\lambda}{\beta}}\sqrt{1-\left(\frac{r}{r_0}\right)^2} \tag{4-31}$$

断面边壁越光滑，速度分布越平缓；断面边壁越粗糙，速度图形越陡峭。

（3）断面瞬时风速 $\bar{u}_{bi}$ 和断面中心最大风速 $\bar{u}_{\max}$ 可按式（4-32）和式（4-33）计算：

$$\bar{u}_{bi} = \bar{u}_s\left[1 - \frac{1}{6}\sqrt{\frac{\lambda}{\beta}} + \frac{1}{4}\sqrt{\frac{\lambda}{\beta}}\sqrt{1-\left(\frac{r}{r_0}\right)^2}\right] \tag{4-32}$$

$$\bar{u}_{\max} = \bar{u}_s\left(1 + \frac{1}{12}\sqrt{\frac{\lambda}{\beta}}\right) \tag{4-33}$$

断面边壁越光滑，$\bar{u}_s/\bar{u}_{\max}$ 值越高。

（4）从通风效果看，当断面边壁光滑时，边层风速高，断面风速分布较均匀，通风排烟效果好。当断面边壁粗糙时，情况相反，通风效果差。疏散通道断面的粗糙程度和边壁的凹凸状况对流场分布的影响不可忽视。

上述公式为理论分析计算结果，目前随着数值计算技术不断进步，在实际工程应用中，可以直接利用 Fluent 软件对 N-S 方程［式（4-15）、式（4-16）］进行数值求解。现以某地铁车站为例，对车站断面气流组织进行计算。当防排烟系统开启时，地铁车站 $y=0$ 切面的绝对速度值（velocity magnitude）分布云图见图 4-28。可见在排烟风机及相关设备根据站台火灾工况模式启动并稳定运行时，车站内部形成定向有序的气流：新鲜空气由 2 个出入口补入后，首先经站厅层进入楼扶梯敞口，并沿楼扶梯加速向下，从而有效抑制烟气上窜蔓延，并推动烟气向站台两侧输送。其中少部分烟气进入站台层顶部的排烟口，大部分经端门进入隧道，由事故风机排出。整体来看，空气在沿楼扶梯向下流动时，在惯性作用下，并非形成均匀的满管流动形态，而是呈现出“下高上低”的风速分层现象，并在站台层楼扶梯断面处尤为明显。此外，从图 4-28 中可见，站台中部区域风速较小，不利于烟气的排出和新鲜空气的补入。因此一旦发生火灾，应尽量减少人员在此区域内的停留时间，需尽快向站台两端引导疏散并沿楼扶梯向上逃生。

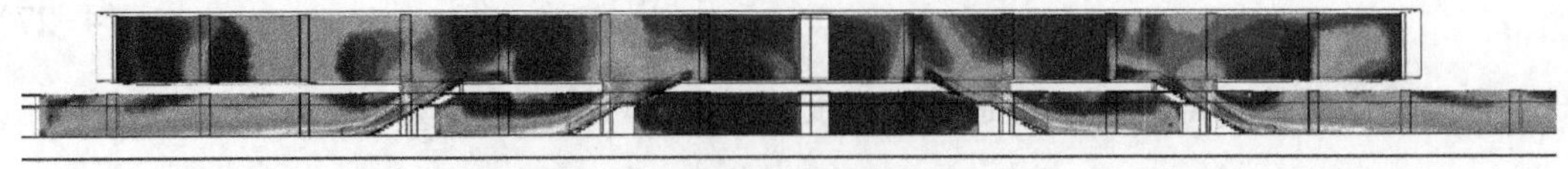

图 4-28　典型地铁车站整体切面风速云图

截取站台层楼扶梯断面观察流动细节。考虑到地铁车站具有对称性，因此选取 A

端的两处断面。其风速云图如图 4-29 所示，图中空白区域为楼扶梯把手等固定设施占据流体空间所致。图 4-29 中呈现出更为清晰的风速分层现象，同时可见由于边壁阻滞效应产生的流动边界层。相关规范中所谓“向下风速”，是指忽略横向风速分量（Y 方向），保留沿楼扶梯向前（X 方向）和竖直向下（Z 方向）的风速分量并作正交合成后的风速。LT-A 和 FT-A 断面处平均向下风速并无显著差异，其值在 2.4~2.6m/s，符合相关规范中不小于 1.5m/s 的要求。其中，X 方向平均风速约为 Z 方向平均风速的 2 倍。但对于安全门系统，空气从站台流向隧道的流通面积更大，且所处位置更高，见图 4-30。因此体现在断面速度的竖向分布上，也将显得更为均匀，见图 4-31。

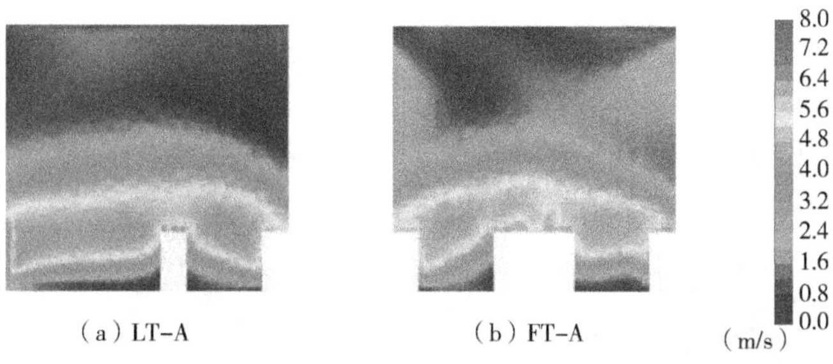

（a）LT-A （b）FT-A

图 4-29 典型地铁车站台层楼扶梯断面风速云图（屏蔽门系统）

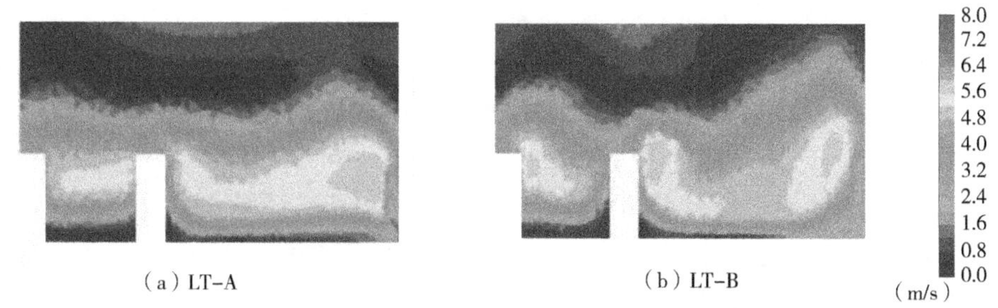

（a）LT-A （b）LT-B

图 4-30 典型地铁车站台层楼扶梯断面风速云图（安全门系统）

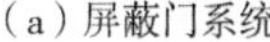

（a）屏蔽门系统 （b）安全门系统

图 4-31 屏蔽门和安全门系统火灾通风排烟模式下气流路径示意

特别地，以上四处断面在顶部区域存在小幅的风速上升，其更为细节的气流特征有必要利用风速矢量图进行揭示，如图 4-32 和图 4-33 所示。从图中可见，空气主体流向是从上至下（沿 X 和 Z 方向），断面两侧边缘由于缺乏遮挡，存在一定的横向分量（沿 Y 方向），但对气流主体的影响不大。然而，断面顶部区域存在着少量的回流现象，即空气从站台向站厅逆向流动，造成该处表观风速绝对值的上升。其形成机理是：当空气沿楼扶梯自上而下流动时，流通面积逐渐扩大，主流上部形成低压区，进而在湍流卷吸作用下产生旋涡。因此，站台疏散通道断面的高度越大，回流现象越明显，将导致少量火灾烟气被卷吸后越过挡烟垂壁，其潜在风险值得注意。相较而言，屏蔽门系统站台断面回流现象比安全门系统站台更明显，这也是由于前者的气流更向下部集中、卷吸作用更强所致。

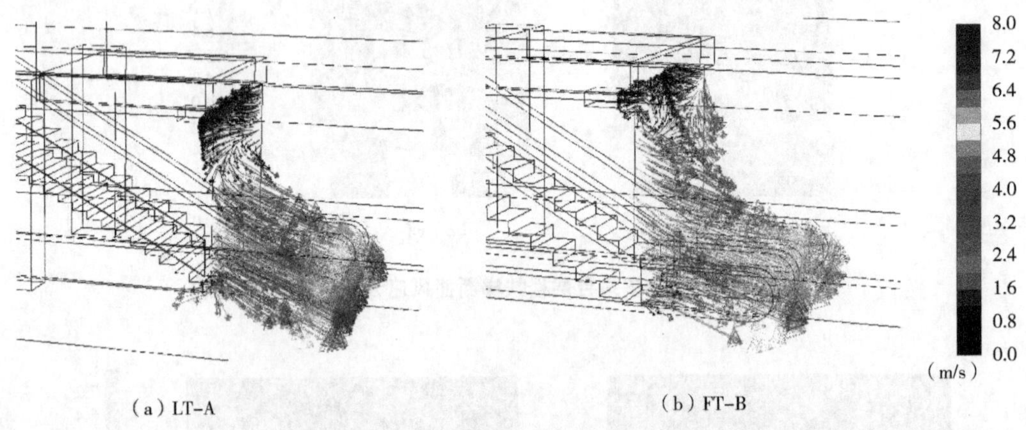

（a）LT-A　　（b）FT-B

图 4-32　典型地铁车站站台层楼扶梯断面风速云图（屏蔽门系统）

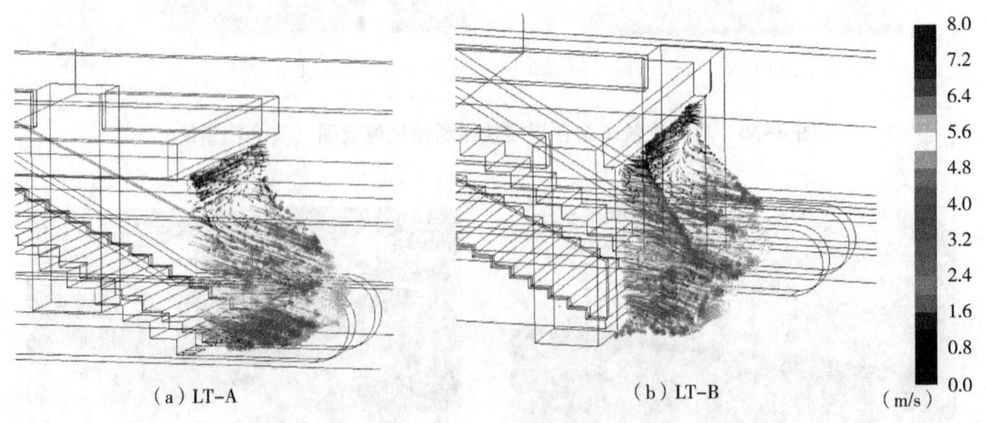

（a）LT-A　　（b）LT-B

图 4-33　典型地铁车站站台层楼扶梯断面风速云图（安全门系统）

四、 地铁防排烟系统性能测试

（一）测试要求和步骤

鉴于防排烟系统在地铁中的重要性，同时需要保障防排烟系统在火灾时有足够的控烟能力，需要对防排烟系统的性能进行预先检验，以判定其在火灾通风排烟模式下疏散通道断面（特指站厅到站台的楼梯或扶梯口，下同）的定向气流是否满足规范要求，这一点无疑具有十分重要的意义。与常规的消防设施检测不同，防排烟系统性能检测并不针对某个设备或设施及其控制功能的实现等，而在于对整套系统运行时的实际效果进行定量测试，并通过与标准规范的要求进行比对，得到对其实际排烟效果的评价。在测试时机选取上，应在地铁防排烟系统安装、调试完成后，且风机、风阀及其他辅助设施等能按照既定的通风空调模式正常运行时开展测试。地铁站台防排烟系统性能测试的基本流程如图 4-34 所示。

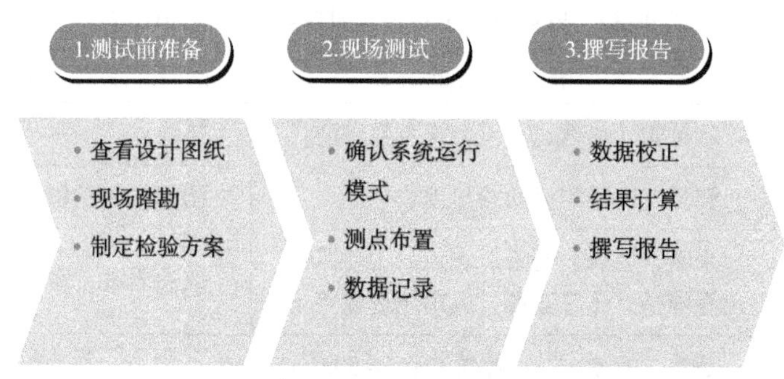

图 4-34 地铁防排烟系统性能测试基本流程

（二）测试设备

目前常被应用于风速、风量测试的设备为单点手持式风速仪，其易于携带，使用方便，适用范围广，常用单点风速仪见图 4-35。但是对于地铁防排烟系统性能检测中断面尺寸大、测点数量多、分布分散的大型测量断面来说，其使用显现出较大的局限性：

（1）每次仅可对单个测点进行一次瞬时读值，读值对操作人员的经验和判断要求较高。

（2）实施依靠测试人员，人员的活动不可避免地会对风流流场产生扰动，一定程度上增加了测试误差。

（3）工作量大、效率较低。对于地铁工程，防排烟系统性能检测需在列车停运后才能进行，检测工作的审批及管理流程严格，因此检测时间短暂（一般一个检测时间段不超过 6h），使用单点风速仪进行大断面测试及人工数据记录，在检测时间段内完成检测工作较为困难。

多点风速测试系统可以弥补单点风速测试方法的上述缺陷，尤其适用于大型流场风速测试工作。该系统提高了测试的自动化程度，每个风速测点可在一个监测周期内累积采样，采集样本在很短时间内即可达到上百个甚至更多，大幅提高了流速的时均化程度，且所有传感器布设到位后，在同一时间段内同时采集，不仅使测试效率大幅提高，也避免了人员的干扰。单点风速仪与多点风速测试系统的比较见表 4-30。

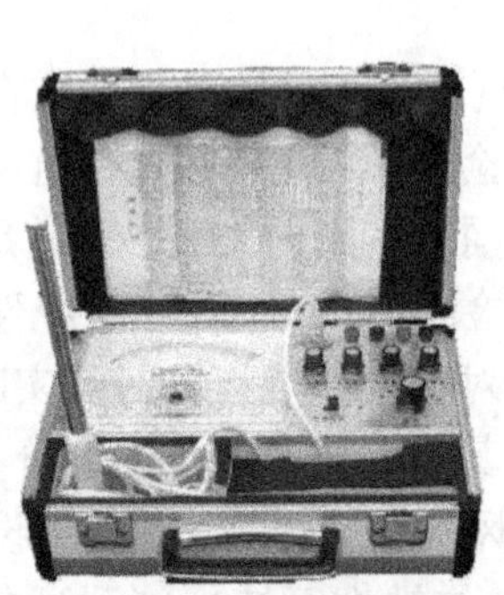

图 4-35 热式风速测试仪

表 4-30 单点风速仪与多点风速测试系统的比较

项目	单点风速仪	多点风速测试系统
常见种类	叶轮式、热球式、压力式、超声波式	热线式
主要用途	测量气体平均流动的速度	测量气体平均流动的速度
应用领域	采暖、通风、气象、农业、卫生调查、出海捕捞、体育竞赛、风扇制造业等	风速测试、实验室及检测现场应用
测量范围（仅作参考）	热式：0~50m/s；叶轮式：1~50m/s；压力式 5~100m/s 超声波式：0~10m/s	0~10m/s
测量精度	热式：≤0.1m/s；旋转式：（0.3~1）m/s	≤0.1m/s
测试方式	单个测点	多测点，更适用于大型风流断面
操作方式	人工手持读取数据	自由固定于支架上自动采集数据
数据采集频次	单次单点采集一个数据	单次多点采集多个数据
数据传输保存	人工或仪器读取、记录	计算机自动读取并保存
测试数据准确性	受测量断面处人工扰动影响	机器自动采集，测试误差影响极小
工作时效	采集时间较长	采集时间短

多点风速测试系统主要由主机、风速传感器、传感器阵列组成。风速测试系统组成见图 4-36。

风速传感器阵列包括活动连接组件、底盘和阵列支架。多个风速传感器以预定间隔设置组成传感器阵列，传感器阵列通过活动连接组件与阵列支架连接。活动连接组件用于调整阵列支架旋转角度和升降高度，见图 4-37。

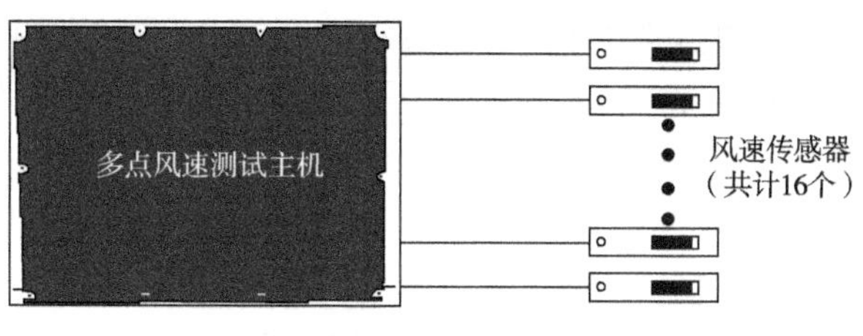

图 4-36 风速测试系统组成示意图

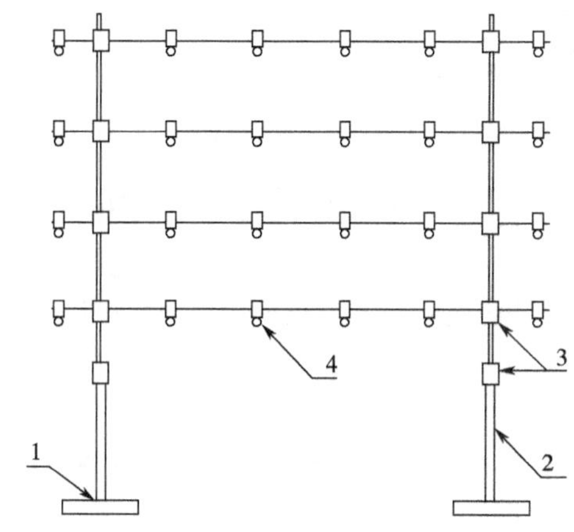

图 4-37 测量断面传感器阵列布设

1—风速传感器阵列底座；2—风速传感器阵列支架；3—风速传感器固定夹子；4—风速传感器

（三）测试案例

选取某典型地铁车站站台楼扶梯 LT-A 断面，对其风场进行实地测试，断面位置标注于图 4-38 所示的图纸上。风机及相关设备的状态同样按照站台防烟分区火灾工况模式控制。为确保测试科学有效，将断面划分为 52 个近似等面积的网格，每个网格设 1 个风速测点，测点布置见图 4-39（迎风方向）。采用高灵敏度热线风速探头进行测量，探头安装方位见图 4-40。该探头可响应 X 和 Z 方向的风速分量（但无法分辨正负），而 Y 方向上的

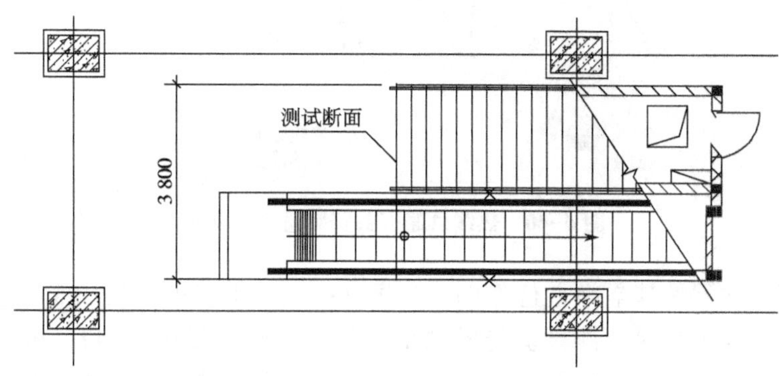

图 4-38 LT-A 风场测试断面位置

风速分量则受到屏蔽，满足规范要求的“向下风速”的测试条件。测试数据由计算机自动控制记录，每个测点采集时间为5min，采集间隔为3s，该测点风速为该时段内全部采集风速数值的算术平均。

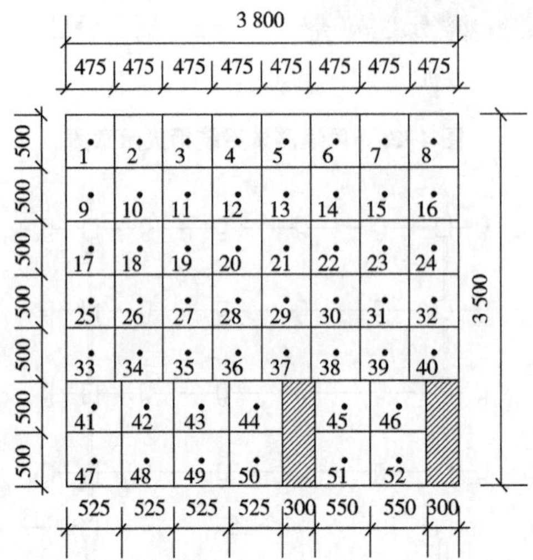

图 4-39 LT-A 断面测点划分（迎风方向）

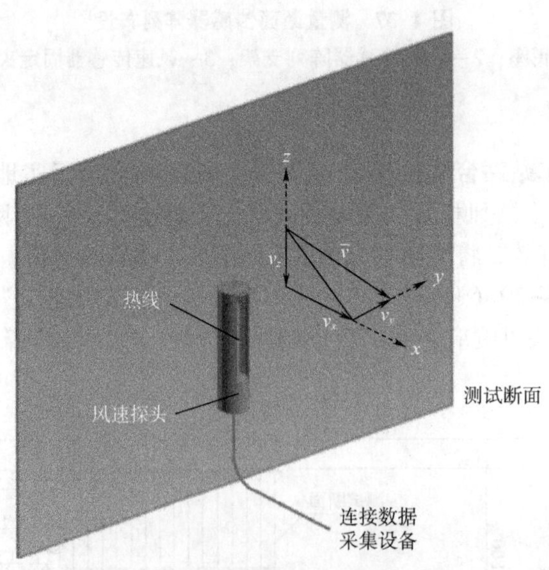

图 4-40 热线风速探头安装角度示意图

将风速测试数据按其空间方位作图，见图 4-41，其与图 4-32（a）呈现的规律基本吻合。将不同高度的风速测试值与模拟结果进行比较，见图 4-42，可见二者匹配良好。这既验证了模拟结果的可靠性，同时也进一步体现了站台疏散通道断面的风速分层特征。

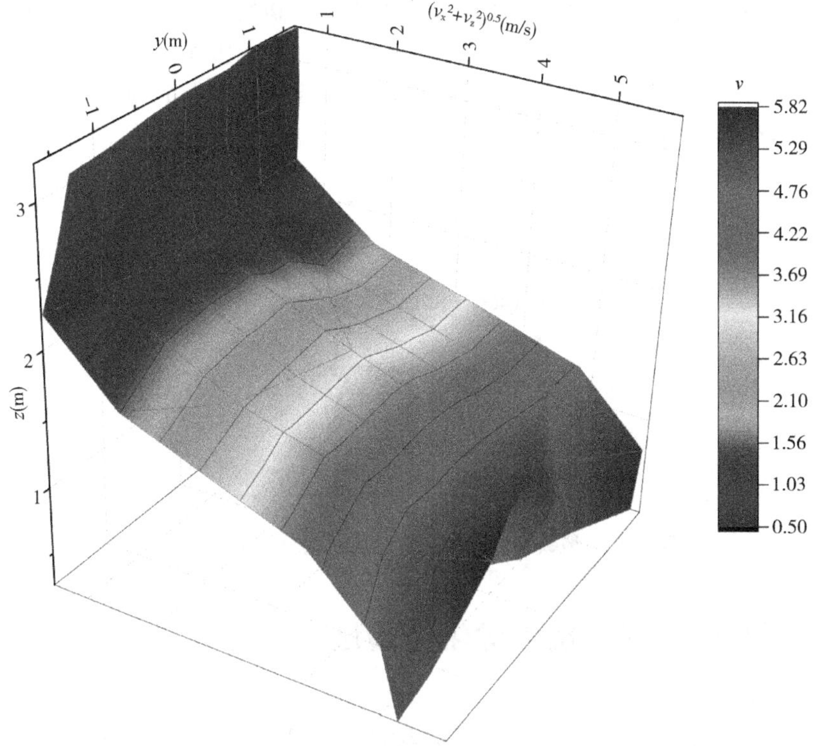

图 4-41 LT-A 断面测试风速分布

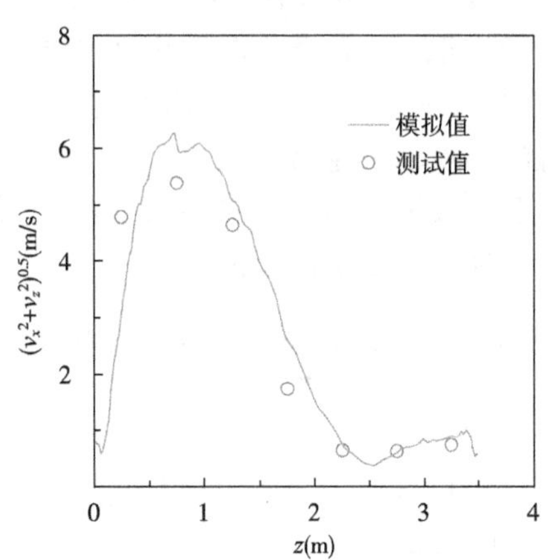

图 4-42 LT-A 断面风速测试值与模拟值的对比

基于以上模拟和测试结果，对地铁站台疏散通道断面风场特性进行探讨与分析。该断面处风速基本呈现出沿高度方向的典型分层现象。总体而言见图 4-43，自下而上分别为边界区、主流区、衰减区、回流区，其各自占据的比例也标注于该图中。边界区内风速较低，通常在 0~1m/s 范围。随着向上进入主流区，风速迅速上升至 3~6m/s 范围，参考普通人身高数据，人员活动大部分处于该区域内，有利于抑制烟气蔓延、补充新鲜空气，为人员疏散提供良好环境。随着高度的进一步上升，风速又开始迅速衰减，并降至接近 0，而无论从模拟还是测试结果来看，衰减区面积占比是最高的。而在挡烟垂壁下沿附近，可能存在一个小面积回流区，尽管不会对疏散人员的体感产生影响，但不利于火灾烟气的控制。特别地，针对回流区的存在，风速测试过程中也要注意风向的判断，不能简单地对断面平均风速做绝对值的算数平均处理。

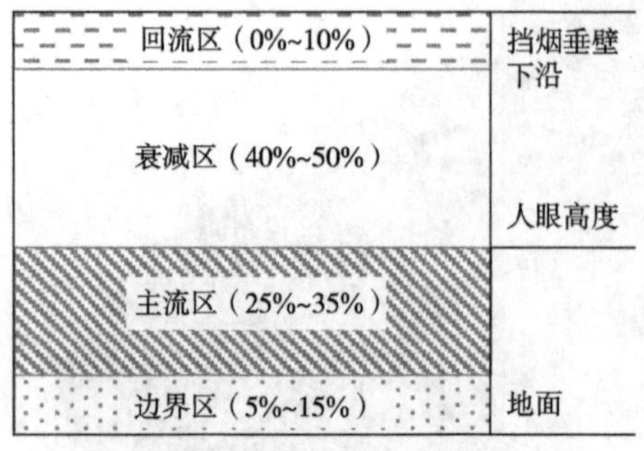

图 4-43　地铁站台疏散通道断面风场分区及特征高度

五、 断面风速测试技术优化与验证

（一） 测点数量优化

在模拟结果的基础上，通过调整断面选点数量，研究风速平均值与测点数量的关系，分别如表 4-31 和表 4-32 所示。以地铁车站 LT-A 断面为例，模型中该断面附近由于加密网格，断面上共有计算节点 8 624 个，整体平均后风速为 2. 207m/s。如果每间隔 8 个节点选取 1 个，即均匀地在该断面选取 1 078 个节点，此时求取这 1 078 个节点处的平均风速值，为 2. 260m/s，与原数值出现一定偏差。随着选点间隔的逐步增大，此时选点数量越来越少（相当于测试中布置的测点越来越稀疏），所求取的平均风速值与原始数值之间的偏差也呈增大趋势。当断面选点数量在 10 个左右时，由于选点具有一定随机性，此时平均风速值的相对误差已超过 15%，这也是符合常理的。

表 4-31　地铁站台疏散通道断面模拟风速平均值与测点数量的关系

LT-A 断面			LT-B 断面		
测点数量	平均风速（m/s）	相对误差（%）	测点数量	平均风速（m/s）	相对误差（%）
8 624	2. 207	0. 00	8 678	2. 594	0. 00
1 078	2. 260	2. 40	1 085	2. 569	0. 96
539	2. 342	6. 12	542	2. 540	2. 08
269	2. 329	5. 53	271	2. 557	1. 43
134	2. 316	4. 94	135	2. 655	2. 35
67	2. 007	9. 06	67	2. 488	4. 09
52*	2. 479	12. 32	52*	2. 721	4. 90

续表

LT-A 断面			LT-B 断面		
测点数量	平均风速（m/s）	相对误差（%）	测点数量	平均风速（m/s）	相对误差（%）
40	1.987	9.97	40	2.428	6.40
25	2.461	11.51	25	2.830	9.10
10	2.567	16.31	10	3.161	21.86

注：* 现场实际测试中选取 52 个风速测点。

将表4-31中断面风速相对误差与测点数量作图，分别见图4-44、图4-45。对离散点利用自然对数函数拟合，得到的拟合公式为式（4-34）与式（4-35）。

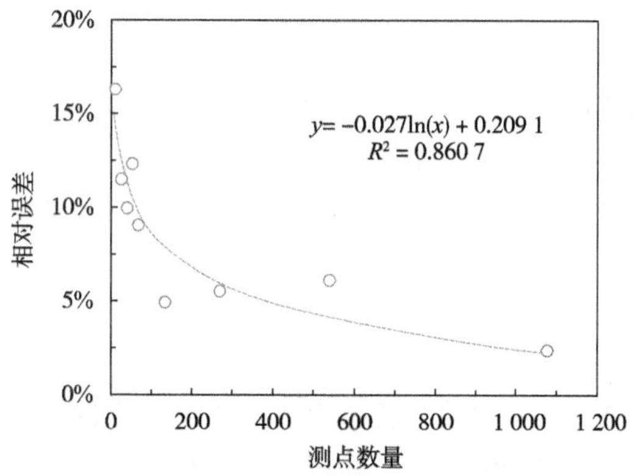

图 4-44 LT-A 断面风速相对误差与测点数量的关系

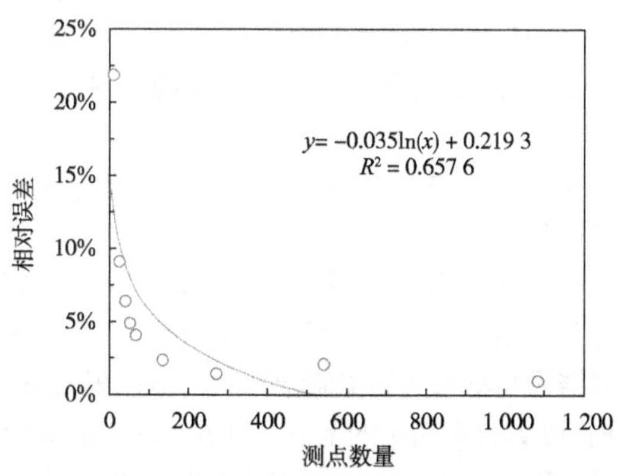

图 4-45 LT-B 断面风速相对误差与测点数量的关系

$$y=-0.027\ln(x)+0.209\ 1 \quad (4-34)$$

$$y=-0.035\ln(x)+0.219\ 3 \quad (4-35)$$

为保证测试的准确性，应尽可能地减小相对误差。但是，受制于测试成本，测点数量不能无限制增加，因此应选取精度和成本的平衡点。为此，利用以上拟合的2组公式，反求不同相对误差下的测点数量和测点密度（测点数量/断面面积），见表4-32。通过计算平均值，发现当测点密度在4~6个/m^2时，相对误差可以控制在5%~10%范围，此时每个断面的测点总数在40~80（根据不同断面面积计算）。这说明，现有的测点数量和密度是基本符合要求的，为提高测量精度，可考虑增加30%左右的测点数量。

表4-32 利用拟合公式反求不同相对误差下的测点密度

相对误差（%）	公式1		公式2	
	测点数量（个）	测点密度（个/m^2）	测点数量（个）	测点密度（个/m^2）
15	9	0.7	7	0.5
10	57	4.3	30	2.3
5	362	27.2	126	9.5

（二）测点角度优化

现有的测点布置角度可以实现测量X和Z方向的合成风速值，Y方向的风速分量虽然无法测量，但其在整体风速中的占比很小，实际上对改善人员疏散条件的作用也较为微弱。因此，现有的测点角度应予保持，即热线风速探头垂直于地面安装，且其开口正对来流方向。

六、小结

本节在充分调研地铁火灾危险性和防排烟系统重要作用的基础上，选取典型地铁车站作为测试对象，综合介绍了地铁站台疏散通道断面风场测试的理论依据、测试方法、计算机数值模拟结果与车站疏散通道断面风场现场测试结果对比等内容，得到主要结论如下：

（1）地铁站台疏散通道断面风场处于非均匀流动状态，风速基本呈现出沿高度方向的典型分层现象，自下而上分别为边界区、主流区、衰减区、回流区，人员活动大部分处于主流区，其内部风速达到3~6m/s，有利于抑制烟气蔓延、补充新鲜空气，为人员疏散提供良好的环境。

（2）由于沿楼扶梯向下气流的渐扩效应，地铁站台疏散通道断面顶部区域可能存在小面积回流区，其对火灾烟气的潜在卷吸风险值得注意。

（3）车站屏蔽系统形式对地铁疏散通道断面风场特性具有一定影响，安全门系统断面风速的竖向分布比屏蔽门系统更为均匀，由此导致后者顶部回流现象更为明显。

（4）计算机数值模拟结果与车站热烟试验均证明，地铁车站防排烟系统及时启动后，烟气被控制在火源局部区域；随着火灾功率的上升，在排烟风机启动前更多的烟气沿楼扶梯向上侵袭至站厅层，但至少对于3MW的火灾，现有防排烟系统可以达到较好的作用效果。

（5）站台中部是排烟不利位置，火灾发生位置越靠近站台一端，烟气蔓延所影响的范围越小，因此应对站台中部的排烟能力作适当加强。

（6）通过分析模拟和现场测试结果，发现当断面风速测点密度在4~6个/m^2时，可以基本达到测试精度和成本的平衡，此时每个断面的测点总数在40~80（根据不同断面面积计算）。现有的测点数量和密度基本符合要求，为提高测量精度，可考虑增加30%左右的测点数量。

（7）现有的风速测点角度选取科学合理，可供类似地下空间防排烟系统的验证测试借鉴和参考。

第四节　地铁车辆基地上盖开发消防设计要点与结构抗火设计评估技术

一、 地铁车辆基地上盖开发概述

（一）概念

地铁车辆基地是地铁系统车辆停修和后勤保障基地，通常包括运用库、检修库、咽喉区等部分，还有相关的生活设施。运用库主要负责列车运营、停车、列检、周月检、临修等，检修库主要负责列车定修、架修、大修等，咽喉区主要是列车经过但不停留的中转区域，通常是一条地铁线路配备一至两座车辆基地，但如果形成城市地铁网络，一座车辆基地可以同时服务两条或多条地铁线路。

地铁车辆基地上盖开发，是指以场、段楼板为基地进行物业开发的综合性建设项目，实质上是将地铁车辆基地与上盖物业作为一个有机整体，统一规划设计，分期实施建设，以实现最佳的综合效益，在合理安排轨道交通组织、人行系统等功能布局的基础上，复合居住、商业、办公等多种功能，实现土地混合使用。

（二）历史由来

我国香港是全世界最早进行地铁上盖开发的城市。截至 2021 年，香港约有 740 万人口，而土地面积仅 1 078km^2，且海拔 50m 以下仅占 17.8%，其余多为丘陵，正由于地理、土地权益等因素，香港采取以轨道交通为主导的高密度发展模式，并在如此高密度的情况下仍能保持城市交通顺畅，令世人称赞。

1975 年，香港特区政府全资成立香港地铁公司，自此香港地铁综合开发时代开启，形成“港铁模式”，主要包括“地铁车站盖上物业开发”和“地铁车辆基地盖上物业开发”两种新业态。“地铁车站盖上物业开发”十分重视车站与地面环境建设的开发利用，在可研阶段就将车站设计与车站地上开发和周边物业开发统一进行考虑，使地下车站与地面的建筑成为一个和谐的建筑整体，实现无缝连接。“地铁车辆基地盖上物业开发”的理念是车辆基地与盖上开发相结合，将车辆基地选址、车辆基地物业开发一并进行，另外选址时尽量设置在线路中心位置，而不是线路终点，最大限度地实现盖上商业开发的实效目的。

正是由于“港铁模式”，香港成为当时世界上唯一地铁盈利的城市，一方面，香港政府以地铁建设前土地价格将土地出售给地铁公司，地铁建造完成后，周边物业升值大部分归于地铁公司；另一方面，沿线物业发展也为地铁提供了更多客流，增加了票款收入，提高了地铁运营收益，最终实现良性循环。

“港铁模式”是成功的，香港地铁无须政府投入资金、担保贷款及运营补贴，香港地铁公司自负盈亏，承担所有建设、运营及维护成本，还有市场风险，如今的香港地铁物业综合开发建设更为成熟、先进，物业与轨道交通运输的结合达到了极致，是全世界学习的典范。

(三) 当前形势

《城市轨道交通分类》T/CAMET 00001—2020 中明确指出城市轨道交通包括地铁系统、轻轨系统、单轨系统、有轨电车、磁浮系统、自动导向轨道系统、市域快速轨道系统，截至 2021 年我国已有 46 个城市开通城市轨道交通运营，包括直辖市、大部分的省会城市及经济发达、人口规模大的城市。

除上述 46 个城市外，其他城市也建设有城市轨道交通，如邻近西安的咸阳市，邻近上海的昆山市等，但由于城市一体化建设，这些城市不纳入其中。据不完全统计，中国内地已开通城轨交通线路长度共计 6 730km，其中地铁 5 187km，轻轨 255km，里程排名前 20 的城市如表 4-33 所示。

表 4-33 中国内地城市轨道里程及排名

排名	城市	里程（km）	排名	城市	里程（km）
1	上海	705	11	苏州	166
2	北京	699	12	西安	155
3	广州	513	13	大连	153
4	南京	378	14	郑州	146
5	武汉	339	15	杭州	135
6	重庆	313	16	长沙	102
7	深圳	303	17	长春	100
8	成都	302	18	宁波	91
9	天津	233	19	沈阳	89
10	青岛	176	20	合肥	89

由此可知，我国城市轨道交通建设进入了一个快速发展的时期。作为一项投资大、建设周期长、运营后成本回收慢的工程，如何实现盈利是关键，此时可借鉴“港铁模式”，即以公共交通为导向的土地开发模式，物业开发可为公共交通增加票款收入，同时公共交通会为周边物业带来收益，实现良性循环。

目前，北京、上海、深圳、天津、杭州、厦门、成都、福州、西安、郑州等城市已经开始建设或已经建成地铁车辆基地上盖物业开发项目，尤其是一些经济发达地区，土地资源日益紧缺，但仍有不断扩容和人们对出行便利化的需求，以及城市地价上涨给开发商带来的吸引力，使地铁车基地上盖开发快速发展，见表 4-34。

表 4-34 国内地铁车辆基地上盖开发典型案例

序号	项目名称	盖下建筑用途	使用性质	盖下建筑火灾危险性	盖上建筑
1	北京轨道交通 10 号线五路停车场	运用库等	厂房	丁类	住宅、配套车库等
2	北京地铁 8 号线平西府车辆段	运用库等	厂房	丁类	住宅、配套车库等

续表

序号	项目名称	盖下建筑用途	使用性质	盖下建筑火灾危险性	盖上建筑
3	北京地铁7号线张家湾车辆段	停车列检库，联合检修库，内燃机车库等	厂房	丙类、丁类、戊类	商业等
4	南宁轨道交通3号线平乐停车场	运用库等	厂房	丁类	中小学
5	福州轨道交通1号线新店车辆综合基地	停车列检库、不落轮镟库、洗车库、辅助用房等	厂房	丁类、戊类	高层住宅、配套车库等
6	福州市轨道交通4号线一期工程洪塘停车场	运用库等	厂房	丁类	住宅等
7	厦门轨道交通3号线蔡厝车辆综合基地	联合检修库、运用库、物资总库、易燃品库等	厂房、仓库	丙类、丁类、戊类	住宅、商业、配套车库等
8	西安轨道交通6号一期工程侧坡车辆基地	运用库、检修库、联合车库、物资总库等	厂房、仓库	丙类、丁类、戊类	住宅、学校等
9	西安轨道交通14号线骏马村停车场	运用库、工程车库、洗车库等	厂房	丙类、丁类、戊类	住宅等
10	杭州西动车所盖板项目（一期）及盖下工程	存车场（丙类厂房）、检查库等	厂房	丙类、丁类、戊类	住宅等

典型项目如下：

1. 北京地铁16号线北安河车辆段

北安河车辆段位于北清路南侧，西侧为规划安阳西路，东南侧为城市绿地及城市六环快速路，用地相对独立，见图4-46。

图4-46 北安河车辆段上盖开发效果图

车辆段用地中部从南到北依次为运用库、联合检修库，两库区之间为消防车道，车辆段用地西侧为咽喉区，东侧为雨水利用、综合维修楼、综合行政楼及锅炉房（含综合水处理），其中运用库属戊类厂房、检修库属丁类厂房，联合检修库上部开发均为住宅，运用库上部开发为汽车停车库层及开发住宅，见图 4-47。

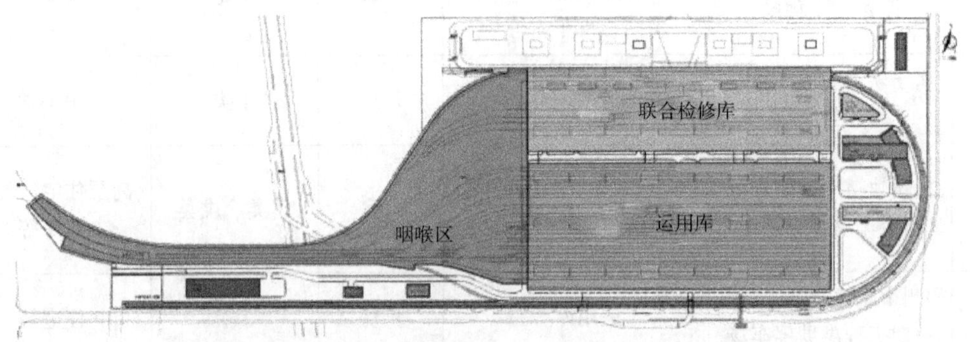

图 4-47 北安河车辆段盖下总平面示意图

2. 厦门地铁 3 号线蔡厝车辆基地

厦门市地铁 3 号线为西南-东北向骨架线，东北起机场西站，西南至厦门火车站，规划线路全长 36.7km，蔡厝车辆基地位于岛外翔安临海，毗邻大嶝岛，占地面积约 $40hm^2$，见图 4-48。

图 4-48 蔡厝车辆基地上盖开发效果图

整个场段对主要厂房及咽喉区进行上盖开发，盖板下涉及的主要功能用房有联合检修库、运用库、空压机站、综合维修中心、物资总库、污水处理站、混合变电所、轮对受电弓监测站、工程车线、试车线、材料棚、内燃机车库、易燃品库及蔡厝主变电所等，见图 4-49。

除联合检修库及物资总库上盖，车辆基地内的运用库及大小咽喉区均进行了上盖物业开发，其中运用库上盖开发中高层住宅，大咽喉区上盖开发商业及教育设施，小咽喉区上

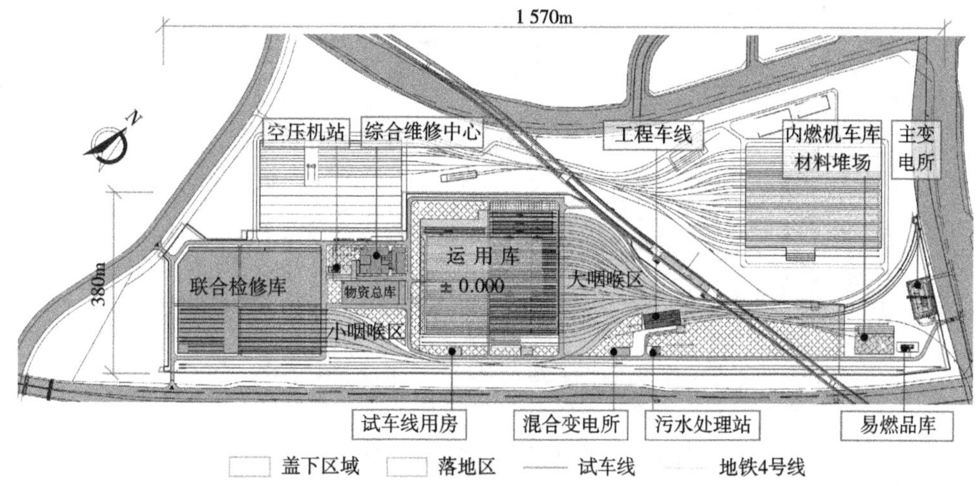

图 4-49　蔡厝车辆基地盖下总平面示意图

盖开发住宅，见图 4-50。

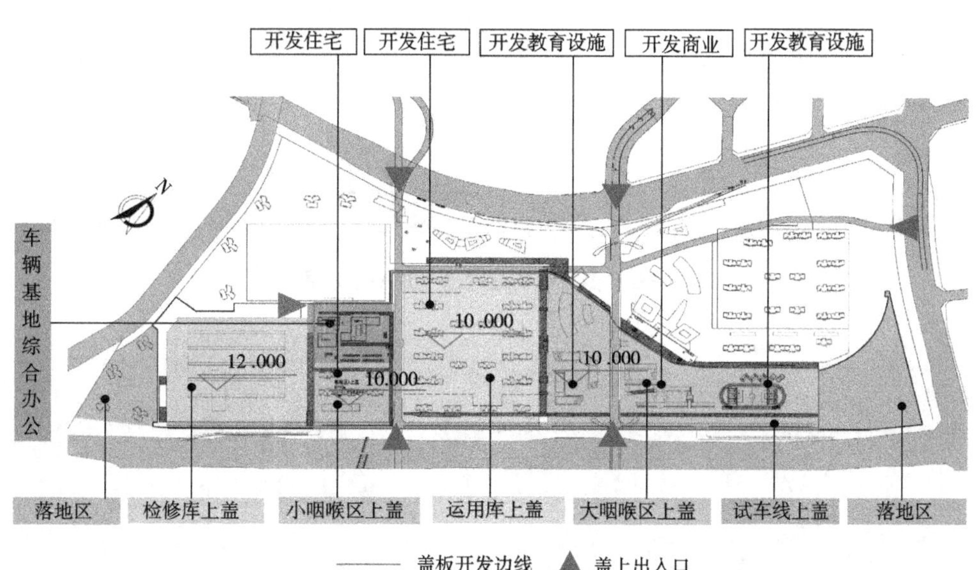

图 4-50　蔡厝车辆基地盖上总平面示意图

3. 西安地铁 6 号线侧坡车辆基地

西安侧坡车辆基地位于西安市地铁 6 号线一期工程线路南端，位于西安市高新区，总用地面积约 $37hm^2$，见图 4-51。

整个场段对主要厂房及咽喉区进行上盖开发，盖板下涉及的主要功能用房有运用库、检修组合库、不落轮镟库、调机及工程车库以及污水处理站，见图 4-52。

盖板上开发业态主要为配套汽车库、多层及高层住宅，白地开发业态为商业、小学、博物馆及高层住宅，见图 4-53。

图 4-51 侧坡车辆基地上盖开发效果图

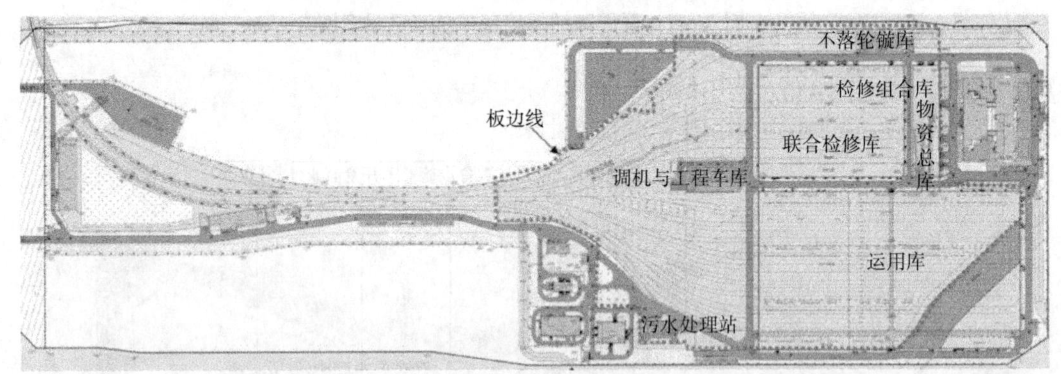

图 4-52 侧坡车辆基地盖下总平面示意图

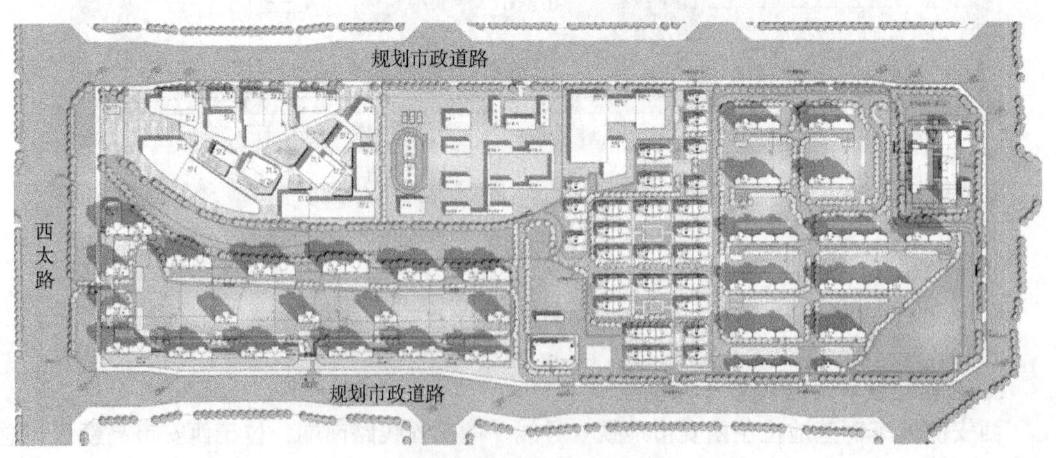

图 4-53 侧坡车辆基地盖上总平面示意图

可以看出，地铁车辆基地上盖开发具有较大发展前景，但在建设过程中也存在很多技术难题，如建筑衔接、隔震减震、消防、开发平台排水、局部通风不畅等问题。针对消防问题，国内各省市出台了一些地方标准，如北京《城市轨道交通车辆基地上盖综合利用工程设计防火标准》DB11/ 1762—2020，西安《轨道交通上盖车辆基地消防设计技术指南》DB 6101/T 3102—2021 等，预计随着该类型建筑的增加，相关行业或国家标准会陆续出台。

二、 地铁车辆基地上盖开发消防设计要点

《建筑设计防火规范》GB 50016—2014（2018 年版）第 5. 4. 2 条规定，“除为满足民用建筑使用功能所设置的附属库房外，民用建筑内不应设置生产车间和其他库房”，该规定主要考虑到民用建筑功能复杂，人员密集，如内部布置生产车间及库房，一旦发生火灾，极易造成人员伤亡和财产损失。地铁车辆基地主要包含检修库、运用库和咽喉区，兼具工业厂房建筑和市政交通公共设施的属性，区别于传统工业建筑中的厂房和仓库，与《建筑设计防火规范》GB 50016—2014（2018 年版）第 5. 4. 2 条并不矛盾，组合建造应采取相应的加强防火并依据住房和城乡建设部 51 号令第十七条进行特殊消防设计，并且主管部门应组织专家评审特殊消防设计。

近 10 年来，虽国内已有一定数量的地铁车辆基地上盖开发项目，但各地的理念、消防设计审查尺度有所不同，如福建省认为运用库、咽喉区等戊类厂房火灾危险性小，可进行上盖开发，检修库等丁类厂房有一定火灾危险性，不允许进行上盖开发；然而，其他省市对此有不同处理方式，如北京地铁 7 号线张家湾车辆段中，检修库等丁类厂房进行了开发，还有一些城市允许在物资库等丙类库房上进行开发，相关文件及专家评审意见见图 4-54。

总的来说，地铁上盖开发项目创新点越来越多，表明当地政府敢于创新、敢于担责，同时，主管部门和专家应该严格把好技术关，对消防技术服务机构提出加强防火措施严格审查，下面梳理近十年来的该类型项目的消防设计要点。

（一）盖上盖下进行严格的防火分隔

《地铁设计防火标准》GB 51298—2018 中第 4. 1. 7 条表明，车辆基地建筑的上部不宜设置其他使用功能的场所或建筑，确需设置时，应符合：

①车辆基地与其他功能场所之间应采用耐火极限不低于 3. 00h 的楼板分隔；

②车辆基地建筑的承重构件耐火极限不应低于 3. 00h，楼板的耐火极限不应低于 2. 00h。

据此，国内各省市的地铁车辆基地上盖开发项目均要求车辆基地上方承载上盖综合利用工程建筑的结构顶板，即板地的耐火极限不低于 3. 00h，承受板地重量的结构梁耐火极限不低于 3. 00h（有些省市对此要求提高至 3. 50h），承受板地、结构梁重量的结构柱的耐火极限不低于 3. 00h（有些省市对此要求提高至 4. 00h）。

（二）盖上开发建筑与盖下车辆基地保持一定防火间距

为避免车辆基地中列车发生火灾影响到盖上住宅、商业、学校等公共建筑，盖上建筑不宜贴临盖板边缘设置，应保持一定防火间距，国内各省市对水平间距的量值要求不同，大多数省市要求盖板边缘距离耐火等级不低于一二级的裙房和单、多层民用建筑的水平间距不应小于 6m、距高层民用建筑的防火间距不应小于 9m，确有困难的，则需要延伸板地设置水平方向的防火挑檐，或设置垂直方向的防火挑檐，或将水平防火挑檐与垂直防火挑檐组合使用。

《建筑设计防火规范》国家标准管理组

公津建字【2015】22号

关于“关于地铁车辆基地运用库与民用建筑组合建造工程防火设计问题的请示”的复函

福建省公安消防总队：

来函收悉。

根据来函所述，福州市轨道交通1号线新店车辆基地上盖物业开发项目工程，一层为地铁车辆基地运用库，建筑面积40087m²；二层平台面积约69498m²，设有为住宅服务的汽车库，设备用房，管理用房等；三层平台面积约62613m²，拟建设22栋住宅楼，建筑最高为97.9m。

《建筑设计防火规范》GB 50016-2014第5.4.2条规定，除为满足民用建筑使用功能所设置的附属库房外，民用建筑内不应设置生产车间和其他库房。该规定主要考虑到民用建筑功能复杂，人员密集，如果内部布置生产车间及库房，一旦发生火灾，极易造成重大人员伤亡和财产损失。

来函所述地铁车辆基地运用库主要用途为停车列检、不落轮镟、洗车等，属于市政交通公用设施，区别于工业建筑中的厂房和仓库。本规范对该类建筑与民用建筑组合建造的防火要求未予

地址：天津市南开区卫津南路110号 邮编：300381 电话：022-23387424 传真：022-23950119

明确，当组合建造时要综合考虑其防火设计，采取相应加强的防火措施，包括结构耐火性能及防火分隔，人员安全疏散，消防设施，消防救援等，以确保建筑的消防安全水平，并对其可行性按国家有关规定和程序组织论证后确定。

此 复。

《建筑设计防火规范》国家标准管理组

2015年3月30日

（一式四份）

报：公安部消防局

抄：公安部天津消防研究所科技处

(a)《建筑设计防火规范》国家标准管理组对于地铁车辆基地上盖开发建筑的复函

福建省公安消防总队文件

闽公消〔2016〕101号

关于厦门轨道交通3号线蔡厝车辆基地联合检修库与民用建筑组合工程项目防火设计问题的答复意见

厦门支队：

你支队《关于厦门轨道交通3号线蔡厝车辆基地联合检修库与民用建筑组合工程项目防火设计问题的请示》（厦公消〔2016〕135号）收悉。经研究，现答复如下：

根据你支队所述，联合检修库功能主要用于车辆检修作业，配置了相关检修设备，包括大架修库、驾临修库、静调库、清扫库等，请你单位依据《建筑设计防火规范》（GB50016-2014）第5.4.2条执行。

福建省公安消防总队

2016年9月27日

-1-

（b）关于厦门轨道交通3号线蔡厝车辆基地联合检修库与民用建筑组合工程项目防火设计问题的答复意见

北京地铁16号线北安河车辆段联合检修库和运用库
消防性能化设计专家咨询意见

2015年5月14日，由北京城市快轨建设管理有限公司在快轨公司七层704会议室组织召开了北京地铁16号线北安河车辆段联合检修库和运用库消防性能化设计专家咨询会。北京市消防总队轨道支队、北京基础设施投资有限公司、北京城市快轨建设管理有限公司、北京市市政工程设计研究总院、北京市建筑设计研究院有限公司、建研防火设计性能化评估中心有限公司、国家消防工程技术研究中心等单位参加了会议。

本项目联合检修库建筑面积43 119m^2，运用库建筑面积77 981m^2，咽喉区建筑面积43 119m^2，厂（库）房均为一层，耐火等级均为一级。由于本车辆段规模大，且预留上盖开发，现行规范不能涵盖此种建筑形式，为保证消防安全性，特对防火分区划分、安全疏散、排烟系统、消防设施、消防车道与扑救场地等方面进行消防专项设计。

与会专家（专家名单附后）听取了北京市建筑设计研究院有限公司、建研防火设计性能化评估中心有限公司、国家消防工程技术研究中心关于该项目建筑设计、消防性能化设计和消防性能化复核的汇报。专家组经过质询、讨论，形成以下意见：

1. 该项目建筑防火设计、消防性能化设计和复核评估所提出的消防设计原则与方案基本可行。

2. 进一步明确防火分区与防火控制分区的区域范围。

3. 落实复核评估报告提出的增设检查坑道之间的横向联系通道。

4. 优化咽喉区的气流组织方式和烟气控制系统方案。

其他未尽事宜，应严格按照国家现行规范执行。

专家组组长（签名）：

专家组副组长（签名）：

2015年5月14日

（c）北京市地铁16号线北安河车辆段消防设计专家咨询意见

图4-54 地铁车辆基地上盖开发项目的消防文件

（三）盖上盖下消防车道独立设置且加强盖下消防车道设计

盖下车辆基地和盖上开发物业均应设置独立的环形消防车道，其中盖下消防车道顶部或侧墙应开设洞口，国内各省市对洞口面积与布置要求各有不同，大多数省市要求洞口面积不应小于消防车道地面面积的25%且应均匀分布布置，此外消防车道与库区相邻一侧设消防联动窗，当发生火灾时电动窗关闭。

（四）盖上盖下的消防设计应保持独立

车辆基地的防火设计，应统筹考虑板地上、板地下的功能，应使板地上、板地下的疏散、消防车道与消防系统各自独立、互不影响，盖上盖下按照相关规范进行设计，但盖上盖下应具备火灾信息互通功能。

1. 针对盖下车辆基地防火分区面积、疏散距离长度超规的加强防火措施

在库区中部适当位置沿地铁停放的方向设置防火隔墙、需要开口的部位设置防火卷帘，两组车辆之间的通道上方设置高压细水雾喷雾带或其他自动灭火系统。

采用自然排烟系统时，要求建筑顶部设自然排烟口，排烟口应均匀布置，距离最远点一般不超过30m；采用机械排烟系统时，结合库区内设置的防火隔墙和挡烟垂壁划分烟控分区，每个烟控分区均为独立的排烟系统，排烟量可按照30m^3/（h·m^2）计算，发生火灾时，着火烟控分区的风机开启排烟，当烟气蔓延至其他烟控分区时开启其他分区的风机排烟。

总之，减小火灾蔓延范围及烟气对人员的影响，虽然防火分区、疏散距离超规，但不影响人员安全疏散至室外并且对于财产损失也可控。

2. 针对盖下车辆基地消防设施措施

自动报警系统建议采用吸气式感烟探测器，可早报警、早疏散，避免火灾往往先发生在车厢内部且发展到一定规模后，一般的红外光束感烟探测器才能报警，人员疏散滞后。

自动喷水灭火系统建议采用预作用喷水灭火系统，一方面可满足火灾初期的控火要求；另一方面可避免系统误喷到接触网引起触电，顺带解决了我国北方冬天水管防冻问题。

排烟系统建议采用机械排烟系统，排烟系统出风口和风亭应避免对盖上建筑产生干扰，排烟系统出风口和风亭与盖上建筑的防火间距一般应满足距离耐火等级不低于一二级的裙房和单、多层民用建筑的水平间距不应小于6m、距高层民用建筑的防火间距不应小于9m。

综上，通过“盖上盖下严格的防火分隔”“盖上开发建筑与盖下车辆基地保持一定的防火间距”“盖上盖下消防车道独立设置且加强盖下消防车道”和“盖上盖下消防设计应保持独立”等消防策略，可基本解决地铁车辆基地上盖开发的消防问题。

三、 地铁车辆基地上盖开发结构抗火设计评估技术研究

针对“盖上开发建筑与盖下车辆基地保持一定的防火间距”“盖上盖下消防车道独立设置且加强盖下消防车道”和“盖上盖下消防设计应保持独立”消防策略，建筑师或工程师按照消防技术服务机构提出的量化指标调整图纸即可。但是，针对“盖上盖下严格的防火分隔”的消防策略，如何使板地以及承受板地重量结构梁的耐火极限不低于3.00h等未明确，经调研，现行的相关国家标准未给出判定方法，导致建筑师或工程师均无法直接判断。

目前，《建筑设计防火规范》GB 50014—2014（2018年版）的参考性附表是结构抗火设计安全评估的主要依据，但该表未给出楼板3.00h耐火极限的构造做法，已给出满足其他耐火极限的构件构造做法也不建议直接套用，原因是该附表是20世纪80年代我国公安部某消防研究所通过有限数量的小尺寸、小荷载构件抗火试验并且参考国外规范后制定，面对如今复杂建筑的大跨度、大荷载构件，其适用性不得而知。另外，附表中构件耐火极限仅与构件截面尺寸和保护层厚度有关，而经我国近几年耐火试验表明，构件耐火极限还与荷载、配筋、边界条件等因素有关，对于此学者们已达成共识。

因此，研究地铁车辆基地上盖结构抗火设计评估技术是具有较大社会、经济价值的，通过该技术判定板地、梁、柱等结构构件是否满足3.00h耐火极限要求，如不满足则提出防火构造或防火保护措施使其满足要求。

（一）技术路线

地铁车辆基地上盖结构抗火设计评估技术，是根据建筑内部可燃物与结构的实际情况，运用有限元计算、火灾试验等方法对建筑结构的耐火极限进行量化评估，并对评估后不满足要求的结构构件加强防火构造措施或进行防火保护，最终达到满足规范要求或更高要求的目的。

结构抗火设计评估技术路线如下：

第一步，计算模型的选取。从图纸中选取典型的、危险性较高的、抗火性能较差的构件或部件，原则是有限数量模型的抗火设计评估结果能够反映整栋建筑中所需评估的所有构件的抗火性能。

第二步，计算参数的选取。参考文献中关于构件或部件的抗火试验，或进行构件或部件的抗火试验，选定计算参数并采用该参数复现试验，当计算结果与试验结果相比最大误差不超过 20% 时，证明计算参数可靠。

第三步，计算模型的建立。按照图纸中选定构件或部件并采用经试验验证的计算参数建立模型。

第四步，结构抗火设计评估。采用标准火灾升温曲线作为结构边界温度的输入条件，或是当能准确确定建筑的火灾荷载、可燃物类型及分布、几何特征参数等特征时，也可按其他有可靠依据的火灾模型确定火灾升温曲线；然后进行传热计算以确定构件截面内温度场；最后分析温度和荷载耦合作用下的结构响应，并给出结构的耐火极限。对于评估后不满足要求的结构构件加强防火构造或进行防火保护，重新进行传热计算和热–力耦合计算，直至防火构造或防火保护措施能够满足结构耐火极限要求，流程图见图 4–55。

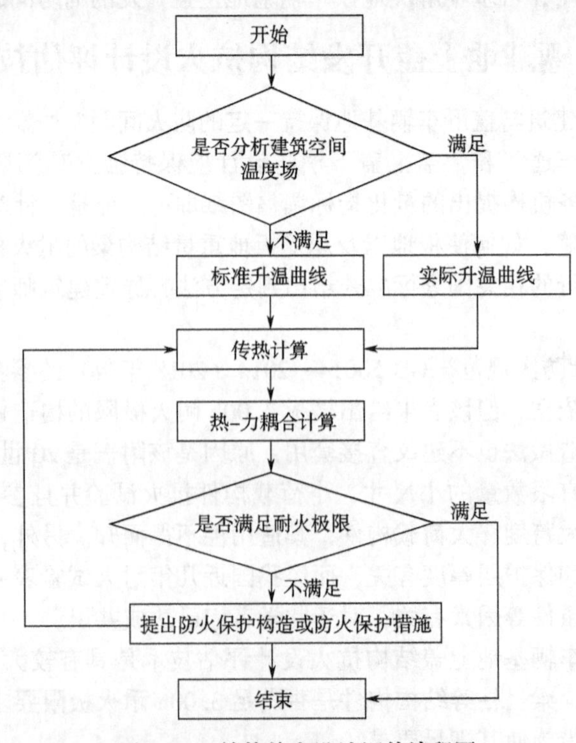

图 4–55 结构抗火设计评估流程图

（二）地铁车辆基地上盖结构抗火设计评估案例

地铁车辆基地盖下房屋建筑主要包括运用库、检修库、不落轮镟库、牵引降压混合变电所、杂品库等，总建筑面积约 18.50 万 m^2；车辆基地盖上业态以住宅为主，并设置小汽车库及幼儿园等配套服务房屋。竖向布置见图 4-56。

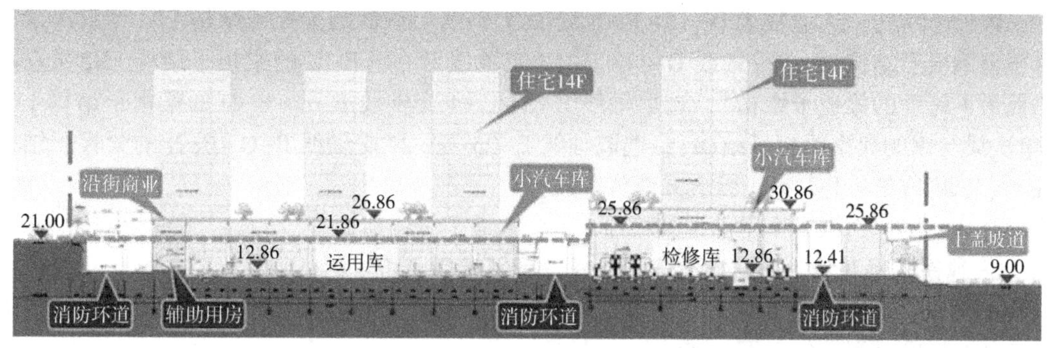

图 4-56 某车辆基地竖向布置图

根据《地铁设计防火标准》GB 51298—2018 中第 4.1.7 条，板地的耐火极限不低于 3.00h，承受板地重量的结构梁耐火极限不低于 3.00h，承受板地、结构梁重量的结构柱的耐火极限不低于 3.00h，须严格满足，下面按照技术路线对该车辆基地上盖开发进行结构抗火设计评估。

1. 地铁车辆基地上盖结构抗火设计评估模型选取

选用单个构件进行抗火设计评估则模拟不出火灾下构件膨胀后的相互作用，计算结果可能失真；选用整体结构模型进行抗火设计评估，建模工作量与计算量巨大，难以实现。考虑子结构模型，即平面框架子结构（框架梁、柱）和梁板子结构（次梁、楼板），在计算机能够承受的前提条件下可较真实的模拟出构件之间的相互作用，选用子结构模型。

以检修库为例，库区盖上为小汽车库，荷载均匀布置，选取典型的、跨度较大的梁、板所在的子结构，见图 4-57。

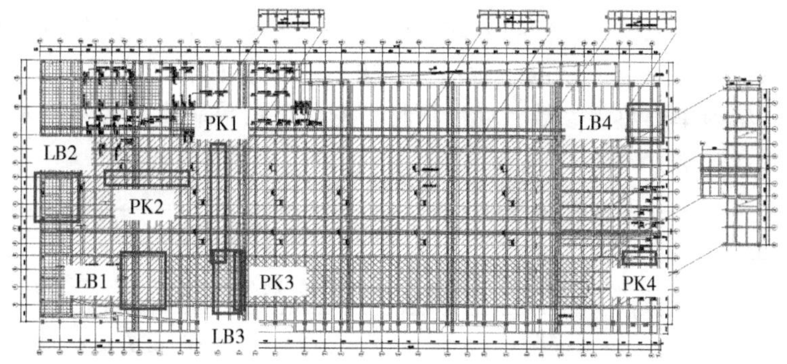

图 4-57 计算模型的选取

平面框架子结构：选取轴线 E-4 交轴线 B-D～B-M 的三跨框架子结构 PK1（典型的 *Y* 向平面子结构），选取轴线 B-K 交轴线 D-15～E-2 的三跨框架子结构 PK2（典型的且中跨为 *X* 向最大跨度的平面框架子结构），选取轴线 E-4 交轴线 B-A～B-D 的一跨框架子结构 PK3（*Y* 向最大跨度的平面框架子结构），轴线 B-D 交轴线 E-25～E-26 的一跨框架子结构 PK4（盖板下方发生火灾盖板上方消防车通行）。

梁板子结构：选取轴线 D-16～E-1 交轴线 B-A～B-D 的梁板子结构 LB1（双次梁支撑典型梁板子结构），选取轴线 D-11～D-13 交轴线 B-G～B-K 的梁板子结构 LB2（左跨楼板最大跨度的梁板子结构），选取轴线 E-3～E-4 交轴线 B-A～B-D 的梁板子结构 LB3（单次梁支撑的典型梁板子结构），选取轴线 E-25～E-27 交轴线 B-O～B-N 的梁板子结构 LB4（盖板下方发生火灾盖板上方消防车通行）。

合计检修库选取 4 个平面框架模型、4 个梁板子结构模型。

2. 地铁车辆基地上盖结构抗火设计评估计算参数选取

本次分析不考虑建筑空间温度场，直接采用标准火灾升温曲线作为结构边界温度的输入条件，标准升温曲线见图 4-58。

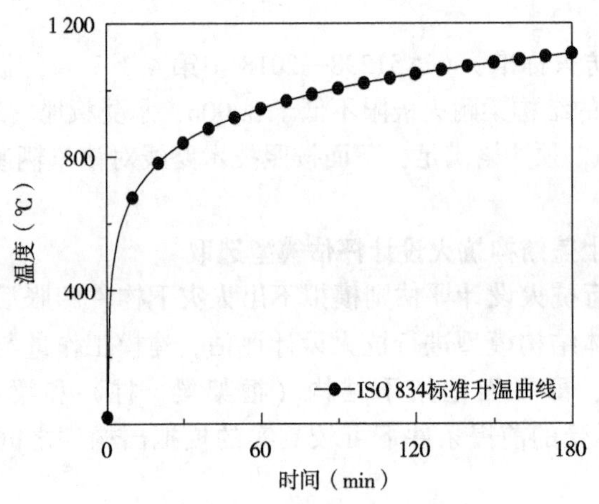

图 4-58 计算模型的选取

（1）传热计算参数。燃烧时随着能量的传递，烟气热量传递有三种基本方式：热传导，热对流和热辐射，通过三种传热方式可推导出传热微分方程，解微分方程可得火灾下任一时刻构件截面内任一点的温度。然而，该方程中包含材料的容重、比热、导热系数、对流传热系数、辐射率等热工参数，高温下材料的热工参数取值可参考表 4-35～表 4-38。

表 4-35 钢筋热工参数取值

来源 1	BSEN 1993-1-2：2005
钢筋容重	7 850kg/m³
钢筋导热系数［W/（m·℃）］	$\lambda = \begin{cases} 54 - 3.33 \times 10^{-2}T & 20℃ \leqslant T \leqslant 800℃ \\ 27.3 & T \geqslant 800℃ \end{cases}$

续表

来源 1	BSEN 1993-1-2：2005
钢筋比热 ［J/（kg·℃）］	$c_s=\begin{cases}2.22\times10^{-6}T^3-1.69\times10^{-6}T^2+0.773T+425 & 20℃\leqslant T\leqslant600℃\\13\,001/(738-T)+666 & 600℃\leqslant T\leqslant735℃\\17\,820/(T-731)+545 & 735℃\leqslant T\leqslant900℃\\650 & 900℃\leqslant T\leqslant1\,200℃\end{cases}$
来源 2	加拿大 Lie
钢筋容重	7 850kg/m^3
钢筋导热系数 ［W/（m·℃）］	$\lambda=\begin{cases}48-0.022T & 0℃\leqslant T\leqslant900℃\\28.2 & T\geqslant900℃\end{cases}$
钢筋比热 ［J/（kg·℃）］	$\rho_s c_s=\begin{cases}(0.004T+3.3)\times10^6 & 0℃\leqslant T\leqslant650℃\\(0.068T+38.3)\times10^6 & 650℃\leqslant T\leqslant725℃\\(73.35-0.086T)\times10^6 & 725℃\leqslant T\leqslant800℃\\4.55\times10^6 & T\geqslant800℃\end{cases}$
来源 3	中国建筑科学研究院李引擎等人
钢筋容重	7 850kg/m^3
钢筋导热系数 ［W/（m·℃）］	$\lambda=54.7-0.032\,9T$(750℃ 后为常数)
钢筋比热 ［J/（kg·℃）］	$c_s=473+38.1\times10^{-5}T^2+20.1\times10^{-2}T$(750℃ 前适用)
来源 3	清华大学过镇海等人
钢筋容重	7 850kg/m^3
钢筋导热系数 ［W/（m·℃）］	$\lambda=27.9-52.3$
钢筋比热 ［J/（kg·℃）］	$c_s=(0.42-0.84)\times10^3$

表 4-36 混凝土热工参数取值

来源 1	BSEN 1993-1-2：2005
混凝土容重	2 400kg/m^3
混凝土导热系数 ［W/（m·℃）］	硅质： $\lambda=0.012\left(\frac{T}{120}\right)^2-0.24\left(\frac{T}{120}\right)+2$ 20℃ $\leqslant T\leqslant$ 1 200℃ 钙质： $\lambda=0.008\left(\frac{T}{120}\right)^2-0.16\left(\frac{T}{120}\right)+1.6$ 20℃ $\leqslant T\leqslant$ 1 200℃

续表

来源 1	BSEN 1993-1-2：2005
混凝土比热［J/（kg·℃）］	$c_c = -4\left(\frac{T}{120}\right)^2 + 80\left(\frac{T}{120}\right) + 900 \quad 20℃ \leqslant T \leqslant 1\,200℃$
来源 2	加拿大 Lie
混凝土容重	2 400kg/m³
混凝土导热系数［W/（m·℃）］	$\lambda = \begin{cases} 1.355 & 0℃ \leqslant T \leqslant 293℃ \\ 1.716\,2 - 0.001\,241T & T \geqslant 293℃ \end{cases}$
混凝土比热［J/（kg·℃）］	$\rho_c c_c = \begin{cases} 2.566 \times 10^6 & 0℃ \leqslant T \leqslant 400℃ \\ (0.176\,5T - 68.034) \times 10^6 & 400℃ \leqslant T \leqslant 410℃ \\ (25.006\,71 - 0.050\,43T) \times 10^6 & 410℃ \leqslant T \leqslant 445℃ \\ 2.566 \times 10^6 & 445℃ \leqslant T \leqslant 500℃ \\ (0.016\,03T - 5.448\,81) \times 10^6 & 500℃ \leqslant T \leqslant 635℃ \\ (0.166\,35T - 100.902\,25T) \times 10^6 & 635℃ \leqslant T \leqslant 715℃ \\ (176.073\,43 - 0.221\,03T) \times 10^6 & 715℃ \leqslant T \leqslant 785℃ \\ 2.566 \times 10^6 & T \geqslant 785℃ \end{cases}$
来源 3	中国建筑科学研究院李引擎等人
混凝土容重	2 400kg/m³
混凝土导热系数［W/（m·℃）］	$\lambda = \begin{cases} 1.626 & 0℃ \\ 0.929 & 500℃ \\ 0.581 & 1\,000℃ \end{cases}$
混凝土比热［J/（kg·℃）］	$c_c = 920$
来源 3	清华大学过镇海等人
混凝土容重	2 400kg/m³
混凝土导热系数［W/（m·℃）］	$\lambda = 1.72 - 1.72T \times 10^{-3} + 0.716T^2 \times 10^{-6}$
混凝土比热［J/（kg·℃）］	$c_c = (0.215 + 1.59 \times 10^{-4} \times T - 6.63 \times 10^{-8} \times T^2) \times 4\,180 \quad 20℃ \leqslant T \leqslant 1\,200℃$

表 4-37　防火材料的热工参数取值

来源 4	《钢结构防火涂料应用技术规范》CECS 24：90
非膨胀型防火涂料干密度	≤500kg/m³
非膨胀型防火涂料导热系数［W/（m·℃）］	≤0.116 0

表 4-38 对流传热系数和辐射率

来源 5	《建筑钢结构防火设计规范》GB 51249—2017
对流传热系数 h [J/（min·m^2℃）]	1 500
辐射率 ε	0.7

将表 4-35 与表 4-36 中钢筋与混凝土的导热系数进行对比研究，见图 4-59。

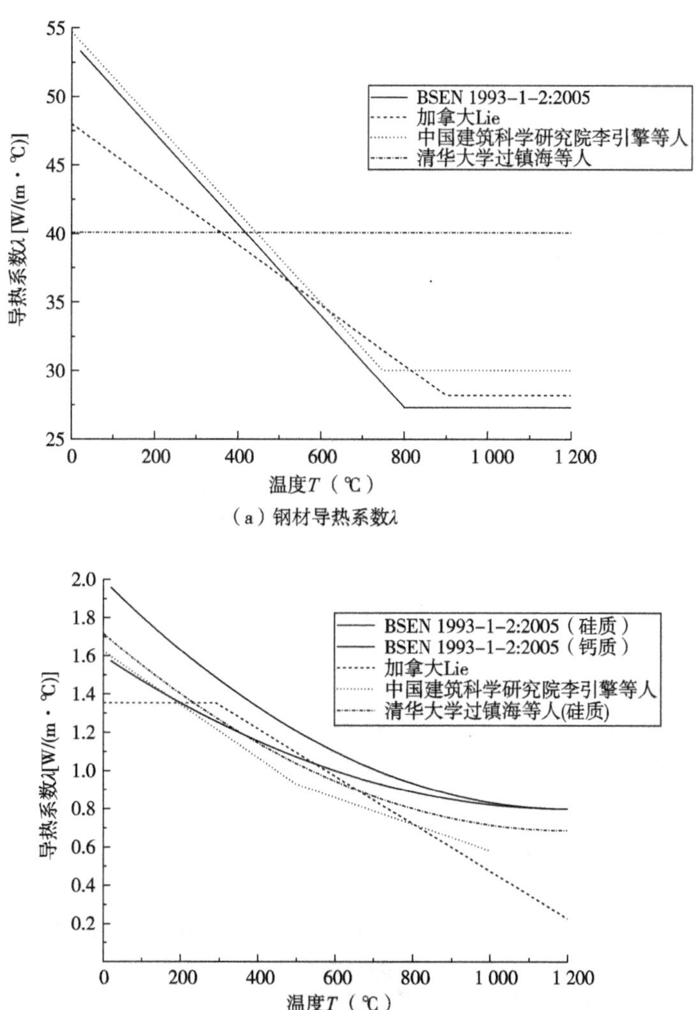

（a）钢材导热系数λ

（b）混凝土导热系数λ

图 4-59 钢筋与混凝土的导热系数对比

由图 4-59 可知，随温度升高钢筋与混凝土传热能力降低，大于 800℃时钢筋与混凝土的导热系数降为常温的一半。另外，高温下钢筋导热系数在 25~55 [W/（m·℃）]，混凝土导热系数在 0.5~2.0 [W/（m·℃）]，钢筋的导热能力是混凝土的 30~50 倍。

将表 4-35 与表 4-36 中钢筋与混凝土的比热进行对比研究，见图 4-60。

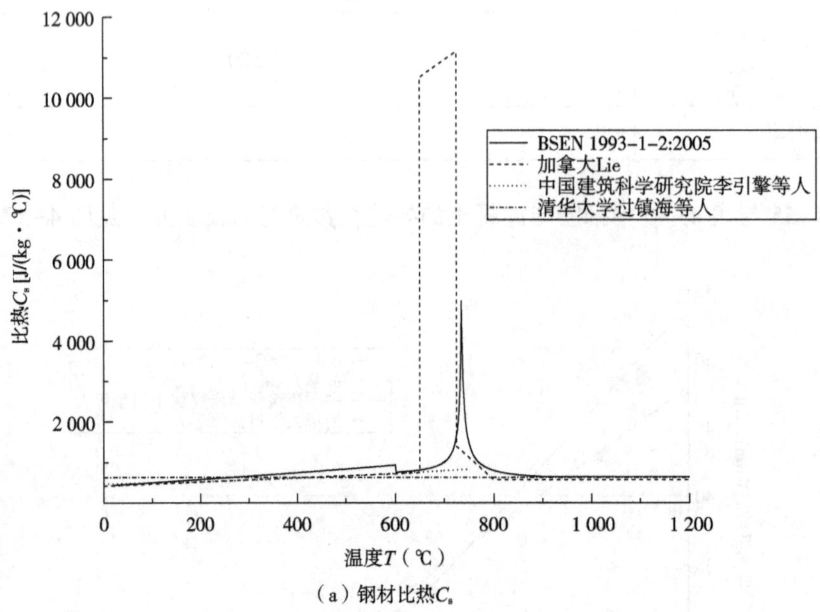

（a）钢材比热C_s

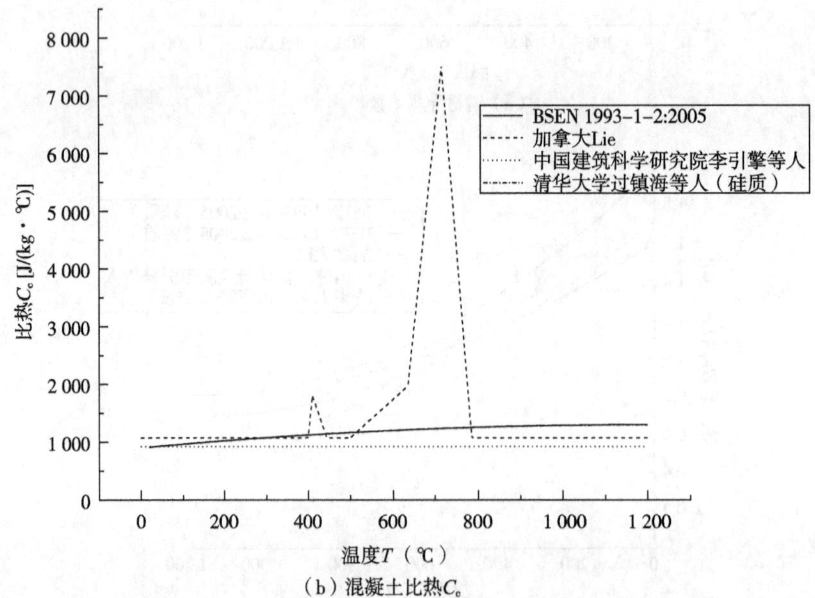

（b）混凝土比热C_c

图 4-60 钢筋与混凝土的比热对比（Lie 曲线为比热与容重之积）

由图 4-60 可知，随温度升高钢筋与混凝土吸热能力稳定，但是钢筋在 735℃比热突然增大，混凝土比热 Lie 曲线与其他曲线略有差异。另外，高温下钢筋比热在 500~5 000［J/（kg · ℃）］，混凝土比热在 800~1 300［J/（kg · ℃）］，除钢筋于 735℃的突变区域外，两者吸热能力相当。

此外，防火材料的导热系数约为 0.1 ［W/（m·℃）］，它是混凝土传热能力的几十分之一，是钢筋的传热能力的几百分之一，但是，防火材料的比热与混凝土和钢筋相当，即吸热能力相当。因此，可以说防火材料的作用是增加热量进入构件截面内部的时间，延长结构构件的升温时间，保证结构构件在规定时间保持一定的承载力、不失效。

（2）热力耦合计算参数。结构荷载效应组合按《建筑钢结构防火技术规范》GB 51249—2017 中式（4-36）与式（4-37）的较大值取。

$$S_m = \gamma_{0T}(\gamma_G S_{GK} + S_{TK} + \varphi_f S_{QK}) \tag{4-36}$$

$$S_m = \gamma_{0T}(\gamma_G S_{GK} + S_{TK} + \varphi_q S_{QK} + \varphi_W S_{WK}) \tag{4-37}$$

式中：S_m——荷载（作用）效应组合的设计值；

S_{GK}——按永久荷载标准值计算的荷载效应值；

S_{TK}——按火灾下结构的温度标准值计算的作用效应值；

S_{QK}——按楼面或屋面活荷载标准值计算的荷载效应值；

S_{WK}——按风荷载标准值计算的荷载效应值；

γ_{0T}——结构重要性系数；对于耐火等级为一级的建筑，$\gamma_{0T}=1.1$，对于其他建筑，$\gamma_{0T}=1.0$；

γ_G——永久荷载的分项系数，一般可取 $\gamma_G=1.0$；当永久荷载有利时，取 $\gamma_G=0.9$；

φ_W——风荷载的频遇值系数，取 $\varphi_W=0.4$；

φ_f——楼面或屋面活荷载的频遇值系数，应按现行国家标准《建筑结构荷载规范》GB 50009—2012 的规定取值；

φ_q——楼面或屋面活荷载的准永久值系数，应按现行国家标准《建筑结构荷载规范》GB 50009—2012 的规定取值。

确定结构荷载效应组合后，在传热计算的基础上叠加静力荷载进行热-力耦合计算，采用有限元分析方法：给出结构刚度矩阵和等效节点荷载，可计算出结构位移以及应力、应变等参数，但值得注意的是，结构刚度矩阵和等效节点荷载是随温度变化而发生不断变化的，高温下材料的力学参数取值可参考表 4-39 和表 4-40。

表 4-39 钢筋力学参数取值

来源 1	《建筑混凝土结构耐火设计规程》DBJ/T 15-81-2011
钢筋的容重	7 850kg/m³
钢筋的热膨胀系数［m/（m·℃）］	$\alpha_s = \begin{cases} (-2.416\times10^{-4}+1.2\times10^{-5}T+0.4\times10^{-8}T^2)/T & 20℃\leqslant T\leqslant 750℃ \\ (11\times10^{-3})/T & 750℃\leqslant T\leqslant 860℃ \\ (-6.2\times10^{-3}+2\times10^{-5}T)/T & 860℃\leqslant T\leqslant 1\,000℃ \end{cases}$
钢筋的弹性模量（N/m²）	$\dfrac{E_T}{E} = \begin{cases} 1.0 & 20℃\leqslant T\leqslant 100℃ \\ \dfrac{1.0}{1+23.742\times(T/1\,000)^{4.785}} & 100℃\leqslant T\leqslant 800℃ \\ 0.109-5.457\times10^{-4}(T-800) & 800℃\leqslant T\leqslant 1\,000℃ \end{cases}$

续表

来源 1	《建筑混凝土结构耐火设计规程》DBJ/T 15-81-2011
钢筋的屈服强度（N/m^2）	$$\frac{f_{yT}}{f_y}=\begin{cases}1.0 & 20℃\leqslant T\leqslant 100℃\\ \dfrac{1.0}{1+10.4\times(T/1\,000)^{2.84}} & 100℃\leqslant T\leqslant 800℃\\ 0.153-7.67\times10^{-4}(T-800) & 800℃\leqslant T\leqslant 1\,000℃\end{cases}$$
来源 2	加拿大 Lie
钢筋的容重	7 850kg/m³
钢筋的热膨胀系数［m/（m·℃）］	$$\alpha_s=\begin{cases}(0.004T+12)\times10^{-6} & T\leqslant 1\,000℃\\ 16\times10^{-6} & T\geqslant 1\,000℃\end{cases}$$
钢筋应力应变关系	$$\sigma_{sT}=\begin{cases}\dfrac{f(T,\ 0.001)}{0.001}\varepsilon_{sT} & \varepsilon_{sT}\leqslant\varepsilon_p\\ \dfrac{f(T,\ 0.001)}{0.001}\varepsilon_{pT}+f[T(\varepsilon_{sT}-\varepsilon_{pT}+0.001)]-f(T,\ 0.001) & \varepsilon_{sT}>\varepsilon_p\end{cases}$$ 其中，ε_{pT}，$f(T,\ 0.001)$ 和 $f[T,(\varepsilon_{st}-\varepsilon_{pT}+0.001)]$ 表达式如下： $$\varepsilon_{pT}=4\times10^{-12}f_{yT}$$ $$f(T,\ 0.001)=(50-0.04T)\times(1-e^{[(-30+0.03T)\sqrt{0.001}]})\times6.9\times10^6$$ $$f[T,(\varepsilon_{sT}-\varepsilon_{pT}+0.001)]=(50-0.04T)\times(1-e^{[(-30+0.03T)\sqrt{\varepsilon_{sT}-\varepsilon_{pT}+0.001}]})\times6.9\times10^6$$ 式中：f_{yT}是钢筋高温下屈服强度，ε_{pT}是钢筋高温下最大弹性应变
来源 3	同济大学陆洲导等人
钢筋的容重	7 850kg/m³
钢筋的弹性模量（N/m^2）	$$\frac{E_T}{E}=\begin{cases}1-4.86\times10^{-4}T & 0℃\leqslant T\leqslant 370℃\\ 1.515-1.879\times10^{-3}T & 370℃\leqslant T\leqslant 700℃\end{cases}$$
钢筋的屈服强度（N/m^2）	$$f_y(t)=\begin{cases}f_y & 0℃\leqslant T\leqslant 200℃\\ (1.33-1.64\times10^{-3}T)f_y & 200℃\leqslant T\leqslant 700℃\end{cases}$$

表 4-40　混凝土的力学参数取值

来源 4	《建筑混凝土结构耐火设计规程》DBJ/T 15-81-2011
混凝土容重	2 400kg/m³
混凝土热膨胀系数［m/（m·℃）］	$$\alpha_s=\begin{cases}(-1.8\times10^{-4}+9\times10^{-6}T+2.3\times10^{-11}T^3)/T & 20℃\leqslant T\leqslant 700℃\\ (14\times10^{-3})/T & 700℃\leqslant T\leqslant 1\,000℃\end{cases}$$
混凝土弹性模量（N/m^2）	$$\frac{E_T}{E}=\begin{cases}1.0-1.725\times10^{-3}(T-20) & 20℃\leqslant T\leqslant 100℃\\ 1.04-1.86\times10^{-3}T+8.38\times10^{-7}T^2 & 100℃\leqslant T\leqslant 700℃\\ 0.149-4.967\times10^{-4}(T-700) & 700℃\leqslant T\leqslant 1\,000℃\end{cases}$$

续表

来源 4	《建筑混凝土结构耐火设计规程》DBJ/T 15-81-2011
混凝土抗压强度（N/m²）	$\frac{f_{cT}}{f_c}=\begin{cases}1.0-1.2\times10^{-3}(T-20) & 20℃\leqslant T\leqslant100℃\\0.64+3.4\times10^{-3}T-7.95\times10^{-6}T^2+3.5\times10^{-9}T^3 & 100℃\leqslant T\leqslant700℃\\0.325-1.083\times10^{-3}(T-700) & 700℃\leqslant T\leqslant1\,000℃\end{cases}$
来源 5	加拿大 Lie
混凝土容重	2 400kg/m³
混凝土热膨胀系数［m/（m·℃）］	$\alpha_c=(0.008T+6)\times10^{-6}$
混凝土应力应变关系	受压采用混凝土塑性损伤模型，单轴受压应力应变关系： $f_c=\begin{cases}f'_c\left[1-\left(\frac{\varepsilon_{max}-\varepsilon_c}{\varepsilon_{max}}\right)^2\right] & \varepsilon_c\leqslant\varepsilon_{max}\\f'_c\left[1-\left(\frac{\varepsilon_{max}-\varepsilon_c}{3\varepsilon_{max}}\right)^2\right] & \varepsilon_c\geqslant\varepsilon_{max}\end{cases}$ 其中 ε_{max} 和 f'_c 的表达式如下： $\varepsilon_{max}=0.002\,5+(6.0T+0.04T^2)\times10^{-6}$ $f_c=\begin{cases}f'_{co,\ m} & 0℃\leqslant T\leqslant450℃\\f'_{co,\ m}\left[2.011-2.353\left(\frac{T-20}{1\,000}\right)\right] & 450℃\leqslant T\leqslant874℃\\0 & T\geqslant874℃\end{cases}$ $f'_{co,\ m}=(0.79-0.81)f_{cu,\ m}$ 混凝土多轴参数还包括：双单轴抗压强度之比 $f_{b0}/f_{c0}=1.16$、屈服面在偏平面上投影形状参数 $K_c=0.667$，膨胀角 $\varphi=30°$、塑性势函数的偏心距 $\lambda=0.1$ 以及黏性系数 $\mu=1e-5$。此外，受拉采用断裂能的方法进行定义：断裂能的定义是—单位面积裂缝所需要消耗的平均能量，《ABAQUS Analysis User's Manual》给出常温下 *Gf*=80-120，本案例取 *Gf*=120，高温下混凝土抗拉强度采用过镇海公式： $f_{tT,\ m}=(1-0.001T)f_{t,\ m}$
来源 6	同济大学陆洲导等人
混凝土容重	2 400kg/m³
混凝土弹性模量（N/m²）	$\frac{E_T}{E}=\begin{cases}1-1.5\times10^{-3}T & 0℃\leqslant T\leqslant200℃\\0.87-0.82\times10^{-3}T & 200℃\leqslant T\leqslant700℃\\0.28 & 700℃\leqslant T\leqslant800℃\end{cases}$
混凝土抗压强度（N/m²）	$f_c(t)=\begin{cases}f_c & 0℃\leqslant T\leqslant400℃\\(1.6-0.001\,5T)f_c & 400℃\leqslant T\leqslant800℃\end{cases}$

将表 4-39 和表 4-40 中钢筋与混凝土的热膨胀系数进行对比研究，见图 4-61。

由图 4-61 可知，随温度升高钢筋与混凝土的热膨胀系数增大，且两者处于同一数量级 10^{-5}［m/（m·℃）］，钢筋的热膨胀系数稍高一些。

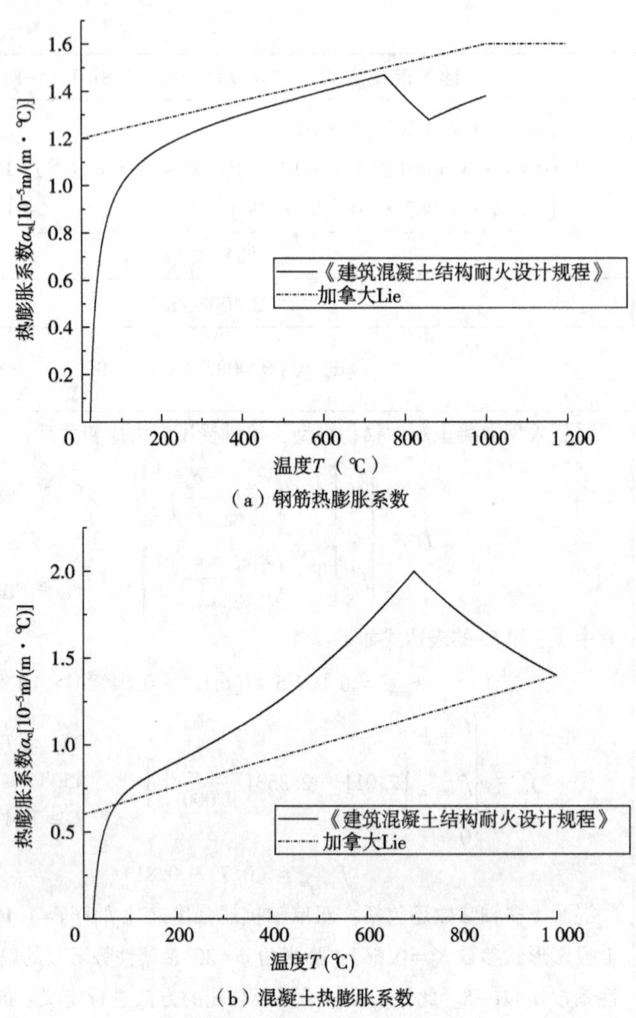

（a）钢筋热膨胀系数

（b）混凝土热膨胀系数

图 4-61 钢筋与混凝土的热膨胀系数对比

将表 4-39 和表 4-40 中钢筋与混凝土的弹性模量进行对比研究，见图 4-62。

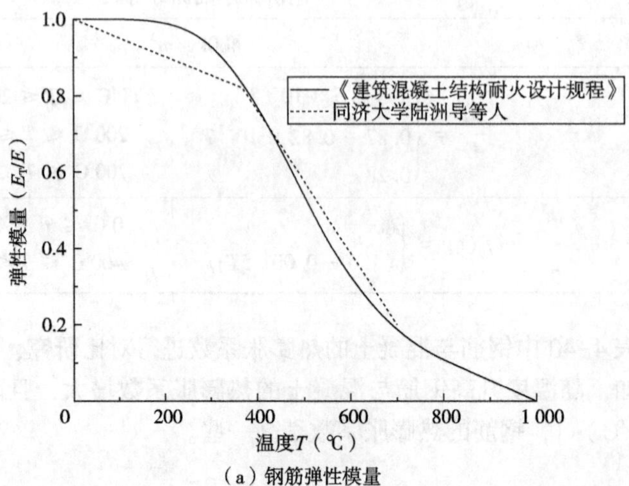

（a）钢筋弹性模量

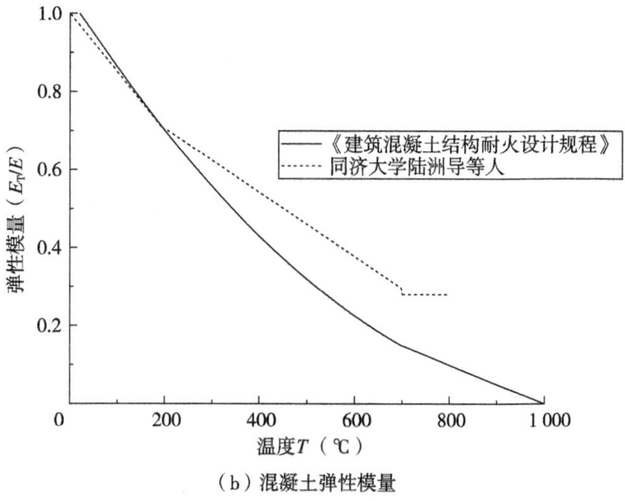

（b）混凝土弹性模量

图 4-62 钢筋与混凝土的弹性模量对比

由图 4-61 可知，随温度升高钢筋与混凝土的弹性模量降低，1 000℃时钢筋与混凝土的弹性模量基本损失殆尽。

将表 4-39 和表 4-40 中钢筋与混凝土的强度进行对比研究，见图 4-63。

由图 4-63 可知，随温度升高钢筋的屈服强度与混凝土抗压强度降低，1 000℃时钢筋的屈服强度与混凝土抗压强度基本损失殆尽。

3. 地铁车辆基地上盖结构抗火设计评估计算参数取值的验证

需对钢筋混凝土平面框架子结构与梁板子结构的参数取值进行验证，以钢筋混凝土梁板子结构为例。

（1）试验验证。混凝土强度等级为 C40，平面尺寸为 3 400mm×5 000mm，厚度为 250mm，钢筋牌号为 HRB400，板底、板顶钢筋保护层厚度分别为 45mm 和 15mm，试件配筋见图 4-64。

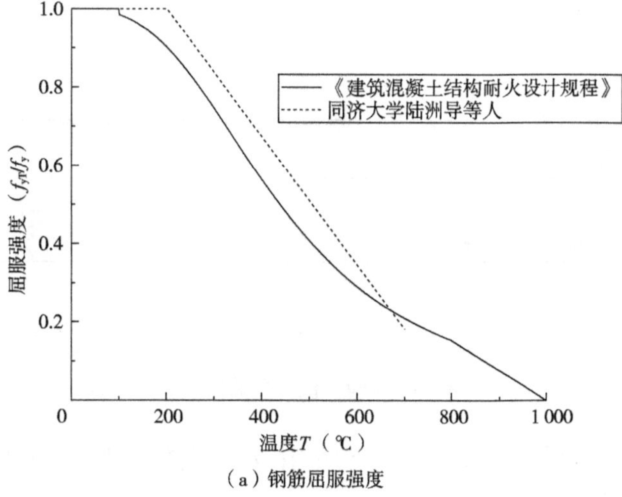

（a）钢筋屈服强度

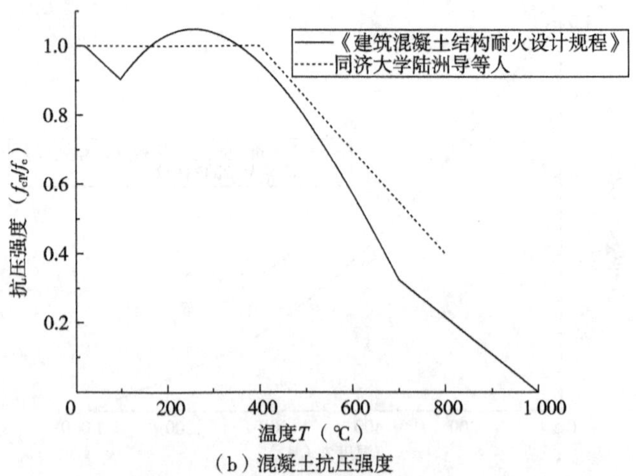

（b）混凝土抗压强度

图 4-63　钢筋与混凝土的强度对比

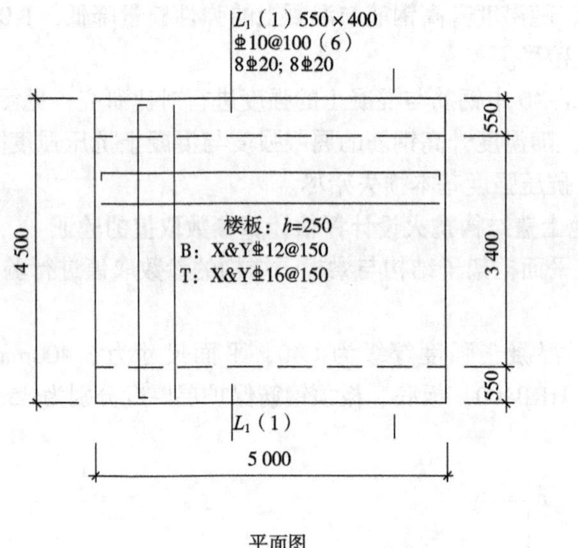

平面图

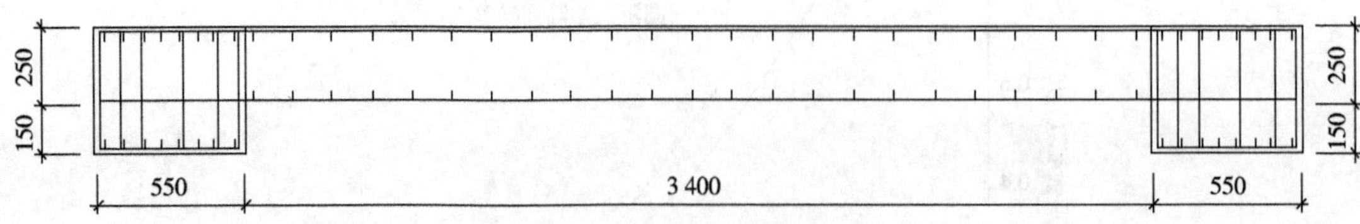

剖面图

图 4-64　试件配筋图

板顶加载铁块为 7kN/m^2，板底受火且采用标准火灾升温曲线，布置热电偶测量温度，布置位移计测量位移，火灾过程见图 4-65。

图 4-65 火灾过程图

试验结果显示，受火 3.00h 板底钢筋处温度约 510℃，板顶钢筋处温度约 105℃，跨中弯曲变形量为 153mm。

（2）数值模拟验证。采用 ABAQUS 软件按照试验试件建立模型，长边简支，短边自由，其中钢筋、混凝土的热工和力学参数按 Lie 取值，对流传热系数和辐射率按《建筑钢结构防火设计规范》GB 51249—2017 取值，见图 4-66。

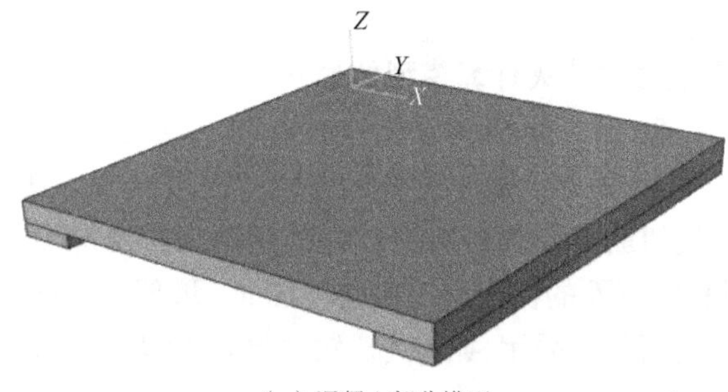

（a）混凝土部分模型

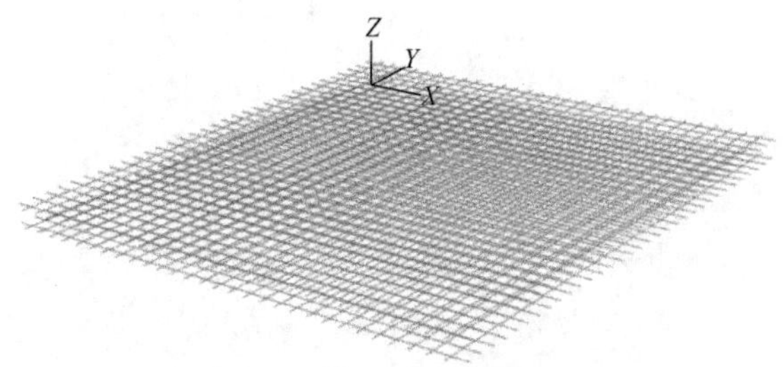

（b）钢筋部分模型

图 4-66 有限元模型

有限元计算结果，见图 4-67。

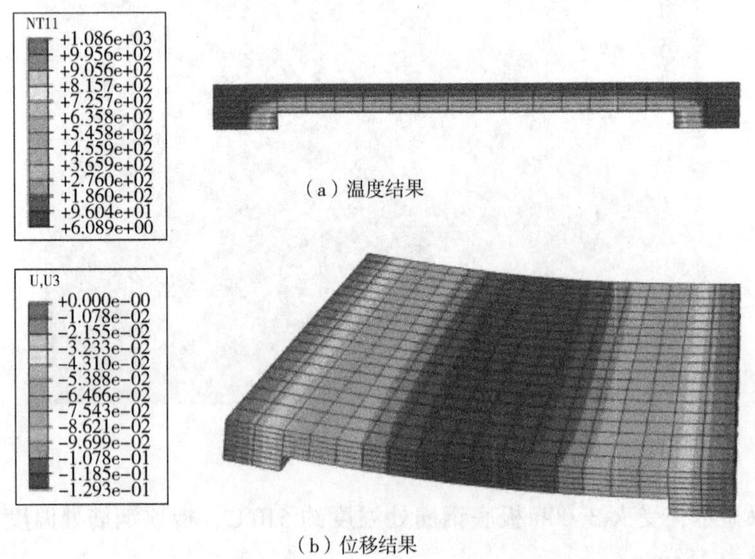

（a）温度结果

（b）位移结果

图 4-67　有限元计算结果

有限元计算结果显示，受火 3.00h 距楼板底面 45mm 处的温度约为 500℃，楼板顶面温度约为 100℃，跨中弯曲变形量为 130mm，有限元计算结果与试验结果数值误差不超过 20%，参数取值可靠。

4. 地铁车辆基地上盖结构抗火计算模型的建立

以检修库中轴线 D-16~E-1 交轴线 B-A~B-D 的三跨现浇整体式梁板子结构 LB1 为例，LB1 三跨且跨度均为 4.5m。混凝土材质为 C40，板顶标高为 9.5m，板纵筋、箍筋材质为三级钢，梁纵筋、抗扭筋材质为四级钢，板顶钢筋保护层厚度 20mm，板底钢筋保护层厚度 30mm，梁侧面和梁下面的保护层厚度为 40mm、顶部的保护层厚度为 20mm，配筋的具体设置要求参考相关图集。采用 ABAQUS 软件建立模型，见图 4-68。

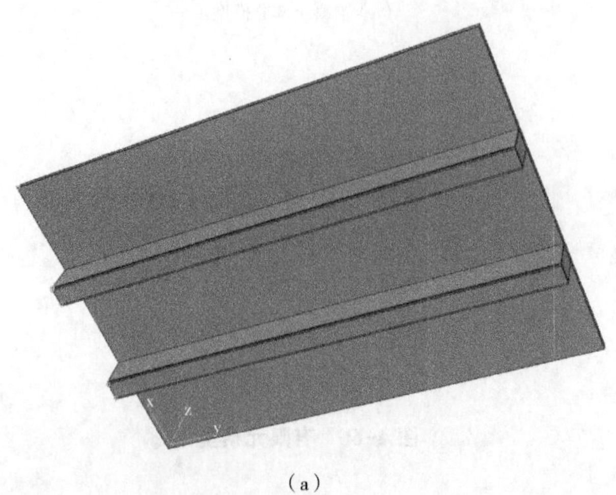

（a）

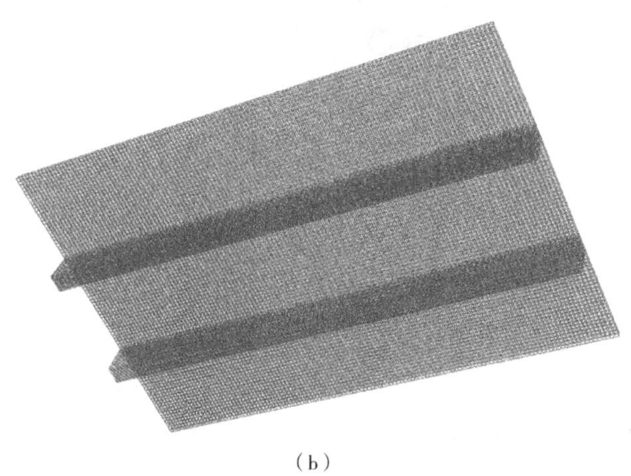

（b）

图 4-68　LB1 有限元模型

LB1 承担的荷载包括：楼盖恒载（11kN/m²）、楼板自重（6.5~7.8kN/m²）及活荷载（10kN/m²）以及风荷载。采用式（4-36）和式（4-37）中的较大值进行荷载组合。

5. 地铁车辆基地上盖结构抗火设计评估

（1）传热计算。材料热工参数按表 4-35~表 4-38 取值，混凝土的单元类型为 DC3D8（8 节点 3 维实体线性传热单元），钢筋的单元类型为 DC1D2（2 节点 1 维线性传热单元），钢筋与混凝土绑定连接，网格大小约 150mm。

采用 ISO 834 标准升温曲线，板底受火，梁三面受火，精细化计算梁板混凝土截面、纵筋与箍筋的传热，结果表明：ISO 834 标准升温曲线作用 3.00h 后，板底、梁底及梁侧面温度约为 1 100℃，板底钢筋温度最高约为 600℃，梁底纵筋和梁侧抗扭筋最高温度约 550℃，梁底部和侧面最外肢箍筋的最高温度约为 640℃，见图 4-69。

根据图 4-69 并结合表 4-38 和表 4-39 可得，梁板底部最外侧混凝土（约 30mm 厚度）温度很高，强度基本损失殆尽，火灾下脱落的可能性很大；板底钢筋、梁底纵筋、梁侧受扭筋底部和侧面最外肢箍筋温度较高，屈服强度降低至常温下的 0.4~0.5 倍，梁底第

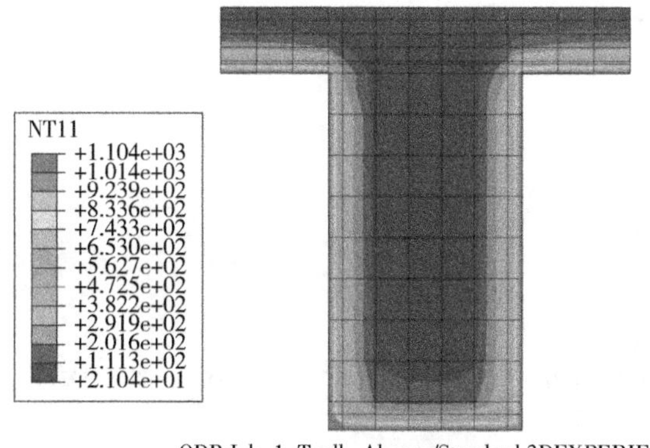

（a）LB1混凝土截面

Z Y X
ODB:Job-1-T.odb Abaqus/Standard 3DEXPERIENCE R2018x Fri Jun 25 15:21:25 GMT+08:00 2021
分析步：Srep-1
Increment 142: Step Time=180.0

（b）楼板纵筋

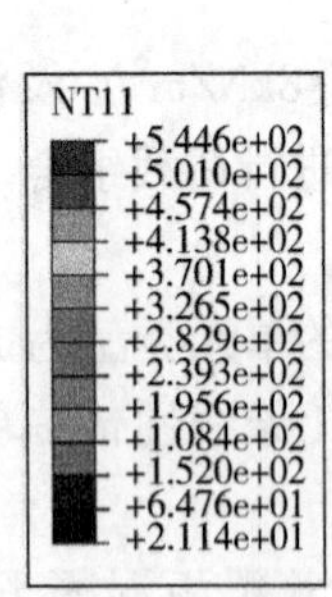

Z X
ODB:Job-1-T.odb Abaqus/Standard 3DEXPERIENCE R2018x Fri Jun 25 15:21:25 GMT+08:00 2021
分析步：Srep-1
Increment 142: Step Time=180.0

（c）次梁纵筋

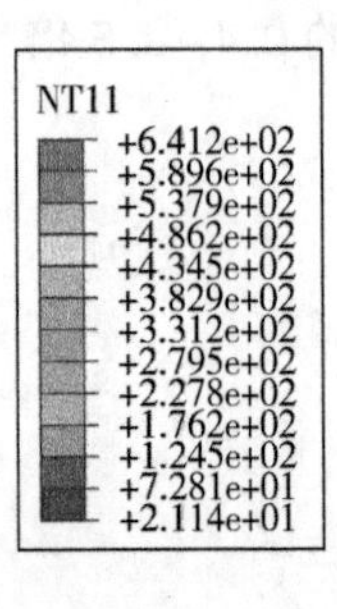

Z X
ODB:Job-1-T.odb Abaqus/Standard 3DEXPERIENCE R2018x Fri Jun 25 15:21:25 GMT+08:00 2021
分析步：Srep-1
Increment 142: Step Time=180.0

（d）次梁箍筋

图 4-69 受火 3.00h 混凝土与钢筋温度场结果

二排钢筋、梁顶钢筋、内肢箍筋的温度不高，大部分强度未失效。

（2）热-力耦合计算。材料热工参数按表 4-39 和表 4-40 取值，混凝土的单元类型为 C3D8R（8 节点 3 维实体减缩单元，沙漏控制），钢筋的单元类型为 T3D2（2 节点 3 维桁架线性单元），钢筋内置于混凝土中，楼板四周固定（假定楼板四周框架梁满足耐火极限要求），网格大小约 150mm。

在传热计算基础上叠加静力荷载，进行热-力耦合计算，计算结果见图 4-70。

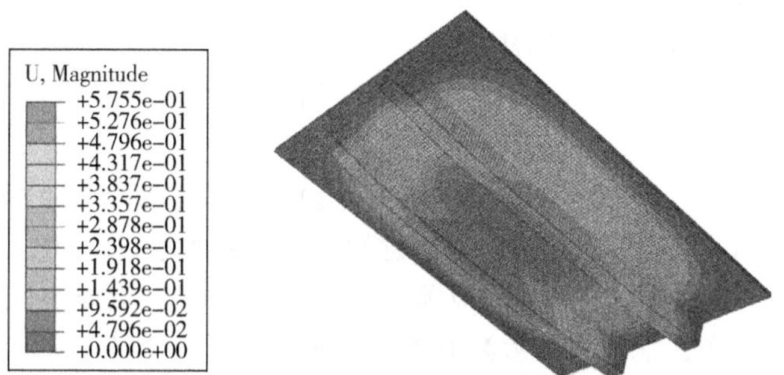

ODB:Job-2-SRE.odb Abaqus/Standard 3DEXPERIENCE R2018x Sun Jun 27 14:03:48 GMT+08:00 2021
分析步：Srep-2
Increment 3891: Step Time=180.0

（a）LB1竖向位移

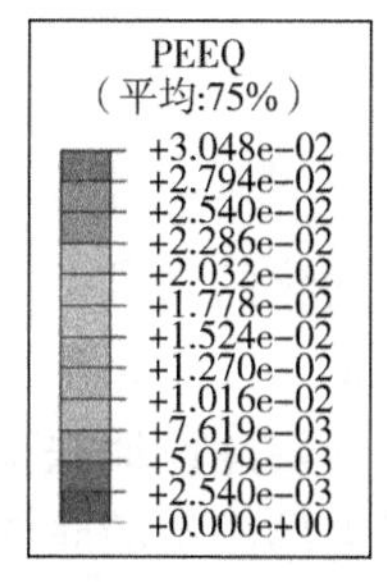

ODB:Job-2-SRE.odb Abaqus/Standard 3DEXPERIENCE R2018x Sun Jun 27 14:03:48 GMT+08:00 2021
分析步：Srep-2
Increment 3891: Step Time=180.0

（b）楼板钢筋塑性应变

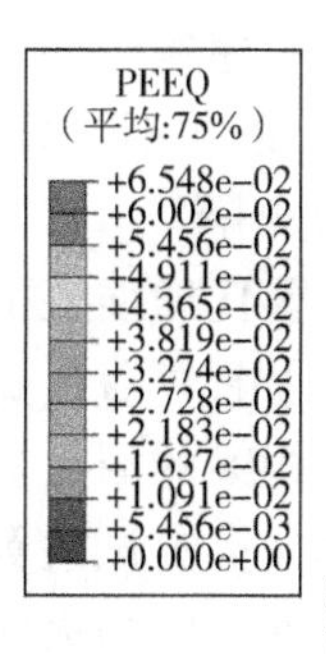

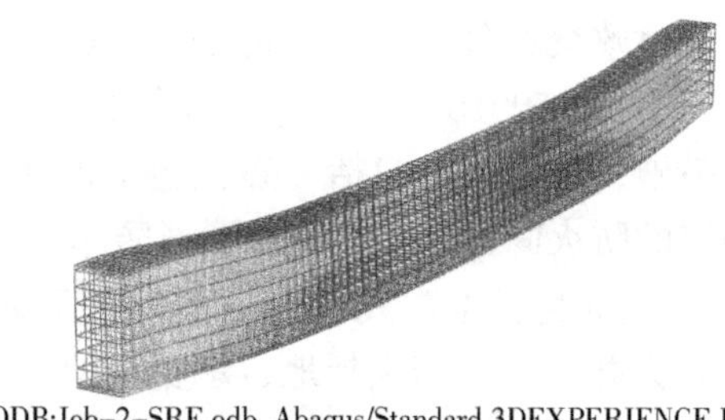

ODB:Job-2-SRE.odb Abaqus/Standard 3DEXPERIENCE R2018x Sun Jun 27 14:03:48 GMT+08:00 2021
分析步：Srep-2
Increment 3891: Step Time=180.0

（c）次梁钢筋塑性应变

图 4-70 有限元计算受火 3.00h 混凝土与钢筋热-力耦合计算结果

由图 4-70 可知，ISO 834 标准升温曲线作用 3.00h 后，楼板钢筋的最大塑性应变约为 0.03，三级钢的峰值应变一般在 0.02 左右，楼板钢筋最大塑性应变已经超过 0.02，此时钢筋已处于应力应变曲线的下降段，较危险；类似的，次梁钢筋的最大塑性应变约为 0.065，也超过了四级钢的峰值应变，钢筋已处于应力应变曲线的下降段，较危险。

同时，依据《建筑构件耐火试验方法》GB/T 9978.1—2008，火灾下次梁和楼板的极限弯曲变形分别 55cm 和 16cm，而模拟结果显示，LB1 中次梁和楼板的挠曲变形超过了极限变形量，即达不到 3.00h 耐火极限要求。

6. 地铁车辆基地上盖结构防火保护或防火构造措施

（1）防火保护措施。对于耐火极限不满足 3.00h 要求的子结构，采取喷涂非膨胀型防火涂料措施，保护层厚度不应小于 25mm，导热系数不应高于 0.116W/（m·K）。增加防火保护措施后，进行楼板的传热计算，计算结果表明：防火保护层吸收了 ISO 834 标准升温曲线中的大部分热量，受火 3.00h 防火保护底面（受火面）的温度约为 1 100℃，涂料顶面的温度约为 250℃，板底纵筋的温度约 180℃，板顶纵筋温度约 60℃，混凝土轴心抗压强度、钢筋屈服强度基本未有损失，承载力与常温下基本相同，楼板不会破坏。

（2）防火构造措施。对于耐火极限不满足 3.00h 要求的 LB1，增加楼板板底保护层厚度至 45mm，增加次梁梁底保护层厚度至 45mm，增加楼板与次梁的支座负筋，进行 LB1 的传热与热-力耦合计算，计算结果表明：板底和次梁底纵筋的温度有所降低，受火 3.00h 降低了约 100℃，楼板和次梁支座负筋的增加有效提高了承载能力，使 LB1 耐火极限降低，满足要求。

四、 小结

国内城市土地资源日益紧缺，但其仍有不断的扩容和人们对出行便利化的需求，以及地价上涨给开发商带来的吸引力，导致地铁车辆基地上盖开发快速发展，目前北京、上海、深圳、天津、杭州、厦门、成都、福州、西安、郑州等大城市已经开始建设地铁车辆基地上盖物业开发项目，做法一般将上部建筑支承在板地大平台上，将上部建筑的底层作小汽车库层或设备架空层或架空管廊层，小汽车库层或架空层上方为覆土和上盖建筑。

地铁车辆基地上盖开发的主要消防问题是车辆基地与民用建筑上下叠加组合建造的问题，虽然《建筑设计防火规范》GB 50016—2014（2018 年版）第 5.4.2 条规定，除为满足民用建筑使用功能所设置的附属库房外，民用建筑内不应设置生产车间和其他库房，但地铁车辆基地兼具工业厂房建筑和市政交通公共设施的属性，区别于传统工业建筑中的厂房和仓库，与《建筑设计防火规范》GB 50016—2014（2018 年版）第 5.4.2 条并不矛盾，组合建造应采取相应的加强防火措施，加强措施包括“盖上盖下严格的防火分隔”“盖上开发建筑与盖下车辆基地保持一定的防火间距”“盖上盖下消防车道独立设置且加强盖下消防车道”和“盖上盖下消防设计应保持独立”等措施。针对特殊消防设计中“盖上盖下严格的防火分隔”消防策略，研究并给出了判定板地、承受板地重量的结构梁的耐火极限的评估技术，即根据建筑内部可燃物与结构的实际情况，运用有限元计算、火灾试验等方法对建筑结构的耐火极限进行量化评估，并对评估后不满足要求的结构构件加强防火构造措施或进行防火保护，最终达到满足规范要求或更高要求的目的，结构抗火设计评估技术要点如下：

（1）从建筑、结构图纸中选取典型的、危险性较高的、抗火性能较差的构件或部件，原则是有限数量模型的抗火设计评估结果能够反映整栋建筑中所需评估的所有构件的抗火性能。

（2）与构件相比，子结构模型能够模拟出火灾下构件膨胀后的相互作用，建议选用子结构模型进行计算。

（3）计算参数的选取需得到构件或部件的抗火试验验证，当计算结果与试验结果相比最大误差不超过 20% 时，证明计算参数可靠。

（4）一般采用标准火灾升温曲线作为结构边界温度的输入条件，或是当能准确确定建筑的火灾荷载、可燃物类型及分布、几何特征参数等特征时，也可按其他有可靠依据的火灾模型确定火灾升温曲线。

（5）评估后不满足要求的结构构件加强防火构造措施或进行防火保护，防火构造措施包括增加保护层厚度、截面尺寸、配筋等，防火保护措施包括喷涂防火涂料、包覆防火板、防护冷却保护等。

参考文献

[1] 杨金鹏，刘德，王喆．效率与诗意——大型交通枢纽建筑创作思考［J］．当代建筑，2020（10）：50-54.

[2] 朱靖．交通建筑综合体在我国的发展现状及未来趋势［J］．城市建筑，2015（12）：272.

[3] 郝勇．民用飞机与航空运输管理概论［M］．北京：国防工业出版社，2011.

[4] 罗良翌，赵晓硕，等．机场运营管理［M］．北京：电子工业出版社，2019.

[5] 李鹏哲．某航站楼性能化防火设计中的人员安全疏散研究［D］．北京：中国民航大学硕士学位论文，2019.

[6] 李磊．现代航站楼流程空间设计研究——以西安咸阳国际机场 T3A 航站楼为例［D］．西安：西安建筑科技大学硕士学位论文，2013.

[7] 王锋刚．大型枢纽机场航站楼设施优化研究［D］．天津：中国民航大学，2007.

[8] 李引擎．建筑防火性能化设计［M］．北京：化学工业出版社，2005.

[9] 杨煜，曹少卫．铁路站房施工技术发展与展望［J］．施工技术，2018，47（6）：109-113，154.

[10] 曹笛．基于防火性能化设计的综合交通枢纽规划策略及数字模拟方法［D］．天津：天津大学，2015.

[11] 杨琳．高速铁路客运站服务流程分析［J］．中小企业管理与科技，2011，28（6）：177-178.

[12] 刘诗瑶，刘松涛．铁路高架站房常见消防安全问题及策略方案研究［J］．安全，2020，41（9）：13-17.

[13] 施棵，韩新，等．消防性能化方法在大型铁路站房防排烟设计中的应用［J］．上海，铁道标准设计，2008（增刊），S1：97-101.

[14] 陈锦添．大型铁路客运枢纽火灾及人员安全疏散研究［D］．广州：华南理工大学，2014.

[15] 孟娜．地铁车站关键结合部位火灾烟气流动特性与控制模式优化研究［D］．合肥：中国科学技术大学，2014.

[16] 薛冰寒．基于 BIM 的地铁火灾人员疏散模拟研究［D］．北京：中国矿业大学，2019.

[17] 欧阳杰．我国机场航站楼的现状特征及发展趋势［J］．华中建筑，2005.

[18] 夏令操，朱江，刘文利．大型民用机场航站楼建筑消防设计理念与实践［J］．建筑科学，2010.

[19] 陈小辉．广州新白云国际机场旅客航站楼一期主航站楼的性能化防排烟设计［J］．制冷，2008.

[20] 刘松涛，卫文彬，刘诗瑶，等．航站楼自然排烟系统设计及有效性［J］．消防

科学与技术，2017.

［21］肖泽南，王大鹏，王婉娣．机场航站楼的消防性能化设计［J］．自主创新与持续增长第十一届中国科协年会论文集，2009.

［22］建研防火设计性能化评估中心有限公司．首都国际机场 T3 航站楼消防性能化设计评估报告［R］.2004.

［23］中国建筑科学研究院建筑防火研究所．北京新机场航站区工程航站楼消防性能化设计复核报告［R］.2016.

［24］刘激扬，黄益良．机场航站楼钢结构防火保护范围研究［J］．消防科学与技术，2012.

［25］王洪欣，查晓雄，余敏，等．机场航站楼屋顶钢结构防火性能化分析［J］．哈尔滨工业大学学报，2011.

［26］The Handbook of Fire Protection Engineering，Society of Fire Protection Engineers and National［M］.Fire Protection，2015.

［27］日本国土交通省住宅局．避难安全验证法的解说及计算实例的说明［M］．日本：株式会社井上书院，2002.

［28］李引擎．建筑防火工程［M］．北京：化学工业出版社，2004.

［29］李引擎．多层综合交通枢纽防灾设计［M］．北京：中国建筑工业出版社，2010.

［30］郑晓薇，延波．《地铁设计规范》与我国地铁建设的互动［J］．都市快轨交通，2016.

［31］许琪娟．中庭式地铁车站火灾烟气流动与控制研究［D］．天津：天津商业大学，2014.

［32］李炎锋．大型地铁换乘站火灾安全技术［M］．北京：科学出版社，2015.

［33］火灾高危单位消防安全评估导则（试行）．公安部消防局，2013.

［34］社会消防技术服务管理规定．公安部令第 129 号，2014.

［35］消防安全评估质量管理手册．中国建筑科学研究院建筑防火研究所，2014.

［36］中华人民共和国公安部消防局．建立消防安全形势分析评估制度的指导意见，2013.

［37］任波．建筑火灾风险评估方法研究［D］．西安：西安科技大学，2006.

［38］杜兰萍．火灾风险评估方法与应用案例［M］．北京：中国人民公安大学出版社，2011.

［39］安天琦．火力发电厂的消防安全评估模型研究［D］．西安：西安建筑科技大学，2018.

［40］王光东．火灾风险指数法在高校宿舍楼火灾风险评估中的应用［J］．武警学院学报，2012.

［41］李典贵，刘冠军．事故树分析下北京地铁治安应急疏散机制研究［J］．现代城市轨道交通，2019 .

［42］韩海荣，王岩．基于层次分析——模糊综合评价法的危险化学品生产企业安全评价研究［J］．石油化工安全环保技术，2019.

［43］翟化欣．层次分析法和神经网络的电网安全评估［J］．现代电子技术，2016

［44］杨立兵．建筑火灾人员疏散行为及优化研究［D］．长沙：中南大学，2012.

［45］李杰，陈伟炯．Pathfinder 安全疏散应用研究综述［J］．消防科学与技术，2019.

［46］李胜利，李孝斌．FDS 火灾数值模拟［M］．北京：化学工业出版社，2019.

［47］黄有波．建筑火灾仿真工程软件［M］．北京：化学工业出版社，2017.

［48］杨琦．高层建筑消防给水系统可靠性的研究［J］．消防科学与技术，2001，9（5）：25-27.

［49］王世群．高层建筑消防灭火系统可靠性研究［D］．重庆：重庆大学，2004.

［50］杜玉龙．建筑消防设施运行可靠性分析与评价研究［D］．天津：天津大学，2008.

［51］刘欢．基于解析法的高层建筑消防给水系统可靠性分析［D］．湖南：南华大学，2014.

［52］郭波，武小悦．系统可靠性分析［M］．北京：国防科技大学出版社，2002.

［53］张勇明．自动喷水灭火系统可靠性应用研究［D］．湖南：南华大学，2008.

［54］Hurley M J. Evaluation of models of fully developed post-flashover compartment fires［J］. Journal of Fire Protection Engineering，2005，15（3）：173-197.

［55］司戈．自动喷水灭火系统的可靠性和有效性［J］. 消防技术与产品信息，2009，9：64-71.

［56］黄晓家，崔福林，于洪．自动喷水灭火系统水源可靠性的研究［J］．给水排水，2007，300（S2）：128-132.

［57］崔琦，陈卓，李魁晓，等．再生水系统的可靠性：内涵及其保障措施［J］．环境工程，2019，37（12）：75-79.

［58］王睿，李星，赵锂．316L 薄壁不锈钢管在建筑热水中的耐氯性能研究［J］．亚洲给水排水，2012，02：17-19.

［59］李竞岌，申茂祥，李宏文，等．地铁站台疏散通道断面风场特性研究［J］．消防科学与技术，2020，39（7）：920-922.

［60］葛晨晨，李宏文，张昊，等．铁路隧道断面排烟流速分布特点与布点方法研究［J］．中国安全科学学报，2015，5（8）：5.

［61］李竞岌，李宏文，王靖波，等．地铁区间隧道及联络通道气流组织特性试验研究［J］．消防科学与技术，2018，37（6）：753-758.

［62］郑凤霞，等．香港地铁车站及车辆段开发技术应用借鉴［C］．中国城市轨道交通关键技术论坛文集-高水平地建设城市轨道交通，2013：54-62.

［63］西安市轨道交通集团有限公司，北京城建设计发展集团股份有限公司，中铁第一勘察设计院集团有限公司，等．轨道交通上盖车辆基地消防设计技术指南：DB 6101/T 3102—2021［S］．北京：中国质量标准出版传媒有限公司，2021.

［64］李引擎，马道贞，徐坚．建筑结构防火设计计算和构造处理［M］．北京：中国建筑工业出版社，1991.

［65］过镇海．钢筋混凝土原理［M］．北京：清华大学出版社，1999.